国家自然科学基金项目（72273103）
陕西省自然科学基金重点项目（2022JZ-41）
陕西省社会科学基金项目（2021D030）

U0499358

黄河流域
环境保护与产业协同发展研究

Research on the Synergy Development Between
Environmental Conservation and Industries in the Yellow River Basin

薛伟贤 石涵予 等／著

中国财经出版传媒集团
经济科学出版社
Economic Science Press
·北京·

图书在版编目（CIP）数据

黄河流域环境保护与产业协同发展研究／薛伟贤等

著. -- 北京：经济科学出版社，2024.11. -- ISBN

978 - 7 -5218 -5620 -0

Ⅰ. X321. 22；F269. 2

中国国家版本馆 CIP 数据核字第 2024K6F097 号

责任编辑：杨金月

责任校对：郑淑艳

责任印制：范　艳

黄河流域环境保护与产业协同发展研究

HUANGHE LIUYU HUANJING BAOHU YU CHANYE XIETONG FAZHAN YANJIU

薛伟贤　石涵予　等著

经济科学出版社出版、发行　新华书店经销

社址：北京市海淀区阜成路甲 28 号　邮编：100142

总编部电话：010 - 88191217　发行部电话：010 - 88191522

网址：www. esp. com. cn

电子邮箱：esp@ esp. com. cn

天猫网店：经济科学出版社旗舰店

网址：http：//jjkxcbs. tmall. com

北京季蜂印刷有限公司印装

710 ×1000　16 开　21.25 印张　350000 字

2024 年 11 月第 1 版　2024 年 11 月第 1 次印刷

ISBN 978 - 7 - 5218 - 5620 - 0　定价：85.00 元

（图书出现印装问题，本社负责调换。电话：010 - 88191545）

（版权所有　侵权必究　打击盗版　举报热线：010 - 88191661

QQ：2242791300　营销中心电话：010 - 88191537

电子邮箱：dbts@ esp. com. cn）

前　　言

工业革命在创造了前所未有的经济价值的同时，产业快速增长的外部不经济使环境承载力备受挑战。联合国环境与发展大会于1992年通过《21世纪议程》，经济与生态环境协调的可持续发展战略被提出，越来越多国家加入可持续发展队伍。在中国，改革开放40多年来，各地区经济社会发展取得了巨大成就，但是传统的粗放型经济增长模式主要依靠投资和要素驱动，带来严重的资源短缺和环境恶化问题，资源环境承载力接近极限。2017年10月，党的十九大报告指出，"坚持人与自然和谐共生，必须树立和践行绿水青山就是金山银山的理念，坚持节约资源和保护环境的基本国策，加快生态文明体制改革，建设美丽中国"。这开启了中国生态文明建设的新时代，也对当下生态环境治理与产业结构优化协调提出了更高的目标和要求。"绿水青山就是金山银山"的科学论断系统地剖析了产业结构升级与生态环境保护在演进过程中的相互关系，生态环境保护与产业协同发展是我国新时期可持续发展的必然选择。

黄河流域是我国重要生态安全保护屏障，也是重要的粮食、能源经济带，其生态环境保护和高质量发展是关系流域人民福祉、关乎中华民族未来的大计，也是实现中华民族伟大复兴的中国梦的重要内容。2019年9月18日，习近平总书记在河南郑州主持召开黄河流域生态保护和高质量发展座谈会时强调，黄河流域生态保护和高质量发展，同京津冀协同发展、长江经济带发展、粤港澳大湾区建设、长三角一体化发展一样，是重大国家战略。2020 年 1 月，习近平总书记在中央财经委员会第六次会议上指出，黄河流域要坚持生态优先，走绿色发展之路，协同推进大治理。2021 年 10 月 8 日，中共中央、国务院印发了《黄河流域生态保护和高质量发展规划纲要》。这表明黄河流域高质量发展需要走生态环境保护与产业发展协同治理之路。目前，黄河流域的环境问题主要表现在上游沼泽生态退化、土地沙碱化、荒漠化，中游水土流失和环境污染，下游河道变宽、泥沙淤积、河床抬高。以能源为主的传统产业体系加重了黄河流域生态环境负担。例如，山西的煤炭、矿产开发对地面的干扰，出现了地面下沉、地表侵蚀等现象；内蒙古的部分地区出现了荒漠化加剧现象；汾河流域出现了典型的煤烟型污染区。可见，产业布局和环境保护冲突导致黄河流域环境子系统与产业子系统的边界模糊，区域内和上中下游间环境保护与产业发展协同急需引导。

探索黄河流域环境保护与产业协同发展具有重大的理论与实践意义。从理论层面上看，环境保护与产业协同发展是当今协同理论研究的前沿性课题，是现代科学领域研究对象交叉的一项重要实践。现有文献对于环境保护与产业发展研究很多仅限两者关系方面，但就进一步深入的协同发展研究鲜见。本研究把协同学与区域经济学、产业经济学、资源环境经济学、信息经济学、系统工程、管理工程等多种学科的思想、理论和方法相结合，探索产业、环境、社会以及资源子系统所组成的复合系统运行机理，可以完善复合系统协同发展思维体系，有效实现多学科在复合系统协同发展方面的交叉融合，促进复合系统协同发展理论与方法的发展。从实践层面上看，本研究构建复合系统协同度模型，对黄河流域不同区域环境保护与产业发展协同度进行测量，进而提出相应的管控措施，响应习近平总书记提出的黄河流域生态保护和高质量发展重大战略的号召，为政府制定相关政策措施提供参考；对黄河流域环境保护与产业协同发展水平进行动态评价，提出协同发展的路径规划，可以为黄河流域的地方政府制定更加科学的区域发展战略以及产业政策、环境政策提供借鉴，为流域各区域着手提高协同发展水平指明方向；对环境保护与产业发展协同内在机制展开研究，可以更好地指导黄河流域企业制定基于环境保护与产业发展协同背景下的发展战略，促进企业业务模式的升级与重构。

本研究以黄河流域环境保护与产业协同发展为研究对象，在分析黄河流域环境保护与产业协同发展现状及问题的基础上，探究黄河流域环境保护与产业协同发展机理，评价黄河流域环境保护与产业发展协同度，拓展系统观视角下黄河流域可持续发展问题的研究思路，探索黄河流域环境保护与产业发展的协同路径与对策。主要研究内容及结论如下所示。

（1）黄河流域生态效率测算及提升。分析黄河流域生态环境现状与问题，运用三阶段超效率 SBM 模型测算黄河流域城市生态效率，并运用莫兰指数分析其时空特征，基于波士顿矩阵提出生态效率提升策略。研究表明，黄河流域生态状况表现出水资源总量匮乏、生态用地较少、工业污染叠加等问题，生态效率并未达到有效状态，经济发展与环境保护难以兼顾；总体生态效率呈现上升态势，三大流域生态效率的排序是：下游＞中游＞上游，沿线城市生态效率差异显著，呈波动增长型、波动下降型和平稳型共 3 种演变类型，流域生态效率具有较明显的空间集聚现象，高—高聚集区主要分布在下游地区，低—低聚集区主要分布在上中游地区；以"纯技术效率—规模效率"波士顿矩阵，将生态效率划分为高高型、高低型、低高型、低低型共 4 种类型，针对这种类型的区域分别提出创新驱动、规模调整、集约发展、渐进突破的生态效率提升策略。

（2）面向环境保护的黄河流域现代产业体系评估及优化。分析黄河流域现代产业体系的现状与问题，运用模糊物元法评估黄河流域现代产业体系发展水平，通过障碍因子诊断提出黄河流域现代产业体系优化路径。研究表明，黄河流域产业体系逐步合理化和高级化，仍存在产业结构偏低、产业服务化趋势缓慢、产业规模小、增速慢、聚集不足的问题；现代产业体系发展水平呈波动式增长，上中下游间差异大，存在较强的、稳定的空间聚集效应；要素层障碍因子由高到低依次是产业竞争度、聚集度、协调度、环境友好度，指标层障碍因子前五位的依次是产业结构高级化、聚集规模、自主创新力、人力资本、国际竞争力，据此提出产业结构优化、产业集群优化、产业竞争力优化和生态环境优化路径。

（3）黄河流域环境保护与产业发展的协同机理。分析黄河流域环境保护与产业发展复合系统的结构及协同条件，运用解释结构模型识别复合系统协同的序参量及因素结构关系，阐释复合系统的协同效应，综合运用哈肯模型和 Logistic 模型探讨协同运行规律。研究表明，黄河流域环境保护与产业发展复合系统由环境子系统与产业子系统构成，与外部环境中的政治环境、经济环境、社会环境、技术环境之间进行物质、能量和信息交换；开放性、远离平衡态、非线性相互作用与系统的涨落作用是复合系统的四个协同条件，远离平衡态的复合系统产生自组织现象，在涨落作用的诱发下，推动复合系统形成时间、空间和功能上的有序结构；影响复合系统的深层次因素与提出的环境状态、环境压力、环境响应、产业结构、产业集聚和产业竞争这六大状态变量之间存在着错综复杂的相互关系，也是对复合系统的协同具有重要的推动作用的序参量；黄河流域环境保护与产业协同发展必定对产业结构、技术创新、生态环境等产生深远的影响，协同效应体现在产业结构转变和生态环境改善两个方面；复合系统的运行是由环境保护推动和环境保护需求共同作用形成的，围绕协同战略和协同目的可使系统整体呈现出高度的稳定、有序，及时应对内部环境改变的扰动作出响应、调节与适应，从而使协同系统较快恢复至新的相对平衡态。

（4）黄河流域环境保护与产业发展的协同度评价。运用复合系统协同度模型，构建黄河流域环境保护与产业发展协同度指标体系，分析协同度的时空特征。研究表明，沿线城市环境子系统有序度整体呈增长态势，产业子系统有序度变化幅度并不明显，复合系统协同度的均值呈现出先减后增的态势，协同度在城市之间存在一定差异；复合系统协同度处于轻度协同的城市数量越来越多，全流域2011~2020年协同度均呈现出分散分布趋势，但正向的集聚相关效应越来越强；建议发挥政府统筹引导作用、推进第二产业绿色发展、建立流域协同策略与机制、释放中心城市示范活力，以提升黄河流域环境保护与产业发展的协同度。

（5）黄河流域环境保护与产业协同发展路径。运用情景分析和ARIMA预测模型，分析基准、环境优先、产业优先三种不同情景下环境保护和产业发展的协同度，梳理国内外流域环境保护与产业协同发展的经验和启示，在障碍因子诊断的基础上提出上中下游针对性的协同发展路径。研究表明，短期目标以加速环境综合治理、推进重大项目实施和实现跨区域合作为主，中期目标主要包括健全完善绿色生态产业体系和构建环境协同治理长效机制，长期目标主要包括形成协调联动发展格局和基本建成现代产业体系；基准情景下黄河流域环境保护与产业协同发展水平整体低下，环境优先情景下环境子系统综合发展水平较基准情景有了很大的提高，产业优先情景下黄河流域各省区环境保护与产业协同发展水平仍较低，严重影响未来环境保护与产业协同发展的进度；吸取牺牲环境换取经济效益的教训，主张以产业绿色转型、科教联动、生态优先等方式实现黄河流域协同发展；协同发展的障碍因子在流域上中下游存在差异，总体上都以工业污染类和技术创新类因子为主；在协同发展路径上，主张上游应走生态转型的开放发展路径，中游应走集约发展的循环经济路径，下游应走创新驱动的提质增效路径。

在研究方法的选择和运用上，遵循"问题本土化""方法规范化"和"视野国际化"原则。利用三阶段DEA模型对黄河流域68个城市的生态效率进行综合评价；采取模糊物元分析法评估现代产业体系的发展水平；运用障碍度诊断模型剖析阻碍现代产业体系发展水平的因素和障碍程度、黄河流域环境保护与产业协同发展的障碍因子和障碍程度；构建协同影响因素的解释结构模型，分析因素之间的关系，找出根源影响因素，以确定序参量；依据复合系统协同度模型测算黄河流域环境保护与产业协同发展水平；综合运用ARIMA 预测模型和情景分析法，对黄河流域环境保护与产业协同发展设置基准情景、环境优先情景和产业优先情景，并对指标参数进行确定，在此基础上对不同情景下协同度进行预测。

总体来看，本研究工作的特色在于：一是贴合现实需求，展开系统研究。从环境保护与产业协同发展切入，分析黄河流域环境保护与产业协同发展的机理，评价黄河流域环境保护与产业协同发展的协同度，并设计黄河流域环境保护与产业协同发展的路径，为落实黄河流域生态保护与高质量发展重大国家战略提供一个可行的理论支撑体系。二是协同学主导，多学科交叉研究。以协同学为主导，结合区域经济学、产业经济学、资源环境经济学、信息经济学、系统工程、管理工程等多种学科的思想、理论和方法，对黄河流域环境保护与产业协同发展进行多角度多层次的剖析，探索产业、环境、社会以及经济等子系统所组成的复合系统运行机理，有效实现多学科在复合系统协同发展方面的交叉融合，更系统和深入地解决黄河流域环境保护与产业协同发展问题。

本研究工作的创新之处在于：一是基于协同学及复杂系统理论构建协同机理分析框架。已有研究对环境保护与产业协同发展的机理停留在两者之间简单的关系解析上，鲜少将环境保护与产业协同发展作为系统，深入分析系统协同发展的内在机理。本研究从协同学视角审视黄河流域环境保护与产业协同发展问题，以复合系统为切入点，以系统整体协同发展的新理念，将环境保护与产业发展作为一个复合有机整体，深入探究子系统自身要素、整体特征以及它们如何在相互作用中协同发展，剖析环境保护与产业协同发展的前提条件、根源、动力以及诱因，阐释协同机理。二是基于序参量的复合系统协同度模型的黄河流域环境保护与产业发展协同度测算。在协同机理分析的基础上，运用文献计量法、解释结构模型，识别黄河流域环境保护与产业协同发展复合系统的序参量，并构建基于序参量的复合系统协同度测量模型，相较于其他主观确定评价指标的方法而言，可以科学有效地计算出协同度，对已有协同度评价研究进行了深化。三是基于情景理论与分析法的黄河流域环境保护与产业发展协同路径设计。现有研究对环境保护与产业协同发展路径策略过于泛化，缺乏整体规划以及系统路径设计，难以落地实施。本研究立足黄河流域环境保护与产业发展态势，采用情景理论与分析法，根据黄河流域环境保护与产业发展目标和定位，同时借鉴国内外典型流域环境保护与产业协同发展的经验与启示，设计黄河流域协同发展的具体路径。

目 录

第1章

国内外研究现状及发展动态分析

国内外对相关议题的研究始于 20 世纪 50 年代。随着研究的深入，生态环境与产业结构协调关系研究进一步拓展到较为复杂的社会、经济、资源、环境和能源等多方面的综合协调关系。围绕项目研究的对象和内容，本部分将从协同发展内涵、生态效率、现代产业体系、协同机理、协同度测评、协同发展的模式与路径以及政策建议等方面对文献进行述评。

1.1 协同发展的内涵研究

协同发展概念来源于协同学理论，表现为系统内部互相协作，为实现同一目标最终良性循环的过程。协同学最初是德国物理学家赫尔曼·哈肯（Hermann Haken）在 20 世纪 60 年代提出的。1977 年，哈肯发表专著《协同学》，1983 年发表《高等协同学》，从此奠定了协同学的理论体系。协同学核心研究一个开放系统在与外界有物质与能量交换的情况下，系统内部是如何通过协同作用，形成有序结构或者具有专用的组织性能。从系统角度出发，哈肯认为一个系统通常是由多种不同子系统共同构成的，如果子系统在整个系统运行过程中能够相互配合、协调运转，那么必然会产生"1 + 1 > 2"的协同发展效应，使整个系统的运行效率大大提高。此后，学者在哈肯学派的基础上，对协同发展的定义进一步地延伸与扩展。例如，马蒂西奇等（Mattessich et al.，1992）在他们的研究中指出，协同是指"两个或更多组织为实现共同目标而构建的一种互利且有益于各方的关系模式"，这一定义强调了组织间为达成共同目的而建立的积极合作关系。郭治安（1988）对协同的理解则更为深入，他认为协同首先是系统中各个子系统之间的协同合作，这种合作能够促成宏观层面上的有序结构，还强调序参量的协同合作对于决定系统有序结构的重要性。他进一步指出，系统内的协同作用是形成有序结构的关键，而竞争则能刺激系统的发展，这是相变过程中的基本规律。因此，协同论为我们提供了一种研究事物如何从原有状态转变为新状态的方法，通过类比不同系统之间平衡与非平衡相变的演化规律，我们可以更深入地理解这一转变过程。吴彤（2000）对协同给出了更为具体的解释，认为协同是系统中众多子系统间相互协调、合作或同步的联合作用，这种联合作用表现为一种集体行为，是系统整体性和相关性的内在体现；虽然哈肯主要强调了协同在协同学中的重要性，但实际上竞争、合作与协同都是协同学中的基本概念，共同构成了系统演化的基本动力。

姬兆亮等（2013）认为，协同不是一般意义上的合作，也不是简单的协调，而是合作与协调的延伸，是比二者更高一层次的集体行动。总的来说，协同发展是指不同事物内部各要素之间相互协调、同步的状态或趋势，呈现协同结构、反映协同功能，并通过一定的动态调节机制促进事物或系统的演进，实现协调和同步发展。

以往研究常将"协同"与"协调"混用，但协同发展与协调发展是两个不同层次上的概念。"协调"有两个方面的含义，一是认为协调是一种组织管理工作，用来处理和解决各部门、各系统、各要素之间的结构关系；二是认为协调是事物发展的一种态势，反映系统的各种因素和属性之间的动态相互作用关系及程度。协调实质是为实现系统总体演进的目标，各子系统或各元素之间相互协作、相互配合、相互依存、相互促进与调整，进而形成的一种良性循环态势（王维国，2000）。"协同"一词来自古希腊语，表现了元素在整体发展运行过程中协调合作的性质。德国科学家哈肯提出了统一的系统协同学思想，认为自然界和人类社会的各种事物普遍存在有序、无序的现象，一定条件下，有序和无序之间会相互转化，无序就是混沌，有序就是协同。实质上，协同是指复杂系统中各组成要素之间、各子系统之间在运行过程中的合作、协调、同步，在宏观上表现为整个系统的有序化（郭治安，1991）。

　　"协同"与"协调"两者之间的区别（见表1-1）表现在：其一，协调发展强调的是系统运动发展变化的过程、状态和结果；而协同发展更强调的是这些过程、状态和结果得以产生的内在根据及其发挥作用的条件，从而创造有利条件，促使这些过程、状态和结果不断往复跃迁（王力年和滕福星，2012）。其二，协调发展突出强调在系统运动发展变化中，相同层次内的要素之间差距的缩小，系统及其构成要素间形成和谐与同步，实现子系统间的良性循环（乔旭宁等，2016）；而协同发展突出强调系统内部各个要素之间以及不同系统之间的竞争与合作，强调对系统旧结构状态的扬弃，以及对相对稳定的新结构状态的期待（刘友金和冯晓玲，2013）。其三，协调发展强调要素之间的统一；而协同发展更强调这种统一来自要素之间的竞争与合作，这种竞争与协同是系统从无序到有序的动力（王祥兵和张学立，2014）。其四，协调发展往往强调在系统目标确立之后，各个要素对这一目标的服从和贡献；而协同发展则强调在实现系统目标的过程中，系统与要素、要素与要素的共赢和互惠。

表1-1　　　　　　　　　　协调与协同的区别与联系

项目	协调	协同
联系	二者均表示主体间的联系与关系	
区别	系统运动发展变化的过程、状态和结果	系统运动发展变化的过程、状态和结果不断往复跃迁
	相同层次内的要素之间差距的缩小，系统及其构成要素和谐与同步，实现子系统间的良性循环	系统内部各个要素之间以及不同系统之间的竞争与合作，以形成相对稳定的新结构状态
	要素之间的统一	要素之间的统一导致系统从无序到有序
	各个要素对系统目标的服从和贡献	在实现系统目标的过程中，系统与要素、要素与要素的共赢和互惠

　　已有研究将协同学思想运用在不同的学科领域，如区域经济协同、产业协同、环境与经济协同、低碳协同、协同创新等方面，使协同发展内涵得到了丰富。李琳和刘莹（2014）认为，区域经济协同发展指区域之间或同一区域内各经济要素间的协同共生，合力推进大区域经济由无序至有序、从初

级到高级的动态转变，形成"互惠共生，合作共赢"的内生增长机制，并最终促进大区域高效有序发展。徐力行和毕淑青（2007）指出，产业协同就是在一个开放的前提下，各个产业之间为了达到稳态而自行互相制约互相促进，从而在整体上形成最终有序的稳定状态。洛伊索等（Loizou et al.，2000）通过环境投入—产出模型研究了区域经济发展与生态环境的协调发展，指出区域经济发展对区域生态环境有直接或间接的负面影响，解决二者协同发展刻不容缓。宁朝山和李绍东（2020）基于耦合论，建立指标测算黄河流域生态保护与经济发展的耦合度与协同度，比较分析黄河流域不同区域生态保护和经济发展协同度时空分异特征及其内在原因。许文博和许恒周（2021）提出，低碳协同发展是指通过"中央管控、地方协调、企业落实"高效实现央地企三方动态演化博弈系统的低碳发展。陈伟等（2020）认为产学研协同创新是一个包括高校、科研院所、企业与政府等多个主体的复杂系统过程。协同是处理区域经济系统与生态环境系统二者共生发展关系的最佳选择，也是保证区域可持续发展、实现高质量目标的必由之路。但是学术界对环境保护与产业协同发展的内涵并没有达成共识，大量研究将"经济增长与生态环境实现协同"这一理念与"生态经济一体化""生态经济协调发展""生态经济耦合发展"等同起来，这种忽略了深层次理论问题的误解进一步模糊了协同的内涵。

1.2 生态效率研究

1.2.1 生态效率内涵

生态效率最初的定义是经济增加值与环境影响增加值之间的比值。主要国际组织提出生态效率的背景及定义如表1-2所示。总的来说，尽管各机构组织对生态效率的具体定义略有不同，但本质上均为投入产出比的形式，反映了一定经济价值产出下对资源环境的影响，核心思想都是以更少的资源投入和更少的环境破坏实现更多的经济产出。

表 1-2   主要国际组织机构对生态效率的各种定义

组织名称	提出背景	定义
世界可持续发展工商业联合会（WBCSD）	鼓励企业提高核心竞争力，承担环境保护责任	生态效率是提供物美价廉的产品和服务以满足人类需要的同时，在产品的生命周期内，逐渐降低环境影响和资源使用强度，将其控制在地球预计的承载力水平之内
经济合作与发展组织（OECD）	面对日益严峻的全球环境挑战，迫切需要能够将可持续性要求转化为工作目标的工具	生态资源用于满足人类需求的效率
联合国贸易与发展会议（UNCTAD）	投资者要求公司追求生态有效的战略，减少对环境的破坏，同时增加（至少不减少）股东价值	生态效率是环境指标和金融指标之间的比率
加拿大工业部（Industry Canada）	提高加拿大人、公司和工业界的能力，以开发和使用有助于提高生产力和环境绩效的生态高效做法、工具、技术和产品	使用最少的材料创造更多的效益
欧洲环境署（EEA）	对可持续发展进程进行量化，从而重新调整社会经济活动，实现可持续发展	生态效率是一种概念和战略，促使利用自然与满足人类需求的经济活动充分脱钩，保持在承载能力范围内，并允许今世后代公平获取资源和利用环境
巴斯夫集团（BASF）	对产品和过程进行有效的可持续性评估，引导公司产品组合走向可持续	通过产品生产中尽量减少能源和物质的使用以及尽量减少排放以帮助客户保护资源

目前国内外学者对生态效率的探讨多从企业、产业和区域三个层面进行。企业层面上，生态效率侧重于衡量由企业直接控制、管理和拥有的经济回报和并发的环境影响。其中经济回报通常是货币性的（如附加值或利润），并发的环境影响可以用资源消耗、排放或环境破坏来衡量。龙等（Long et al.，2015）将生态效率定义为公司通过节约能源和资源或减少浪费和排放来生产商品或服务的能力。企业层面生态效率鼓励公司通过促进创新增长和竞争力来平衡环境和经济表现，旨在减少对自然资源的破坏，同时为公司节省资金（Heikkurinen et al.，2019）。产业层面上，生态效率通常为该产业的产出以及产出背后生态环境损耗的平衡，在保证产业产出的前提下，尽量减少资源消耗、

降低对生态环境的污染破坏。如农业生态效率认为是农产品的经济效益与农产品生产过程中资源消耗及环境影响之和的比值（Gancone et al.，2017；洪名勇和郑丽楠，2020）。工业生态效率则是工业产品的经济价值与资源消耗和环境影响的比值（Zhang et al.，2017；张新林等，2019）。区域层面上，生态效率是指在某个经济区域（城市、省域或国家）以较少的资源消耗和环境污染，生产产品和服务以满足人类需要和改善人们生活（Fet，2003），通常表示为区域生产的产品或服务价值与其环境影响的比率（Bianchi et al.，2020）。区域角度的生态效率使人们能够以较小的环境影响创造更多的价值，这意味着追求繁荣不依赖于对自然的过度开发（Hinterberger et al.，2000）。无论在哪个层面上，生态效率都被理解为一种管理理念，它保证社会或个体企业的经济和环境效益（Rybaczewska-Błażejowska et al.，2018）。

1.2.2　生态效率评价

国内外关于生态效率的评价方法主要包括两种：一是比值法。比值法是最早用来评价生态效率的方法，多从经济价值和环境影响两个维度选取指标。（1）经济价值衡量过程中，公司多以产出（营业额、产量或销售量等）为标准，产业、区域等宏观层面多以产值（国民生产总值等）为标准（陈傲，2008）。如 WBCSD 选取了总营业额、获利率和产量三个指标（Nieminen et al.，2007），UNCTAD 给出了增加值、销售收入、营业利润和净利润四项指标。（2）环境影响指标最初由能源消费、温室气体等指标衡量，后逐渐借助能值分析、生态足迹、物质流分析等方法进行深入计算和处理。例如，最初 WBCSD 选择了能源消费、温室气体排放、水资源耗用等环境影响指标，EEA 则选择原材料消耗、能源消耗、耗水量、温室气体、酸化臭氧消耗、废弃（危险）化学品等环境指标。随着研究的深入，学者们进一步采取了能值分析、生态足迹、物质流分析等方法对环境维度指标进行计算和处理。能值分析法利用能值转换率将不同种类的资源（或产品）和环境影响转换成统一的能值单位进行度量，再计算比值来表示土地和海洋面积，它可以反映人类对生态资源的占用，是衡量生态影响的有效工具，被认为是比其他环境指标更全面的指标（Solarin，2019；Yang & Yang，2019；孙玉峰和郭全营，2014）。李等（Li et al.，2011）借助能值分析法，以建成的建筑空间的能值作为经济价值指标、建造过程中资源消耗和建筑废物的能值作为环境影响指标，并以两者的比值衡量中国北京和上海建筑业的生态效率。生态足迹是指在现行技术和资源管理实践下，提供人类所需的可再生资源和吸收其产生的废物所需的生物生产性。史丹和王俊杰（2014）利用生态足迹表征自然资源消耗的程度，并采用 GDP 与生态足迹的比值来评价生态效率，描述了中国自然资源的可持续性和利用效率的现状。物质流分析法则将资源消耗量和污染物排放量直接转化为质量单位作为环境影响，再用经济价值与环境影响的比值来测算生态效率（张炳等，2009）。克鲁兹克（Kluczek，2019）将物质流分析方法应用于耐用品制造系统，通过分析制造系统中的物质循环过程并量化整个制造系统的经济绩效与环境影响，用于评估制造过程的生态效率。总的来说，比值法操作简单，计算结果比较直观，便于政策制定者和公众的理解。但对生态效率进行定量评估没有统一的标准，导致生态效率的测度结果可能存在一定的偏差。

二是数据包络分析法（DEA）。数据包络分析法是一种线性规划方法，可以测度具有多个投入和产出的决策单元的效率。运用 DEA 测度生态效率时的一般思路是将资源消耗和环境影响（例如，土地、能源等资源消耗，污染物排放等）作为投入，经济增加值作为产出，通过线性规划求解出相对生态效率。为了获得更全面、准确的测度，学者们不断地对 DEA 模型进行改进和发展。为了弥补传统 DEA 模型效率值上限为 1，不能对同处于生产前沿面的有效对象进行对比的限制，出现了超效率 DEA 模型（Andersen & Petersen，1993）。而且，传统 DEA 模型通常使用投入/产出角度模型来计算效率，但仅从投入/产出的单一角度来衡量低效率，效率可能存在偏差，因而出现了克服单一角度缺陷的 SBM 模型（Tone，2001）。还有考虑"坏产出"的非期望产出模型、剔除外部环境影响的三阶段 DEA 模型、考虑多系统多阶段的网络 DEA 模型等。总的来说，DEA 及其改进模型具有较多优点，它无须假设生产函数形式，能同时考虑多投入多产出，可对指标进行客观加权，而且不受指标量纲影响，能有效地解决各种投入产出单位因不一致而造成的不可比性，因此在生态效率的衡量中得到了广泛的应用。相关研究文献如表 1-3 所示。

表1-3 数据包络分析（DEA）的改进模型

模型	文献	研究对象	投入指标	产出指标
CCR 模型	科鲁奇亚等（Coluccia et al.，2020）	2004～2017 年意大利 21 个地区农业生态效率	劳动力、资本、土地、总灌溉面积、肥料	农业产量
BCC 模型	李成宇等（2018）	2006～2015 年中国 30 个省份的工业生态效率	资源消耗指标：能源消费量、用地面积、用水总量、就业人数、用电量；环境污染指标：工业烟尘排放、废水排放、SO_2 排放、固体废物 排放等	工业增加值
超效率 SBM 模型	李贝歌等（2021）	2006～2016 年黄河流域工业生态效率	环境投入（工业废水排放量、工业 SO_2 排放量、工业烟尘排放量）、人力投入（工业从业人员）、资源投入（工业用电、工业用水）、资金投入（工业固定资产）	工业生产总值
三阶段 DEA 模型	张等（Zhang et al.，2021）	2010～2015 年中国 30 个省份工业体系基础部门绿色效率	能源消耗、CO_2 排放量	工业总产值
网络 DEA 模型	雷博莱多·莱瓦等（Rebolledo-Leiva，2022）	2020 年西班牙加利西亚 50 个奶牛场的生态效率	饲料作物种植阶段：肥料、农药和柴油；牛奶生产阶段：饲料、电力消耗、奶牛数量和清洁剂用量	饲料作物种植阶段：玉米和青贮草；牛奶生产阶段：牛奶和肉类、甲烷、一氧化二氮和氨排放量
PCA-DEA 模型	曹文俊和李湘德（2018）	2005～2015 年长江经济带 11 个省份的生态效率	资源消耗指标：能源消耗、资本投入、劳动力投入、水资源消耗、土地占用（能源消费总量、固定资本投资总额、就业人数、水资源消耗、土地利用总量）；环境污染指标："三废"排放（废气排放量、废水排放量、废水中 COD 排放量、固体污染物排放量）	地区生产总值
基于非期望产出的 SBM 模型	德米拉尔和萨格拉姆（Demiral & Saglam，2021）	2018 年美国 50 个州的生态效率	资本存量、就业人数和能源消耗	期望产出：实际国内生产总值（GDP）；非期望产出：CO_2 排放

1.3 现代产业体系研究

1.3.1 现代产业体系内涵

现代产业体系是由传统产业体系逐步吸收创新因素、不断容纳新兴产业、改善产业结构而形成的。传统产业体系起源于农业向工业转换时期，与传统产业活动相匹配，该时期的产业体系技术要素较低，产业间的生产也较为固定（张耀辉，2010）。但传统的产业体系发展中面临着资金短缺、技术限制、基础设施落后等诸多限制条件，不平衡的发展方式与生态环境的损害促使传统产业体系的转换（金碚，2011），而后各个国家根据自身发展状况的不同，逐渐开始从传统产业体系向现代产业体系演进。现代产业体系的特征体现在产业结构、产业集聚、产业竞争力和生态环境四个方面。

一是产业结构优化。（1）现代产业体系强调产业间良性互动，且具备合理性特征。在跨区域合作上能够各自发挥优势，实现技术上的吸收与进步，不断提升生产力（詹懿，2012）。也有学者认为，现代产业体系是以技术连接传统三次产业而形成的技术性较强的综合系统，各个部门间实现协调发展，同时具备较强的创新性和合理性（赵儒煜，2019）。（2）现代产业体系是由具有"现代化"因素的产业协调构成的。现代产业体系的核心是由"现代化"农业、"现代化"服务业、"现代化"工业构成，相互之间实现协调发展，各产业之间形成一定程度的融合趋势（张明哲，2010）。以现代元素和高技术元素引导产业发展，使产业结构持续优化和主导产业多元化（陈国伟，2020）。服务业尤其是现代服务业占据较大比重，工业具备高科技含量、高附加值特点（Raff & Van，2001）。

二是产业集聚明显。产业集聚指的是产业在空间分布上的汇聚过程，与产业生产相联系的要素集中在此区域内（迈克尔·波特，2002）。产业聚集是产业空间组织分布的主要形式之一，在集聚作用下，区域经济得到高效发展（Roberts，2000），在认识现代产业体系过程中，产业集聚不仅在决策层被多次提出，学术界也将产业聚集作为现代产业体系发展的重要组成部分。产业集聚是现代产业体系的空间特征。在加快构建现代产业体系的研究中，产业集聚是产业空间布局的重要一环，在集聚效应推动下，产业发展逐渐走向专业化，形成具备竞争力的产业集群。具体来说，一方面，产业集聚可以推动产业结构优化进程，通过汇聚要素形成专业化区域，推动经济方式转型，在当下的经济发展中起到了关键作用（周伟等，2017）。另一方面，产业聚集可以产生规模优势，在规模经济理论指导下，产业集聚可以对区域经济竞争力产生正向作用，毛艳华和易中俊（2012）以珠三角地区为例进行了说明。

三是产业竞争力提升。在全球化的背景下，要素在国际的流动加快，传统产业分工格局也发生变化，发达国家在长时间占据价值链高端地位。我国当前在面临国际形势严峻、贸易保护主义抬头、资源价格上升等情况下，发展现代产业体系已是迫切需要。在现代产业体系下，解决产业在价值链位置较低、技术"卡脖子"等诸多问题，增加产业竞争力成为主要目标之一（Steinfeld，2004）。现代产业体系是一个开放的、动态的创新型产业体系。一方面，随着创新驱动力的作用下，产业占据先进技术地位，逐渐形成完整的产业链，完成与国际产业的衔接，最终构成了竞争力强的产业系统。另一方面，现代产业体系在发展上能够使得产业逐步迈向价值链、技术链的中高端，具备技术方面的关键产业竞争力，可以实现市场的有效竞争（何立峰，2018）。在发展方式上主要是以工业化进程的不断深化为前提，以技术为支持、人力资本为依托，逐步推动服务业的深化，最终构成主导产业多元化、发展要素多元化的有机系统，实现具有竞争力、可持续性强的产业体系。

四是生态环境改善。环境保护是当前全球可持续发展、我国高质量发展的大趋势，产业与环境之间的关系紧密结合，现代产业体系的建设发展离不开环境支撑。从国际层面看，人类追求经济增长的过程中造成全球气候变暖、海洋污染、生物多样性锐减等环境问题，已成为国际焦点问题。从国内层面看，中国在经济快速发展时期由于粗放的、无序的发展造成了水土污染、雾霾天气等环境问题，已成为阻碍经济高质量发展的重要环节。自党的十七大提出现代产业体系一词之后，决策层对于环境之于现代产业体系的重要性被屡次提起，提出产业发展需与资源、环境相协调，重点发展绿色低碳的产业体系（张伟，2016）。以低碳循环、节能环保为指导原则，以环境污染最小化为目标，促进产业可持续、健康有序发展，形成经济、社会、自然和谐共生的现代产业优化模式（Cao & Zou，2014）。在构建现代产业体系当中，环境保护是主要原则，环境友好型发展方式是底线，构建现代产业体系就是环境保护体系（耿世刚，2009）。对于黄河流域而言，流域沿线城市涉及国家粮食主产区和传统工业基地，使原本脆弱的生态环境进一步恶化，诸如上游黄土高原地区水土流失、中游关中地区大气污染、干流和支流水污染严重。因此，黄河流域在发展现代产业体系中，必须将环境保护作为重点内容。

基于以上讨论，将现代产业体系定义为，由先进制造业、现代服务业和现代农业为核心构成的互相融合、协调发展的系统，核心在于实现产业结构升级、形成产业集群并提升产业竞争力，达到产业与环境相协调发展。其中，现代农业指的是以现代产业为指导理念、以现代技术为武装的社会化农业生产活动（邓秀新，2014；周应恒和耿献辉，2007）；先进制造业指的是，在先进技术的支撑下、先进管理经验的依托下，产业具备较高附加值及技术含量（商黎，2014；于波和李平华，2010）；现代服务业指的是，在信息技术依托下，信息及知识相对较为密集的服务业（徐国祥和常宁，2004；褚峻等，2021）。

1.3.2　现代产业体系评估

现代产业体系是一个较为复杂的综合系统，目前多通过构建指标体系对其进行评估。现有研究的评价思路主要从现代产业体系的内涵及特征、国家战略导向、国际竞争力等方面出发，构建相应的评价体系对现代产业体系进行综合评估。一是基于现代产业体系的内涵及特征。通过剖析现代产业体系的含义、特征，建立现代产业体系的评估维度。如任保平等（2020）认为，核心内涵信息化、基本特征创新化、关键途径集聚化、基本前提可持续化、核心竞争高级化五个方面构成了评价体系的主要维度，并对西部地区发展水平进行了测算。二是基于国家战略。党的十九大报告从要素投入角度提出现代产业体系发展方向，即首先以实体经济为主体，平衡与虚拟经济间的关系，注重实业在经济架构中的重要性；其次支持现代金融发展，以现代化金融体系助力实体发展；再次扶持科技创新落地，以技术创新为导向，为经济提供支撑力；最后注重人力资源培养，打造高质量人力资本基础。如刘冰等（2020）、邵汉华等（2019）、郭诣遂等（2020）在现代产业体系指标构建中均以此四个维度建立评价指标体系，对中国省际的现代产业体系发展水平进行评估。三是基于国际竞争力。现有研究中将国际竞争力作为现代产业体系评估的重要维度。如黄子珈等（2020）通过剖析竞争力内涵，选取开放性、竞争性、创新性、融合性、聚集性五个维度建立起现代产业体系国际竞争力评价体系，以佛山东莞的数据为例说明了制造业城市的发展水平。黄浩森等（2018）将国际竞争力分解为现实、创新及潜在三个方面的竞争力，并以此为主要维度构建了现代产业体系国际竞争力评价体系。在建立指标体系后进行评估，首先需要确定各个指标的权重，聚焦于现代产业体系的评价，采取的方法及使用学者具体如表 1-4 所示。

表 1-4 三种权重赋权方法的比较

方法	优点	使用学者
熵值法	符合信息论的基础，具备较强的客观性	黄子珈（2020）
因子分析法	减少信息丢失，具有一定的可比性	黄浩森（2018）
层次分析法	将复杂问题分解，提高求解的可行性，对主观信息进行客观处理	陈展图（2015）

1.3.3 现代产业体系优化

现代产业体系优化是产业体系动态演进的结果，也是经济健康发展的必经之路。准确的优化策略可以克服制约因素，达到产业转型升级的目的。现有研究主要从产业体系结构及组织层面研究其优化效应。一是结构层面。结构层面的产业体系优化主要是指产业结构向合理化、高级化转变的过程。产业结构的转变是衡量经济发展阶段的重要步骤，产业结构优化有助于转变经济方式，提升经济质量（薛白，2009）。具体来讲，产业结构高级化是指产业结构通过升级而达到一定高度（何平等，2014），包括产业结构演进变化、产业生产过程中要素依赖变化等（刘伟，2008）。产业在发展过程中，服务业的发展相较于制造业更能达到促进经济、降低贫穷的目的（Francois & Hoekman，2010），这也是经济发展过程中将第三产业作为高度化衡量标准之一的原因。另外，产业结构合理化反映了产业间的有效协调程度（干春晖等，2011），强调供需平衡，各个产业部门之间具备良好的结构效益（刘小敏，2013），资源得到有效利用。二是组织层面。组织层面产业结构优化主要解决的是产业的集中度问题，目前产业发展过程中产业集群、产业同构等问题较为严重，需要通过组织优化推动现代产业体系优化（张秀生和王鹏，2015）。优化方式分为"外因"推动型和"内因"推动型，"外因"推动型主要是以政府推动为主来推进产业组织优化，而"内因"推动型主要是以市场为主，利用市场竞争来推动企业组织创新能力的提升（郭小群，2000）。除此之外，通过建立有效产业集群也是主要的产业组织优化方式（朱英明，2003）。产业集群有利于形成专业化区域，经过内部产品竞争，提升产品的差异化水平，不仅能够提高资源整合能力，同时提升资源配置效率（樊增强，2003）。

1.4　协同发展的机理研究

1.4.1　基于系统论和协同论的协同发展机理

众多学者对协同发展的机理展开研究，说明系统如何依靠内外动力要素的协同作用达到有序状态，实现协同发展。相关研究主要从两个方面展开：一是基于系统论，通过构建复合系统，分析系统如何实现协同发展。系统论由奥地利生物学家贝塔朗菲等（Bertalanffy et al.，1974）提出，他认为，对于任何复杂的事物，都必须将其看作一个整体或者系统进行研究，这样才能更加深刻地把握事物发展的组织原理。大多数文献将研究对象视为系统。比如，洪伟达和马海群（2020）对系统进行主体、客体、运行子系统的解构，从子系统内部要素的协同、子系统的协同两个方面研究了开放政府数据与政策系统的协同机理；王光菊等（2021）从子系统间的互动逻辑来探索森林生态—经济系统的协同机制；张琰飞和朱海英（2013）分析了"两型"技术创新系统构成要素的协同作用，并从主体关系协同、目标要素协同和环境要素协同三个方面分析"两型"技术创新系统的协同机理。此类研究主要从复合系统中的子系统内部要素协同、子系统间协同两个方面进行机理研究，若各子系统的协同一致程度较高，则复合系统呈现出良好的协同状态；若子系统间协同一致程度较低，则复合系统呈现很不协同状态。

二是运用协同学理论，采用哈肯模型分析协同发展的驱动因素和序参量。比如，孙冰和张敏（2010）运用哈肯模型研究得到，企业研发成功率预期和研发成果积累这两个序参量支配着企业自主创新动力系统运行，基于此研究该系统的协同机理；郭伟锋等（2012）通过分析制造业转型升级中存在的影响因素，认为（硬、软）环境、行业协会、政府为影响制造业转型升级的控制参量，企业、产业及产业链协同等为影响制造业转型升级的序参量分量，进而揭示制造业转型升级的协同机理。

1.4.2 环境保护与产业的协同发展机理

目前关于协同发展的研究集中在区域经济或城市群协同发展（李军辉，2018；方创琳，2017）、产业协同发展（李健等，2018；向晓梅和杨娟，2018）以及经济—环境复合系统协同发展（刘波等，2020）等方面，针对环境保护与产业协同发展的研究较少，而且鲜见环境保护与产业协同发展机理研究，大多数研究主要停留在分析环境保护与产业发展的关系上。

一是产业发展对环境的影响研究。（1）产业发展带来生态环境污染变化（梁流涛，2008）。其中最具代表性的是梅多斯等（Meadows et al.）于1972年出版的《增长的极限》一书，他认为，随着产业发展，经济增长对环境的污染既影响了人们的生活质量，又反作用于经济，影响产业的继续发展。而且随着工业规模大幅度扩张，产业集聚同时带来了污染物的大量排放，造成环境危害（Simboli et al.，2015）。技术进步带来清洁技术的研发以及对于传统工业工艺的取缔，将充分实现资源的循环利用，减少单位经济产量的产出引起的污染排放（何小钢和张耀辉，2012）。（2）产业结构优化对环境改善的促进。产业结构从以能源密集型为主的重工业向以知识和技术为特征的制造业和服务业转移，经济活动对环境的压力会减轻（Pasche，2002）。产业结构和环境之间存在着长期的动态均衡关系，当产业结构不合理时，会造成环境污染；当产业内部的技术水平提升时，有利于环境质量的长期改善（Cole，2000；Gokmenoglu et al.，2015）。契尔尼恰恩（Cherniwchan，2012）通过开发简单的两部门经济环境模型发现，产业结构的构成转变即工业化进程是研究期内硫排放的重要决定因素。原毅军和贾媛媛（2014）以中国2007年和2010年的投入产出及污染排放数据为例研究发现，因为第三产业资源利用效率较高，故其产业结构变动对污染的减排作用最为积极。李小帆和卢丽文（2021）在使用脉冲响应函数分析产业结构与污染排放的长期动态关系时发现，产业结构的高级化从长期看对工业废水和二氧化硫的减排具有促进作用。（3）产业聚集对环境的影响不确定。加剧环境污染情形，如维尔卡宁（Virkanen，1998）以芬兰南部的海湾为例，发现产业集聚是引起该地水污染的重要原因；里乌夫等（de Leeuw et al.，2001）以欧洲城市为例，通过实证得到产业的集聚会致使大气污染；刘军等（2016）通过空间计量模型对中国多个城市的产业聚集对环境影响作了实证分析，研究发现我国产业集聚的环境负外部性显著大于正外部性，因此产业集聚加剧了对环境的污染；王兵和聂欣（2016）以中国开发区这一产业集聚区为对象，研究发现产业集聚区的建立使周边水环境明显恶化。改善当地环境的情形，如克鲁格曼（Krugman，1998）和埃伦费尔德（Ehrenfeld，2003）研究发现，在技术以及知识的传播前提下，产业集聚可以对环境形成显著正向效益；卡勒科斯（Karkalakos，2010）认为，产业集聚可以通过环境意识的增强来减少污染排放；闫逢柱等（2011）以中国部分制造业为例，发现短期内的产业集聚对降低环境污染有促进作用；胡求光和周宇飞（2020）以国家级经济技术开发区为研究对象，发现从总体上看，国家级经济技术开发区的集聚对地区的环境绩效有促进作用。不存在明确关系的情形，诸多学者在做产业集聚对环境污染影响的计量分析时，得到产业集聚同环境污染存在倒"U"型曲线特征关系的结果（黄娟和汪明进，2016；朱东波和李红，2021；何正霞等，2022）；林昀（2022）认为产业集聚同环境污染的关系在我国不同地区存在着差异，即在我国东部与中部地区，二者呈现负相关性的特征，在我国西部地区则呈现显著正相关性特征。

二是环境对产业发展的影响研究。（1）自然资源状况会对产业发展产生约束。如孟昌（2012）认为，产业发展的一个最为突出问题就是资源耗费太高，将资源密集的区域产业经济固化在单纯发展资源型的产业上，从而抑制了产业的进一步发展。（2）合适的环境保护政策（如环境规制）可以通过刺激企业开展技术创新，进而提高产业绩效和国际竞争力。波特和林德（Porter & Linde，1995）从动态视角指出，即使环境规制会在某种程度上提升企业生产成本，但是当环境规制具有适度合理的标准时，将会有效激励企业进行技术创新，产生创新补偿效应，从而提升企业的竞争优势，即"波特假说"。该观点得到了大部分学者的支持。鲁巴什基纳等（Rubashkina et al.，2015）通过研究欧洲制造产业部门，发现环境规制对技术创新具有积极影响。克里希亚克（Krysiak，2011）结合环境规制引导的技术需求和技术供给，构建了一个包含生产部门和研发（R&D）部门的两部门模型，分析了污染税、环境标准和市场排污许可证三种规制方式下的技术需求和研发均衡，发现在不同的环境规制强度下，R&D部门会偏向于不同的技术研发。特斯塔等（Testa et al.，2014）将技术创新分为过程创新（对环境技术投资）与产品创新（对环境友好产品投资），发现环境规制能显著促进"技术创新投资"和"技术人员能力"变量。（3）环境规制、环境状况、环保投资对产业结构的影响。张优智和乔宇鹤（2021）研究发现命令控制型环境规制对本地产业结构升级起阻碍作用，其他两类环境规制对本地产业结构升级起促进作用。刘满凤等（2020）分析投资型和费用型环境规制对产业结构升级的影响，结果表明，前者对产业结构升级起驱动作用，后者则起抑制作用。袁晓玲等（2019）认为，环境规制的强度对于东部产业结构升级具有显著促进作用，而对中西部影响并不显著。郑加梅（2018）认为，环境规制能够促进东中部地区的产业结构调整，而对西部地区的作用并不显著。就环境状况优劣对产业结构的影响来看，环境污染阻碍产业合理化、高级化进程（孟浩和张美莎，2021）；水资源增加对产业结构调整具有一定的正效应（苏喜军等，2018）；水环境质量对产业结构的作用较微弱（曹娣和周霞，2017）。就环保投资对产业结构的影响来看，前者有助于后者的低碳化（王韶华等，2014），且二者有着长期稳定关系（王萍，2018）。（4）环境规制、环境破坏对产业聚集的影响。关于环境规制对产业集聚影响的观点并不一致。一些学者认为，环境规制对产业集聚有正向影响作用，随着环境规制强度的增加，企业会出于环境治理成本的考虑而倾向集聚（覃伟芳和廖瑞斌，2015）。另一些学者认为，环境规制对产业集聚有负向影响作用（仲伟周等，2017；Kyriakopoulou & Xepapadeas，2013）。还有一些学者认为，环境规制对产业集聚的影响并无固定趋势。包括环境规制强度与产业集聚水平之间存在着"U"型关系（赵少钦等，2013；郭宏毅，2018）、不同地区的环境规制对产业集聚的影响不同（刘金林和冉茂盛，2015）以及环境规制强度的增加并不会影响产业集聚水平（Acemoglu et al.，2012）的观点。关于环境破坏对产业集聚影响的观点比较一致，认为环境破坏不利于产业集聚的一致性结论。如周锐波和石思文（2018）研究发现环境污染通过提高企业的生产成本，从而加速企业进行外迁，最终抑制产业集聚。朱英明等（2012）通过实证发现水体环境遭到损害将显著约束地区的工业集聚。

1.5 协同度测评研究

1.5.1 协同度测评的视角

关于复合系统协同的定量研究最早源于 20 世纪 60 年代的国外研究，当时研究的核心内容在于经济与环境的协调发展。学者们希望通过系统模型和数学模型对经济和环境关系进行分析，以刺激经济与环境协调发展的政策制定。20世纪 80 年代，布拉特等（Braat et al.，1986）通过构建生态—经济模型，探讨了生态与经济系统协调的定量研究方法。国内对复合系统协同度的定量描述最早源于孟庆松和韩文秀（2000）基于协同学的研究，其以"教育—经济—科技"复合系统为例，验证了其提出的复合系统协同度模型的可操作性。王宏起和徐玉莲（2012）以科技金融和科技创新为研究对象，利用复合系统协同度模型对二者间协同度进行研究，进一步验证了该模型的适用性。

国内外学者从系统论视角对环境与产业协同度的研究较少，大部分研究的是环境与包含范围较广的经济的协同度，且集中在早期研究。依据目前对协同发展的研究，将相关文献分为两类，一类是评价两者或多者协同，另一类是评价系统协同发展程度。针对两者或三者协同发展水平进行评价时，学者们认为两者或多者间发展程度越接近，则协同度越高。对系统协同度进行评价，通过将系统分为若干子系统，从而来评价整个系统的协同发展程度。如项国鹏和高挺（2021）将创业生态系统分为创业主体子系统和环境子系统，利用复合系统协同度模型评价省域创业生态系统动态协同效应。

研究视角主要分为：（1）基于系统运行过程视角，如卢泓钢和郑家喜（2021）基于产业链的视角，将畜牧业产业链分为上、中、下游和资源化利用4 个子系统，利用耦合度模型对湖北省畜牧业产业链及两两子系统间的耦合度进行测算。刘志迎和谭敏（2012）认为，纵向过程视角下，技术转移系统包括技术开发子系统、技术传播子系统、技术应用子系统、辅助子系统。伯格等（Van den Bergh et al.，1991）在使用动态模型研究可持续发展的经济学实现方式的同时，以系统反馈为角度，测度了生态—经济系统的耦合情况。（2）基于系统产出视角，如彭耿和刘芳（2014）从经济发展水平、经济效益、收入水平等几个方面选取区域经济系统序参量，解释区域经济子系统的有序度以及区域经济复合系统的协同度。（3）基于协同要素的视角，如董豪等（2016）从产业创新系统的要素构成出发，把信息通信产业创新复合系统分为创新环境子系统、技术创新子系统、制度创新子系统与产业成长性子系统，测度信息通信产业创新复合系统协同度。

近年来，大多学者在研究环境与产业间的协同度时，都侧重于以协同学理论为视角。协同论建立在控制论、信息论、系统论及突变论等学科的基础上，但它有自己的研究重点，即研究开放系统通过内部子系统及子系统要素间的协同作用，形成有序结构的机理和规律。从研究尺度或地理学视角来看，城市群、流域和省市为主要研究区，且对东部地区的研究较多；全国层面的研究涉及较少。以城市群为研究区，如王兆峰和陈青青（2021）在基于对长江经济带旅游产业与生态环境的胁迫关系研究基础上，对二者之间的协调度进行测度，得到二者之间协调度在研究期间内呈上升趋势的结果；刘智华等（2019）发现自京津冀协同发展以来，整体区域的产业、生态环境保护子系统的协同度均得到明显提高，很好地说明京津冀协同发展背景下的地区良性发展状态。以流域为研究区，如任保平和杜宇翔（2021）基于黄河流域经济增长、产业发展与生态环境三者之间的耦合协同机理，测度了2012~2018年黄河流域三者的协同度，得出黄河流域整体尚未达到三者协同发展的状态。以省市为研究区，汪等（Wang et al.，2021）以可持续发展为目标，研究了山东省2002~2019年旅游经济与生态环境的协调度，发现旅游经济与生态环境协调度从严重失衡到高质量协调状态转变；陈等（Chen et al.，2019）在探讨北京市1992~2016年的产业结构与生态环境关系时，对二者耦合协调度进行了测评，发现北京市的产业结构与生态环境协调度从几乎不协调演化到高级协调阶段。以全国层面为研究区，邹伟进等（2016）研究了我国2000~2013年产业结构与生态环境的协调性，研究表明虽然二者的协调发展仍存在不平衡，但也在向协调过渡。

从研究对象来看，大多研究者都集中于研究某一产业与环境的协同度。其中，旅游产业与环境协同度的研究居多。秦利和金诚伟（2020）以黑龙江省为例，研究了该省装备制造业、区域经济与生态环境的耦合协调关系，得到三者间的协调度逐渐处于比较协调状态；王伟新等（2020）以长江经济带为例，研究了其现代农业、区域经济、生态环境三者间的协调度，得到研究期内协调度呈上升趋势的结果；邱爽和林敏（2021）进行了攀枝花市钢铁产业、生态环境及区域经济之间耦合协调度的测度；苏巴加迪斯等（Subagadis et al.，2014）通过使用耦合模型对强相互作用的地下水—农业系统进行非线性模拟与反馈，并运用贝叶斯网络整合模拟结果、经验知识和专家意见，解决了诸如含水层可持续使用和农业生产的利益性等管理目标相矛盾的问题；向丽（2017）、屈小爽和徐文成（2021）、符莲等（2019）分别研究了长江经济带11个省份、黄河流域、贵州省三个区域的旅游产业与生态环境的耦合协调发展状况，得出的结论较为一致，均体现了这些区域旅游产业与生态环境的协调发展程度低的结果，说明旅游产业尤其需要注重与生态环境的协调关系；杰尔索等（Gelso et al.，2005）使用环境库兹涅茨（EKC）曲线等定量方法，分析了旅游业与环境系统的协调发展情况，并为系统的协调发展提出相应建议。

1.5.2　协同度评价方法

协同度评价方法主要包括灰色关联分析法、数据包络分析法（DEA）、哈肯模型、复合系统协调度模型、耦合协调度模型、Lotka-Volterra 模型、系统演化及系统动力学模型等。部分学者认为灰色系统理论可以对"部分信息已知，部分信息未知"的不确定性系统的协同度水平进行测度，具体方法有灰色关联分析，通过判断样本间联系是否紧密来衡量协同度水平（李海东等，2014）。有的学者根据协同学理论，定义序参量以及有序度，用系统现有状态有序度相比基点状态有序度的进步程度来衡量系统的协同度，具体方法有哈肯模型、复合系统协同度模型以及耦合协调度模型。如王宏起和徐玉莲（2012）依据协同学的支配原理，通过确定序参量，构建协同度测度模型，对科技创新与科技金融协同度进行评价。还有的学者基于投入产出视角评价协同度，将一子系统因子作为投入变量，另一子系统因子作为产出变量，用投入产出有效性表示系统之间的协同度（柯健和李超，2005）。

1. 灰色关联分析法

灰色关联分析法是由邓聚龙教授于 1984 年提出的，其主要思想是根据几何曲线形状的相似程度来判断各因素之间的紧密性和关联性。彭继增等（2015）运用灰色关联分析方法研究 2008～2013 年江西省第一、第二、第三产业和经济发展之间的关联性，得出第二、第三产业发展状况与经济发展关联程度大于第一产业与经济发展关联程度；徐胜和杨学龙（2018）运用灰色关联模型对 2005～2015 年沿海地区 11 个省份海洋产业与创新驱动的协同度进行测度，研究表明创新投入与海洋产业集聚关联度最大。龚新蜀和靳亚珍（2018）利用灰色关联分析法剖析了 2000～2014 年新疆产业结构和经济发展之间的协同关系，结果表明两者之间未能实现协调发展。

2. 数据包络分析法

数据包络分析法是由查恩斯和库铂等学者提出，用于评价多个输入和多个产出的系统效率（Charnes et al.，1989）。其思想是通过聚焦各子系统与整体系统的效率变化来观测系统协同程度，而不关注系统内各要素的变化过程和构造状态。徐婕等（2007）基于改进的 DEA 模型对我国各地区资源、环境、经济三者之间的协调优劣程度进行评价。李琳和吴珊（2014）基于扩展的 DEA方法对 2002～2011 年中国 31 个省份区域经济协同发展水平进行测度，以揭示目前我国区域经济发展的特点以及存在的问题。贺玉德和马祖军（2015）构建 DEA 协同发展模型研究 2003～2012 年四川省物流和经济之间的协同关系和发展规律。

3. 哈肯模型

从系统驱动因素角度出发，利用哈肯模型识别系统发展的序参量，探讨系统演化的特征和规律，通过构建势函数评价系统协同发展程度。李琳和刘莹（2014）从驱动因素的角度，利用哈肯模型分阶段识别 1992～2001 年中国 29个省份经济协同演化发展的序参量，分阶段探讨影响中国区域经济发展的主导因素，并通过求解势函数对中国区域经济协同状态进行评判。叶柏青等（2016）基于我国 1996～2011 年 29 个省份的数据，利用哈肯模型检验我国经济发展与物流业之间的协同关系，结果显示经济发展水平与物流业之间相互促进。郑玉雯和薛伟贤（2019）基于协同学理论，利用哈肯模型分阶段识别了丝绸之路经济带沿线国家协同发展的序参量，有助于准确把握丝绸之路经济带沿线国家协同演化规律，并通过构建和求解势函数有效判断系统所处的协同状态。

4. 复合系统协同度模型

复合系统协同度模型基于序参量原理（役使原理）对子系统有序度和复合系统协同度进行测算（孟庆松和韩文秀，2000）。毕克新和孙德花（2010）基于协同学的役使原理确定产品—工艺创新复合系统序参量，通过构建复合系统协同度模型对2000～2008年制造业企业复合系统的协同度进行测评。田鸣等（2016）基于序参量原理构建创新创业协同发展指标体系，利用复合系统协同度模型测度中国2005～2014年创新创业复合系统协同发展状况。李虹和张希源（2016）基于复合系统协同度模型，从低碳环保创新视角出发，测算了2005～2013年中国三大城市群生态创新协同度，并采用计量模型进一步探讨了区域生态创新协调发展的影响因素。

5. 耦合协调度模型

耦合协调度模型能较好地衡量子系统之间关系强弱及协调一致的程度（杨忍等，2015）。耦合协调度模型以其简便易算且呈现结果直观的优点，现被广泛应用于不同区域的生态环境、经济发展水平、城市化（城镇化）等诸多系统间协同或协调状况的评价和测度中。白雪等（2018）基于综合指数法、耦合协调度模型，通过构建"五化"协调综合评价指标体系，探究东北地区1993～2013年40个地市协调发展的时序演化格局，并在此基础上研究"五化"协调发展的影响因素。王少剑等（2021）基于2000～2015年珠三角地区的面板数据，构建耦合协调度模型对城镇化与生态韧性的协调水平进行测度，并从时间和空间角度探讨协调发展水平特征。

6. 系统动力学模型

产业与环境或经济与环境的协同度研究多使用的系统动力学模型仿真。例如，彭昕杰等（2021）依据"三线一单"体系，利用系统动力学模型设置不同政策情景以反映系统间内在联系和资源环境管控政策这一外部冲击，比较测算不同资源环境管控强度下的长江经济带经济、资源、环境三者的协调度；贺晟晨等（2009）建立了苏州市经济环境协调发展的系统动力学模型，并设计三种发展模式进行仿真，得出要把产业结构优化与重视环保投资放在同等重要的位置上，才能实现苏州市的经济与环境协调发展的结论；闫军印和赵国杰

（2009）构建了区域矿产资源开发生态经济系统仿真模型，并以河北省为例进行实证，找出适合其经济发展、资源开发和环境保护协调发展的方案。

1.6 协同发展的模式与路径研究

1.6.1 协同发展模式与路径的研究方法

一是情景模拟和分类。王婉莹等（2021）根据内蒙古社会经济发展特征，设置基准情景、生态—经济协同发展情景和生态—经济权衡发展情景三种情景，应用土地利用均衡分析模型，模拟三种情景下 2025 年及 2035 年内蒙古六大类生态系统结构与空间格局变化，结果表明生态—经济协同发展情景符合内蒙古构建中国北方生态屏障的战略定位。高林安（2020）采用波士顿矩阵以经济和环境的综合发展指数为两个维度，根据两大系统的综合排名划分成四种类型，分别为双高类型、高低类型、双低类型和低高类型，再以每个类型为主提出最优路径。

二是采用系统动力学方法。通过设定不同的政策情景，模拟系统协同度变化趋势，以此确定最优的发展路径。比如，刘承良等（2013）认为都市圈经济资源与环境通过相互作用形成了一个多反馈耦合的大系统，三者之间存在着高阶非线性相互作用的复杂关系，为此，引入系统动力学理论，通过因果关系和流程图分析，建立了经济—资源—环境耦合的系统动力学模型，在多情景模拟下研究分析最佳路径政策；曾丽君等（2014）研究科技产业与资源型城市可持续协同发展时，通过设置四个政策变量取值，采用系统动力学方法，对五种发展模式进行模拟，最终确定产学研协同创新是促进协同发展的最佳模式。

三是采用合作博弈模型。该方法的核心是挖掘经济发展过程中各经济主体之间的利益矛盾，进而构建符合各博弈主体经济利益的合作机制，从而实现经济发展与环境保护的双赢，走经济与环境的可持续发展之路（陈丽萍，2005）。高红贵（2012）建立了"子博弈精炼纳什均衡"模型、精炼贝叶斯模型和一般博弈模型，分析了绿色经济中各主体的利益博弈关系，从而提出建立监管者奖励机制等路径来顺利实现绿色经济，推动环境保护与产业协同发展。宋玉川和陈雷

（2011）通过对地方政府环境政策选择的博弈分析，得出地方政府抵制环境保护倾向的主要影响因素，为政府进一步制定相关法律法规提供依据。

1.6.2 协同发展的具体路径

一是从产业发展角度入手，研究推动产业结构优化和产业绿色转型。赵玉林和叶翠红（2013）认为，产业结构、技术进步、生态创新的融合发展是实现产业系统经济与生态协同演化的关键变量，各级政府在制定协调发展的相关政策时，应以产业结构、技术进步和生态创新的共同提升、融合发展为目标，以便更好地实现经济效益和生态效益的协调与统一。杨坤和汪万（2020）认为，通过实现"智造"助推产业转型升级，缓解生态压力，并注重技术创新与生态的互补，破解由创新与产业发展脱节的痼疾而带来的生态环境问题。张娜（2020）认为，以循环经济、绿色发展等理念为导引的产业发展重构势在必行，要从产业绿色升级、产业布局优化、产业节约资源等多角度入手，实现黄河流域产业发展与生态保护双赢。

二是从生态产业化和产业生态化相结合的角度入手，探索区域特色发展模式。产业生态化是将生态化理念（绿色、循环、低碳等）注入产业发展，同时遵循生态学原理和经济学规律，把产业活动融入生态经济循环，从而实现产业活动与生态系统的健康、协同、可持续发展（李慧明等，2009）；生态产业化是遵循产业规律和生态规律，依靠生态资源优势，按照社会化生产和市场化经营的方式，将生态优势转化为经济优势，使生态资源转化为有价值的产品和服务的过程（常纪文，2018）。弗罗施等（Frosch et al.，1989）在其《制造业的战略》一文中，认为将传统的产业活动模式转变为产业生态系统，加强对废物回收、资源节约和替代活动的激励，建立一体化的生产方式，是促进人与自然协调发展的出路。谢高地和曹淑艳（2010）认为，我国应该坚持走生态经济化和经济生态化相结合的道路，即根据地区自身优势，如在经济发展水平高且生态资源稀缺的地方发展经济生态化，而在经济发展水平中等甚至低下且生态资源丰富的地区推进生态经济化、产业化。李星林等（2020）认为，产业生态化和生态产业化协同发展是一个长期的过程，首先要建立健全运行机制，其次是完善规范管理机制。郑志来（2015）研究省际间"一带一路"协同建设路径，指出东西部省份应根据省份区位的优势，从产业布局、经济结构和资源禀赋三个方面进行协调发展，并且建立协同发展路径联动机制。马俊炯（2015）则利用潜力模型对京津冀11个地级市的"潜力价值"进行排序，将各地区划分为核心区、紧密合作区和联动支持区，利用各自的区位优势和优势行业促进产业协同发展。柳建文（2017）认为，区域治理应聚焦经济区、经济圈、城市群协同问题，通过区域组织创新设计协调路径。

1.7 协同发展政策建议研究

黄河流域可持续发展日益受到重视，针对黄河流域环境保护与产业协同发展，学者们也从产业优化和环境质量改善方面提出了具体建议。比如，金凤君等（2020）基于黄河流域产业发展对生态环境的胁迫特征，在处理好"三大关系"、保障"五大安全"的目标指引下，从调结构、控规模、优布局、提效率、促保护的思路出发，提出地区产业优化路径。任保平和杜宇翔（2021）为实现黄河流域经济增长、产业发展与生态环境三者的协同发展，亟须建立健全黄河流域经济增长、产业发展与生态环境耦合协同的支撑体系。宁朝山和李绍东（2020）提出在稳定黄河流域经济增长的同时，应进一步优化经济结构，提升经济发展质量，加强生态环境保护，建立跨区域互动合作和协同治理机制，实现上中下游地区均衡与协调发展。刘海霞和任栋栋（2021）认为实现黄河流域生态保护与经济协调发展，应加强黄河流域生态治理，做好经济发展的顶层设计；构建现代生态产业体系，完善生态法律法规；加强跨区域生态管控互助合作，推进绿色发展。

1.8 文献述评

目前环境保护与产业协同发展研究已取得一些成果，国内学者们之前主要集中在京津冀和长江三角洲等区域，对黄河流域研究甚少。黄河流域生态保护和高质量发展确定为国家战略后，引起了学术界的广泛关注，并形成了一系列成果，但应用于黄河流域环境保护与产业协同发展仍有问题需要解决。

（1）针对协同发展的研究，大多从区域经济系统、创新系统等出发，研究区域经济或城市群协同、产业协同、环境与经济协同等，但是对环境保护与产业发展复合系统协同发展的研究甚少，缺乏对环境保护与产业协同发展机理的揭示，特别是忽略了深层次理论问题，进一步模糊了协同的内涵。本研究从环境保护与产业协同发展的视角出发，研究黄河流域环境保护与产业协同发展，拓展了协同发展的研究领域。

（2）针对生态效率研究，关于生态效率的测度方法并不唯一，主要包括比值法和数据包络分析法。由于比值法存在一定的局限，评价结果较为粗略和笼统，多数学者采用数据包络分析对生态效率进行测度。但是，即使多数学者采用数据包络分析法对多投入多产出的系统进行效率评价，在采用时仍应避免将污染物等非期望产出视为投入项，避免生态效率测度偏差，从而影响对生态效率问题的正确认识和判断。

（3）针对现代产业体系研究，大多从产业结构角度、产业集聚角度、产业竞争角度展开其内涵研究，缺少新时代环境保护与产业发展相结合的理论分析框架，同时从特征、战略方面构建指标体系的现代产业体系评价研究，缺少理论分析框架。另外，现代产业体系的研究多以省级、市级研究为主，缺少对于区域层面的研究，特别是涉及国家发展战略的重要区域的研究。

（4）针对协同发展机理，现有研究很多还停留在简单地分析对象之间的相互关系，对整个复合系统协同发展是如何实现的缺乏系统解释。本研究基于复合系统理论，构建黄河流域环境保护与产业发展复合系统；运用耗散结构理论，分析黄河流域环境保护与产业协同发展的条件，研究环境子系统与产业子系统之间的作用关系；采用解释结构模型，识别复合系统状态变量与序参量；基于协同学理论，建立状态变量与序参量协同演化方程，解释黄河流域环境保护与产业协同发展演进规律。

（5）针对协同度的测评，大部分研究的是环境与包含范围较广的经济的协同度，且集中在早期研究；对环境与产业协同度的研究较少，且以旅游产业与环境协同度的研究居多。从研究尺度或地理学视角来看，城市群、流域和省份为主要研究区，且对东部地区的研究较多，对全国层面的研究涉及较少。从研究方法来看，主要是耦合协调度模型、哈肯模型、复合系统协同度模型、

Lotka-Volterra 模型、系统演化及系统动力学模型。就测度指标的选取而言，已有研究缺乏客观性，可能导致测度结果不准确。本研究构建复合系统协同度模型，选取序参量分量指标，测度黄河流域环境保护与产业发展协同度，分析黄河流域上中下游环境保护与产业协同发展水平的时空特征。

（6）协同发展的模式与路径的研究学者们关注较多，但往往只是提出笼统的建议，对协同发展的路径缺乏针对性的设计，也缺乏理论依据。本研究运用灰色预测模型，预测黄河流域环境保护与产业发展协同度变化趋势，提出协同发展的目标。利用情景分析法，设定惯性发展、环境保护优先、产业发展优先情景，并预测不同情景下的协同度。总结国内外典型流域环境保护与产业协同发展的经验，结合情景分析，设计黄河流域上中下游环境保护与产业协同发展路径。并从加强顶层设计、建立现代产业体系、构建环境治理体系及保障措施方面提出政策建议。

第 2 章

黄河流域生态效率测算及提升

合理评价且有效提升黄河流域生态环境质量，是破解黄河流域环境保护与产业协同发展问题的前提条件。生态效率是评价生态环境质量的有效指标之一，测算生态效率有助于实现以最低的资源消耗和环境损害获得最高的经济产出。本章梳理黄河流域生态环境现状并准确测算沿线城市生态效率，为制定该流域生态保护和恢复计划提供科学依据。

2.1 黄河流域生态环境现状及问题分析

随着经济的发展，特别是工业化不断推进，空气质量降低、自然灾害频发等环境污染问题愈加突出，这对产业发展产生了诸多不良的影响，环境保护势在必行（Hettige et al.，2000；郑红星等，2011）。黄河流域不仅存在生态环境本底脆弱的历史问题，而且有重工业污染叠加导致的后生污染问题，生态环境保护对黄河流域产业可持续发展尤为重要。分析黄河流域内水资源状况、土地资源状况、污染物排放状况和生态环境治理状况，能够为生态效率理论模型建立现实基础。

2.1.1 水资源状况分析

2010～2021年黄河流域各省份水资源总量、人均水资源量具体情况如表2-1所示。

表 2 - 1　2010～2021 年黄河流域各省份及全国水资源量

单位：水资源总量：亿立方米；人均水资源量：立方米/人

地区	指标	2010年	2011年	2012年	2013年	2014年	2015年	2016年	2017年	2018年	2019年	2020年	2021年	均值
青海	水资源总量	741	733	895	646	794	589	613	786	962	919	1012	842	794
	人均水资源量	13225	12957	15687	11217	13676	10058	10376	13189	16018	15183	17107	14190	13574
四川	水资源总量	2575	2240	2892	2470	2558	2221	2341	2467	2953	2749	3237	2925	2636
	人均水资源量	3174	2783	3587	3053	3149	2717	2843	2979	3548	3289	3872	3493	3207
甘肃	水资源总量	215	242	267	269	198	165	168	239	333	326	408	279	259
	人均水资源量	842	945	1038	1042	767	635	646	913	1267	1234	1629	1118	1006
宁夏	水资源总量	9	9	11	11	10	9	10	11	15	13	11	9	11
	人均水资源量	148	138	168	175	153	138	143	159	215	182	153	129	158
内蒙古	水资源总量	389	419	510	960	538	537	427	310	462	448	504	943	537
	人均水资源量	1576	1692	2053	3849	2150	2141	1696	1228	1823	1766	2092	3926	2166
陕西	水资源总量	508	604	391	354	352	333	272	449	371	495	420	853	450
	人均水资源量	1360	1617	1042	941	933	881	714	1175	965	1280	1062	2156	1177
山西	水资源总量	92	124	106	127	111	94	134	130	122	97	115	208	122
	人均水资源量	262	347	295	350	305	257	365	353	329	261	330	597	337
河南	水资源总量	535	328	266	213	283	287	337	423	340	169	409	689	357
	人均水资源量	566	349	283	226	301	304	355	443	355	175	412	695	372

续表

地区	指标	2010年	2011年	2012年	2013年	2014年	2015年	2016年	2017年	2018年	2019年	2020年	2021年	均值
山东	水资源总量	309	348	274	292	148	168	220	226	343	195	375	525	285
	人均水资源量	324	362	284	300	152	172	223	226	342	194	370	517	289
流域	水资源总量	5372	5047	5612	5341	4992	4404	4521	5040	5900	5411	6491	7273	5450
	人均水资源量	21477	21189	24437	21153	21585	17303	17361	20664	24861	23563	27027	26821	22287
全国	水资源总量	30906	23257	29529	27958	27267	27963	32466	28761	27463	29041	31605	29638	28821
	人均水资源量	2310	1729	2181	2051	1988	2027	2339	2060	1958	2063	2240	2099	2070

资料来源：原始数据来源于《中国统计年鉴》、各省份统计年鉴及公报。

第一，黄河流域水资源量总体较少且短缺严重，但随时间推移不断增加。首先，2010～2021年黄河流域各省水资源总量整体处于上升趋势。其中，山西、内蒙古水资源总量增长速度最快，分别由2010年的92亿立方米、389亿立方米上升至2021年的208亿立方米和943亿立方米，增长率分别为126%和142%。其次，黄河流域水资源总量整体呈由西向东递减状态，由高到低分别为四川、青海、内蒙古、陕西、河南、山东、甘肃、山西、宁夏。其中，四川水资源总量在9个省份中排名第一，占黄河流域水资源总量的49.88%；宁夏水资源总量处于黄河流域9个省份的末尾，仅占黄河流域水资源总量的0.38%。说明宁夏地区水资源匮乏，可以采取地区调水的方法来增加宁夏的水资源储存量。

第二，黄河流域内部区域人均水资源量差异明显。其中，青海人均水资源量高于全国人均水资源量，内蒙古、四川人均水资源量与全国人均水资源量相近，其余省份人均水资源量低于全国人均水资源量。具体来看，2010～2021年，青海省人均水资源量均值为13574立方米/人，是全国平均水平的6.5倍；内蒙古、四川的人均水资源量均值分别为2166立方米/人、3207立方米/人，分别是全国平均水平的1.0倍、1.5倍。

第三，黄河流域水污染治理效果显著。据2010～2021年黄河水资源公报数据显示，黄河干支流Ⅴ类、劣Ⅴ类水分别从8.8%、33.9%下降到1.9%、3.8%；Ⅰ、Ⅱ类水从23.7%上升到58.1%，具体如图2-1所示。

2.1.2 土地资源状况分析

2010～2021年黄河流域各省份林业用地面积、湿地面积、耕地面积以及森林覆盖率等土地资源特征，如图2-2所示。

黄河流域的生态用地总体规模占比较低，各省份的主导性生态用地不同。首先，各类土地资源规模占比较低。黄河流域森林覆盖率21.21%略低于全国森林覆盖率，湿地面积占全国的6.31%，耕地面积与林地面积分别占全国的4.37%和4.15%。其次，森林覆盖率最高的是陕西、四川，其森林覆盖率分别是42.53%、37.07%，均高于全国森林覆盖率21.76%。再次，湿地面积最大的是青海，林业用地和耕地面积最大的是内蒙古。原因可能是，黄河上游地区幅员辽阔，地广人稀，以农业和畜牧业为主。最后，耕地面积较大的依次是内蒙古、河南、山东，是我国的粮食主产区。

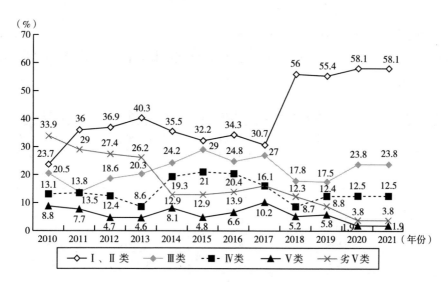

图 2 - 1　2010~2021 年黄河流域水质分类占比

资料来源：历年黄河流域水资源公报。

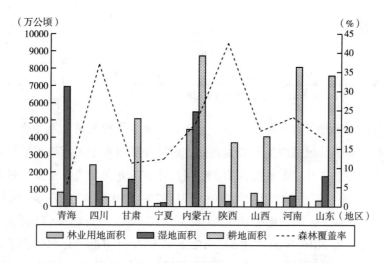

图 2 - 2　2010~2021 年黄河流域各省份年均土地资源特征

资料来源：《中国环境统计年鉴》《中国统计年鉴》和各省统计年鉴。

2.1.3 环境污染状况分析

2010~2021 年黄河流域 9 个省份工业二氧化硫排放量、工业化学需氧量排放量、工业废弃物产生量和国内生产总值在全国的占比，具体如表 2-2 和图 2-3 所示。

表 2-2　　2010~2021 年黄河流域工业污染物排放量与国内生产总值较全国占比

年份	工业 SO_2 排放量占比（%）	工业化学需氧量 排放量占比（%）	工业废弃物 产生量占比（%）	国内生产总值 （GDP）占比（%）
2010	34.64	19.94	31.92	21.88
2011	36.58	19.81	35.40	21.73
2012	35.83	19.87	35.25	21.77
2013	35.99	25.31	34.82	21.64
2014	35.87	25.27	36.68	21.42
2015	35.87	25.21	38.66	21.22
2016	33.80	24.66	41.77	20.87
2017	29.64	24.59	41.87	20.63
2018	30.38	25.85	42.28	20.34
2019	27.65	22.45	42.70	20.24
2020	24.91	19.04	43.11	20.14
2021	31.44	23.54	43.30	20.49

资料来源：《中国环境统计年鉴》及生态环境部网站。

黄河流域工业二氧化硫排放量、工业化学需氧量排放量、工业废弃物产生量占比普遍高于流域国内生产总值占比，经济发展过程中的污染水平较高。从时间演变趋势上来看，工业废弃物产生量占比、工业化学需氧量排放量占比呈现波动上升态势，由 2010 年的占比 31.92%、19.94% 上升至 2021 年的43.30%、23.54%，增长率分别达 35.65%、18.05%；工业 SO_2 排放量呈现波动下降态势，由 2010 年的占比 34.64% 下降至 2021 年的 31.44%，下降率达9.24%。二氧化硫排放量指标中，总量排名靠前的省份有山东、内蒙古和山西，均值分别达 100 万吨、85 万吨和 77 万吨；总量排名靠后的省份有青海和宁夏，均值分别为 10 万吨和 25 万吨。化学需氧量排放量指标中，总量排名靠前的省份有山东、河南和四川，均值分别达 119 万吨、96 万吨和 91 万吨；总量排名靠后的省份有青海和宁夏，均值分别为 7 万吨和 17 万吨。固体废弃物产生量指标中，总量排名靠前的省份有山西、内蒙古和山东，均值分别达 35 千万吨、29 千万吨和 22 千万吨；总量排名靠后的省份有甘肃和宁夏，均值分别为 6 千万吨和 5 千万吨。这些差异与各省份的工业结构、经济发展水平、资源禀赋、地理位置等息息相关。

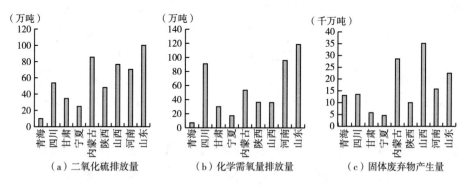

图 2 – 3　2010～2021 年黄河流域各省份年均污染物排放特征

资料来源：《中国环境统计年鉴》及生态环境部网站。

从各省份污染物排放量来看，山东和河南污染物排放量相对较多，青海和宁夏污染物排放量相对较少。原因可能是，相对于青海和宁夏，山东和河南的工业部门更加发达和规模较大。制造业、采矿业和重工业等行业往往由于其运营性质和资源消耗的特点而产生更高水平的污染。此外，山东和河南属于人口大省，城市化程度较高，导致能源消耗、交通活动和废弃物产生增加，这些因素都会导致更高的污染排放。

2.1.4　生态环境治理状况分析

近年来，黄河流域在国家环境政策约束下，生态环境污染从源头上得到了治理。构建了"河长制"以及一系列"权责清晰、管理规范、监管到位"的治理机制，同时开展了一系列生态环境的修复和治理，使该流域整体生态环境质量得到改善。黄河流域国家环境保护治理重心可分为以下三个阶段。

第一阶段：以水土保持、水量调度和防洪防汛为重心（2001～2011 年）。

首先，坚持流域综合防治原则，构建完善的防洪减淤体系。坚持"上拦下排、两岸分滞"调控洪水和"拦、排、放、调、挖"综合处理泥沙的方针，进一步完善以河防工程为基础，水沙调控体系为骨干，水土保持、干流放淤和分滞洪工程措施相结合的流域防洪减淤工程总体布局；辅以防汛抗旱指挥系统建设、防洪调度和洪水风险管理等非工程措施，构建较为完善的流域防洪减淤体系，全面提高黄河流域防御洪水灾害和治理泥沙的综合能力。其次，加强防洪骨干工程建设。继续加强黄河下游标准化堤防建设，大力开展河道整治，控导河势，提高主槽过流能力；加强河口整治和管理，相对稳定入海流路；加强病险水库除险加固，确保水库安全运行、抓紧做好古贤、东庄水库的前期工作和黑山峡河段开发方案的论证工作，有计划地建设黄河干流和主要支流的控制性防洪减淤水库，逐步完善黄河流域水沙调控体系，拦蓄洪水泥沙，调水调沙；加强城市防洪工程建设，不断完善重点城市防洪工程体系，制订城市防御超标准洪水预案。最后，加大水土流失治理力度，特别是中游多沙粗沙区治理。加强山洪灾害防治，建立健全山洪灾害防灾减灾体系。例如，《全国水土保持规划纲要》要求开展大规模的退耕还林还草等水土保持工程，遏制水土流失；《黄河水量调度条例》要求加强水库、水闸等水利基础设施建设，合理调度水资源，缓解干旱和洪涝灾害；《黄河流域防汛规划》要求深化河道整治，加强堤防建设，提高防洪抗灾能力。

第二阶段：以区域合作发展与生态保护为重心（2012～2020年）。深入实施西部大开发战略和促进中部地区崛起战略，整合区域优势资源，加强黄河流域各省份的协同合作，共同制定保护治理规划，实施重点流域综合治理和生态修复工程，改善流域环境质量，建立流域生态补偿机制，保护黄河流域生态系统，加强水资源节约与循环利用，缓解水资源短缺问题。例如，通过实施《全国生态保护与建设规划（2013－2020年）》，加强各省份的统筹协作；实施《支持引导黄河全流域建立横向生态补偿机制试点实施方案》，建立健全生态补偿机制，促进资源保护与权益平衡；实施《重点流域水污染防治规划（2016－2020年）》，开展流域综合治理和生态修复；出台《国家节水行动方案》，推动水资源节约利用。

第三阶段：以黄河流域环境保护与高质量发展为重心（2021年至今）。强调将黄河流域生态保护和高质量发展作为事关中华民族伟大复兴的千秋大计，统筹推进山水林田湖草沙综合治理、系统治理、源头治理，着力保障黄河长治久安，着力改善黄河流域生态环境，着力优化水资源配置，着力促进全流域高质量发展，着力改善人民群众生活，着力保护传承弘扬黄河文化，让黄河成为造福人民的幸福河。例如，《黄河流域生态保护和高质量发展规划纲要》一方面加大污染防治力度，治理水环境、大气环境和土壤环境；另一方面推动绿色发展，提高资源利用效率，发展循环经济，实施《全国重要生态系统保护和修复重大工程总体规划（2021–2035 年)》，持续加强黄河流域生态保护和修复，维护区域生态安全。

黄河流域环境治理取得明显成效，主要包括以下三个方面：第一，推进水土环境综合修复工程。开展工业污染防治、土壤污染源头治理、湿地生态系统修复等。如青海省海南藏族自治州贵德县采用"复合流潜流湿地＋生态表流湿地"组合工艺，引流污水处理厂尾水，建设复合流潜流湿地4.76公顷、生态表流湿地8.34公顷，完善"水—草—鱼—鸟—人"共生系统，带动周边旅游发展，改善区域生态环境和人居环境。第二，积极推进国土绿化。如内蒙古在库布齐沙漠和毛乌素沙地开展了系统的示范治理工程，通过人工造林和种草、植树造林和空播等方式进行生态修复。并且加强黄河生态廊道建设工作，示范推广沙漠节水灌溉等新技术，建设多功能经济林，推进黄河沿岸沙化地区综合治理。还有山东省开展的国土绿化七大攻坚行动、河南省的生态廊道建设等。第三，推动矿山生态修复。如截至2021年，富含煤矿的山西省，开展了露天废弃矿山生态修复工作，在6个市、29个县修复了1223公顷土地①。同时形成了生态修复制度建设体系，依据"谁污染、谁治理"原则，有序开展矿山生态修复。

2.1.5 黄河流域生态保护存在的主要问题

1. 水资源匮乏

总体看来，黄河流域地区水资源总量匮乏，人均水资源量较低，存在严重的水资源短缺问题。从沿黄9个省份层面看，水资源总量、人均降水量均存在较大的差异。黄河流域内部区域的水资源分布较为松散，气候变化等因素影响

---

① 资料来源：中国环境网。

导致黄河流域降水量和径流量也在逐年减少，但人口数量和经济发展的增长对水资源的需求也在不断增加，从而导致了水资源供需矛盾的加剧。另外，由于黄河流域沿线省份的经济发展水平和人口密度存在较大差异，导致了水资源分配不均的问题。一些地区因为缺乏足够的水资源而无法满足当地居民和农业生产的需求，而另一些地区则因为拥有更多的水资源而成为当地经济发展的重心。

2. 土地资源分布差异较大

黄河流域地区的土地资源以森林、耕地为主，其次是湿地和林地。受自然环境和地理区位的影响，黄河流域地区内部区域的土地资源分布特征差距较大。首先，就森林覆盖率而言，过度砍伐和不合理的土地利用，导致了水土流失、土地沙漠化等遗留问题，生态环境修复难度大；其次，就耕地资源而言，近年来，随着城镇化和工业化的加速推进，大量耕地被用于建设工业园区和城市，这种情况对粮食安全和农业生产都产生了不利影响；最后，就湿地面积而言，湿地是维持生态平衡和保护水资源的重要组成部分，应该加强对湿地资源的保护和恢复。

3. 环境承受严重的胁迫性

黄河流域生态环境本底脆弱，同时面临产业运行导致的污染叠加，双重压力对黄河流域的环境承载力来说是一个巨大的挑战。水资源供给困难、土地荒漠化、水土流失等情况严峻，而同时关中平原、黄淮海平原、呼包银榆地区等能源集聚地，由于大量的能源开发，工业污染严重，不断冲击着生态承载力的阈值，加重生态环境的脆弱性。

具体来说，首先黄河流域大部分位处干旱区或半干旱区，水资源供给不足。黄河流域全年降水量明显低于全国平均水平，且蒸发量较大，水资源匮乏是导致黄河流域生态本底脆弱的主要原因之一。随着沿黄经济带的快速发展，水资源需求量大大增加，超采用水的情况日益发生，导致黄河流域用水量负荷过大，其中以白银、包头、太原、榆林等为主的重化工业区尤为严重。其次，黄河流域重工业发展较为集中，在能源开采与产业运行过程中，向大气释放了多种污染物，造成了空气污染。其中，生态环境部公布的空气质量排名后 20 位城市中，黄河流域占比超 50%，包含太原市、临汾市、淄博市、焦作市、济南市、咸阳市等在内的 13 个城市，是我国空气质量较差的主要区域。而水资源污染大致分布在工业废水排放中，据生态环境部测度，2021 年黄河流域的水质评定为水质良好，水环境质量有明显提升，而同时期的长江流域评定等级则为优，仍有较大差距。

究其原因，首先，黄河流域的工业结构主要是以能源基础原材料为主，消费结构主要以煤为主，二者的叠加导致二氧化硫、可吸入颗粒物等为首要大气污染源排放量较重，其中汾河流域尤为严重。另外焦炭行业还排放较大规模的苯并［a］芘、苯、甲苯、二甲苯、乙烯等污染物，不仅加剧地区大气环境质量恶化，并且对人体健康产生直接的影响。其次，集中在内蒙古自治区西部、陕西省北部、山西省北部的露天开采较为密集，进而产生的扬尘、地表剥离、土地占压等均挤压着环境承载力，并伴随着一定的沙尘源风险，同时还破坏了原有的植被。最后，能源重化工产业发展加重了地区水资源与水环境压力。流域内可利用水资源较少，自产水资源量有限，利用率转化难度较大，同时偏重型产业对于水资源产生大量的排污现象，影响地表水与地下水的平衡状态。

2.2　黄河流域生态效率测算模型构建

2.2.1　黄河流域生态效率的理论模型

生态效率是指在资源与环境双重制约下的区域生态经济系统的投入产出效率，投入是区域内各种资源，产出是社会经济发展中所创造的经济效益以及造成的环境影响。生态效率衡量了区域生态经济系统合理利用系统内自然资源、社会资源等要素，使经济产出最大化、资源环境影响最小化的能力，进而推动经济社会可持续发展，实现经济增长和环境保护之间的平衡。

生态经济系统的投入端是生态系统和经济系统投入的集合，包括自然资源（如水、矿物等）和社会资源（如劳动力、资本等）；黄河流域拥有丰富的水资源、土地资源等自然资源，这些资源是生态系统发展的基础。黄河流域拥有众多的人口和劳动力，这些人力资源是生态系统发展的重要保障。黄河流域的经济发展需要大量的资本投入，资本是支持生态系统发展的重要条件。产出端包括经济系统的产品和服务的经济价值，还包括生态环境消纳的来自经济系统的污染物，前者是符合系统经济效益的输出，后者是对生态效益的影响。黄河流域是中国重要的农业生产区和人口聚集区，经济产出是生态系统重要的产出之一，但是在经济发展过程中，也会伴随着环境污染和资源消耗等问题。因此，黄河流域的经济活动在消耗能源的同时也会产生一定的污染物，例如，工业废水、大气污染等，污染物产出是黄河流域生态系统需要解决的一大问题。根据上述投入产出关系，构建黄河流域生态效率理论模型，如图2-4所示。

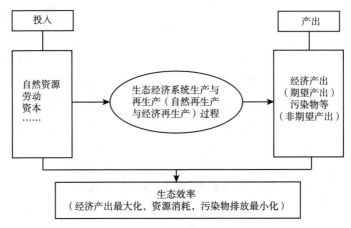

图 2-4　生态效率理论模型

2.2.2　三阶段 DEA 的生态效率测算方法

在生态效率理论分析基础上，构建科学合理的投入产出指标体系，并采用三阶段非期望产出 SBM 模型测度 2010~2021 年黄河流域生态效率，明晰黄河流域生态效率水平。

1. DEA 模型效率评价思路

数据包络分析（data envelopment analysis，DEA）是一种测量决策单元效率的非参数方法，它可以基于多投入多产出数据，为投入和产出变量分配特定权重，并通过线性规划求解决策单元（decision making unit，DMU）的相对效率（Charnes et al.，1978）。

DEA 评价效率的基本思路是在一组可比较（消耗同种投入，创造同种产出）的 DMU 中，识别出那些表现最佳的 DMU，并形成一个生产可能性边界作为比较的基准，如果一个 DMU 不属于位于边界内部，则该 DMU 没有有效地运行，根据到有效边界上相应参考点的距离，得到其效率水平。其中，可以用投入产出观测数据的组合表示各 DMU 的生产活动，生产前沿面则由现有资源的约束下，所有投入产出组合中的最大可能生产组合构成，生产前沿面上的点是可用资源的最有效生产状态，表示要素投入可能获得的最大产出。生产前沿面外的点离最优投入产出组合存在一定差距，可能存在产出不足或者投入冗余的问题，因此，若假定生产前沿面上的点效率值为1，则可以通过各个投入组合点距生产前沿面上点的距离来量化其与有效生产点的差距，反映其投入产出的相对效率。

借助图 2-5 来说明 DEA 模型评价效率的原理。假设存在一组决策单元 A、B、C、D，每个决策单元都有两种投入，分别表示为 x1、x2，相应的产出为 y。从图 2-5 中可以看出，只有决策单元 C、D 位于生产前沿面 EE′上，为最优投入产出组合点；决策单元 A、B 位于生产前沿面以外，是 DEA 无效的点。从 A、B 两点分别引一条过原点的射线，将其投影在前沿面上的 A′、B′点。以 A 点为例，相比于前沿面上的 A′点，其每生产一个单位产出多消耗的两种投入的数量分别为 SQ 和 PR，投入的有效消耗比例分别为 OS/OQ 和 OR/OP。根据相似定理，OS/OQ = OR/OP = OA′/OA，A 点效率值可以表示为 OA′/OA，而前沿面上的 A′点的效率为 OA′/OA′ = 1，A 点可以通过减少投入以缩短与前沿面的距离以达到 DEA 有效，B 点同理。

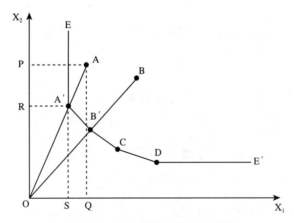

图 2-5　DEA 模型效率评价原理

2. 基本模型——CCR 模型和 BCC 模型

1978 年，查恩斯（A. Charnes）、库铂（W. W. Cooper）和罗兹（E. Rhodes）开发出第一个 DEA 模型，以他们的名字命名为 CCR 模型，模型构建如下：

假设共有 n 个决策单元（DMU）的投入和产出指标，第 j 个投入和产出指标分别为 $X_j = (x_{1j}, x_{2j}, \cdots, x_{mj})^T > 0$，$Y_j = (y_{1j}, y_{2j}, \cdots, y_{sj})^T > 0$，$j = 1, 2, 3, \cdots, n$。投入和产出指标的权向量分别为 $v = (v_1, v_2, \cdots, v_m)^T$，$u = (u_1, u_2, \cdots, u_r)^T$，其根据投入导向型，规模报酬不变（CRS），使经营者追求一种生产总值的无限增大，效率评价指数为：

$$h_j = \frac{u^T y_j}{v^T x_j}, \quad j = 1, \cdots, n \tag{2-1}$$

最优规划模型可表示为：

$$\max h_{j_0} = \frac{\sum_{r=1}^{s} u_r y_{rj_0}}{\sum_{i=1}^{m} v_i x_{ij_0}}$$

$$\text{s. t.} \quad \frac{\sum_{r=1}^{s} u_r y_{rj}}{\sum_{i=1}^{m} v_i x_{ij}} \leq 1, \quad j = 1, 2, \cdots, n \tag{2-2}$$

$$u \geq 0, v \geq 0$$

将模型进行 Charnes-Cooper 变换和对偶变换，结果如下：

$$\min x\theta$$

$$\text{s. t.} \begin{cases} \sum_{j=1}^{n} \lambda_j x_j \leq \theta x_0 \\ \sum_{j=1}^{n} \lambda_j y_j \leq \theta y_0 \\ \lambda_j \geq 0, j = 1, 2, \cdots, n \end{cases} \tag{2-3}$$

其中，λ_j 表示横截面观察值的权重。若 $\theta = 1$，则为 CCR 有效，否则为非 CCR 有效。

1984 年，班克、查恩斯和库铂对 CCR 模型进行了改进，增加了规模报酬可变假设（Banker et al.，1984），改进后的模型称为 BCC 模型，模型定义如下：

$$\min x\theta$$

$$s.\,t.\begin{cases} \sum_{j=1}^{n} \lambda_j x_j \leqslant \delta x_0 \\ \sum_{j=1}^{n} \lambda_j y_j \leqslant y_0 \\ \sum_{j}^{n} \lambda_j = 1, \lambda_j \geqslant 0, j = 1,2,\cdots,n \end{cases} \quad (2-4)$$

相比于 CCR 模型，BCC 模型增加了 $\sum_{j}^{n} \lambda_j = 1$ 的约束，变为规模报酬可变生产前沿面。若求解结果为 $\delta = 1$，则为 BCC 有效；否则为非 BCC 有效。

CCR 模型和 BCC 模型都是 DEA 的基本模型，后来的各种 DEA 拓展模型都是以它们为基础发展而来的。它们的不同之处主要在于，CCR 模型基于规模报酬不变的假设，假设所有决策单元都在最佳规模上运行。而 BBC 模型则基于规模报酬可变的假设，这意味着决策单元可以自由调整生产规模，故不存在规模改进的余地，反映一定投入水平下的产出能力，也称为纯技术效率（PTE）。因此 CCR 模型测度的效率值实际上包含单纯的纯技术有效性和规模有效性两个方面，故可把 CCR 模型测度出的效率分解为纯技术效率（PTE）与规模效率（SE）两个部分，其中规模效率通过 CCR 模型效率值除以 BCC 模型效率值得到。

3. 三阶段超效率 SBM 模型

三阶段超效率 SBM 模型是一种基于数据包络分析（DEA）的模型，它可以同时考虑多个输入和输出因素，并能够纠正不良的生态影响。生态系统是一个复杂的系统，涉及多个因素。传统的生态效率评估方法通常只考虑一个或两个输入和输出因素，难以全面反映生态系统的复杂性。而三阶段超效率 SBM 模型可以同时考虑多个输入和输出因素，包括资源、产品和污染物排放等因素，能够更准确地评估生态效率。在实际生产过程中，经济增长往往伴随着对生态环境的破坏。传统的生态效率评估方法通常只考虑经济产出，难以反映对生态环境的负面影响。而三阶段超效率 SBM 模型可以通过引入污染物排放等因素来纠正不良的生态影响，更全面地评估生态效率。在实际应用中，数据往往存在不完整或存在噪声的情况。传统的生态效率评估方法难以处理这些问题，会导致评估结果不准确。而三阶段超效率 SBM 模型可以通过引入超额变量来处理数据不完整或存在噪声的情况，能够更准确地评估生态效率。综上所述,三阶段超效率 SBM 模型是一种有效测量生态效率的工具。它能够同时考虑多个输入和输出因素,并能够纠正不良的生态影响。此外,该模型还能够处理数据不完整或存在噪声的情况。因此,选用三阶段超效率 SBM 模型测量生态效率是非常合适的选择。

(1) 第一阶段:建立超效率 SBM 模型。

构建基于非期望产出的超效率 SBM 模型。假设共有 n 个决策单元,每个决策单元 $DMU_i(i=1, 2, \cdots, n)$ 包含 M 种投入 $X=\{x_{1i}, x_{2i}, \cdots, x_{mi}\}(m=1, 2, \cdots, M)$、L 种期望产出 $Y^g=\{y_{1i}^g, y_{2i}^g, \cdots, y_{li}^g,\}(l=1, 2, \cdots, L)$、K 种非期望产出 $Y^b=\{y_{1i}^b, y_{2i}^b, \cdots, y_{ki}^b\}(k=1, 2, \cdots, K)$,决策单元的生态效率为:

$$\rho_i = \min \frac{\frac{1}{M}\left(\sum_{m=1}^{M}\frac{\overline{x}_m}{x_{mj}}\right)}{\frac{1}{L+K}\left(\sum_{l=1}^{L}\frac{\overline{y}_l^g}{y_{lj}^g}+\sum_{k=1}^{K}\frac{\overline{y}_k^b}{y_{kj}^b}\right)} \quad (2-5)$$

$$\text{s. t.} \begin{cases} \overline{x}_m \geqslant \sum_{j=1}^{n}x_{mj}\lambda_j \\ \overline{y}_l^g \leqslant \sum_{j=1}^{n}y_{lj}^g\lambda_j \\ \overline{y}_k^b \geqslant \sum_{j=1}^{n}y_{kj}^b\lambda_j \\ \overline{x}_m \geqslant x_m, \overline{y}_l^g \leqslant y_l^g, \overline{y}_k^b \leqslant y_k^b, \lambda_j \geqslant 0 \end{cases} \quad (2-6)$$

其中,x_{mj}、y_{lj}^g 与 y_{kj}^b 表示达到生产前沿面(即理想投入产出)时第 j 个决策单元 m 种投入、l 种期望产出与 k 种非期望产出;x_m、y_l^g 与 y_k^b 表示达到生产前沿面(即理想投入产出)时所有决策单元 m 种投入、l 种期望产出与 k 种非期望产出;$\overline{x}_m$、$\overline{y}_l^g$ 和 $\overline{y}_k^b$ 分别指所有决策单元的实际投入、期望产出和非期望产出;ρ 为决策单元的生态效率,ρ≥1 表示决策单元有效,ρ<1 表示决策单元无效;λ_j 为横截面观察值的权重,权重和为 1 表示可变规模报酬,权重和不为 1 表示规模报酬不变。

(2) 第二阶段:SFA 多元回归分析。

分离出管理无效率造成的冗余决策单元,以投入松弛变量为因变量,环境因素为自变量，构造相似 SFA 多元回归模型：

$$s_{jk} = f(z_k; \beta^j) + \upsilon_{jk} + \mu_{jk} \qquad (2-7)$$

其中，s_{jk} 为第 k 个决策单元第 j 项投入的松弛变量；z_k 为外部环境变量；β^j 为相应环境变量的系数；υ_{jk} 为随机扰动，服从 $N(0, \sigma^2_{\upsilon_j})$ 分布；μ_{jk} 为管理非效率项，服从 $N(0, \sigma^2_{\mu_j})$ 分布；$\upsilon_{jk} + \mu_{jk}$ 为混合误差项，υ_{jk} 和 μ_{jk} 不相关，$\gamma = \sigma^2_{\mu_j}/(\sigma^2_{\mu_j} + \sigma^2_{\upsilon_j})$ 的值趋近于 1 表示管理因素的影响占主导，$\gamma = \sigma^2_{\mu_j}/(\sigma^2_{\mu_j} + \sigma^2_{\upsilon_j})$ 的值趋近于 0 表示随机误差的影响占主导。

SFA 多元回归分析的结果可以用来调整决策单元的投入项，对那些外部环境较好或者运气较好的决策单元增加投入，从而剔除外部环境因素或随机因素的影响。立足于最有效的决策单元，以其投入量为基础，调整其他各样本的投入量：

$$\hat{x}_{jk} = x_{jk} + (\max\{z_k\hat{\beta}^j\} - z_k\hat{\beta}^j) + (\max\{\hat{\upsilon}_{jk}\} - \hat{\upsilon}_{jk}) \qquad (2-8)$$

其中，$\hat{x}_{jk}$、x_{jk} 分别为调整后与调整前的投入量；$\hat{\beta}^j$ 与 $\hat{\upsilon}_{jk}$ 分别为调整后的环境变量的系数和随机扰动项。

$(\max\{z_k\hat{\beta}^j\} - z_k\hat{\beta}^j)$ 是将所有的决策单元调至相同的外部环境，$(\max\{\hat{\upsilon}_{jk}\} - \hat{\upsilon}_{jk})$ 是将所有的决策单元调至相同的运气水平，通过调整可以使每个决策单元具有相同的环境与运气从而得到决策单元的无效率结果就是由决策单元自身管理因素造成的。

（3）第三阶段：建立投入调整后的超效率 SBM 模型。

依据调整后的决策单元投入数据重新进行超效率 SBM 分析。由于此时的投入数据剥离了环境因素和随机因素的影响，因此能够更客观地反映决策单元的效率状况。

2.2.3　指标与变量选取

1. 生态效率评价指标体系

基于生态效率理论分析，将生态效率视为区域生态经济系统的投入产出效率，反映了资源、劳动等投入经过一系列生产活动形成产出的动态过程。生态效率评价指标包括了投入、期望产出和非期望产出三个方面（曾祥静等，

2023；油建盛，2022）。综合相关研究成果并考虑指标的可获取性，确定的生态效率评价指标体系如表2-3所示。

表 2-3　　　　　　　　　　生态效率评价指标体系

准则层	指标层	变量	说明
投入指标	劳动投入	单位从业人数（人）	第一、第二、第三次产业单位从业人数总和，表征经济生产中投入的劳动量
	资本投入	资本存量（亿元）	在一定时点上所积存的实物资本，反映实际掌握的物质生产资本
	能源投入	能源消费量（吨标准煤）	城市消费的一次能源或二次能源的数量，表示生产生活所消耗的能源量
	水资源投入	用水量（亿立方米）	各城市生活、生产、生态所耗用的水量，表征生产生活对水资源的消耗
产出指标	期望产出	城市生产总值（亿元）	城市所有常住单位在一定时期内生产活动的最终成果，表示城市经济发展水平
	非期望产出	废水排放量（万吨）	通过工业企业厂区所有排放口排放到企业外部的全部废水总量，反映生产活动对水资源的污染
		SO_2 排放量（吨）	工业企业在厂区内的生产工艺过程和燃料燃烧过程中排入大气的二氧化硫总量，表示生产活动对大气的污染
		CO_2 排放量（吨）	化石燃料燃烧产生的 CO_2 排放量，表示生产生活对大气环境的影响

（1）投入指标。

资本投入。经济增值过程需要物质资本投入，通常以可用于生产的资本总量的货币价值来衡量，即资本存量。然而，由于统计手段的限制，当前没有对资本存量的统计数据，需要根据现有统计指标进行估算。目前对于资本存量估算，比较权威的方法是戈登史密斯（Goldsmith）提出的永续盘存法，许多国内学者结合我国实际，在我国资本存量估算中对永续盘存法进行应用和改进，代表性的有张军等（2004）的研究，提出了估算我国资本存量的可操作性方法，受到很多学者的认可和推广。借鉴张军的方法估算资本存量，计算公式为：

$$K_{i,t} = I_{i,t} + (1-\delta)K_{i,t-1} \qquad (2-9)$$

其中，$K_{i,t}$ 表示地区 i 在时期 t 的资本存量；$I_{i,t}$ 表示地区 i 在时期 t 的投资额，用固定资本形成总额（＝固定资产投资额/固定资产投资价格指数）衡量；δ 表示经济折旧率，一般设定为 9.6%。

劳动投入。劳动投入是生产活动中重要的要素，代表一定产出的劳动消耗，通常用劳动时间表示，但缺乏相关统计资料，难以获取。因此实际操作中，主要用劳动数作为替代指标衡量劳动投入。使用各地区历年的单位从业人员数作为劳动投入指标，具体指第一、第二、第三次产业单位从业人数总和。

能源投入。能源是人类生产生活重要的能量来源，是现代经济社会发展的动力。能源是自然界中能够提供某种形式能量的物质资源，种类繁多，大致可以分为可再生能源（太阳能、风能等）和不可再生能源（化石能源、核能等）。化石燃料的开发和利用较为广泛，在能源消费结构中占比较大，而且统计较为成熟，因此，主要选择石油、天然气等的终端能源消费实物量来衡量。同时，为了统一口径和便于计算比较，采用天然气、液化石油气、电力消耗量乘以对应的标准煤折算系数，加总得到以标准煤表征的能源消费总量，将其作为能源投入（陈关聚，2014）。

水资源投入。水资源是人类生产生活所需基本要素，人类生存、农作物生长以及工业生产都需要大量的水。黄河流域经济社会的发展离不开水资源，水同时也是黄河流域生态环境的重要组成部分。因此，综合考虑水资源的利用情况，选取各城市用水总量作为水资源投入。

（2）产出指标。

期望产出。期望产出是指具有经济效益的产出，是生产的主要目的。对于区域来说，生产总值衡量了地区所生产的所有劳务和产品的总价值，代表经济生产和增长的结果，反映了地区经济状况，可以作为期望产出。因此，选择黄河流域各城市 GDP 作为经济产出指标。

非期望产出。非期望产出通常是生产过程中产生的一些具有不良影响的附属产出，在区域生态经济系统中主要指经济生产过程产生的环境污染物。这些污染物会对大气、水、土壤等环境造成破坏，影响整个区域的可持续发展。废水、废气等是常见的污染物，基于黄河流域数据的可得性，选取废水排放量、SO_2 排放量和 CO_2 排放量作为非期望产出。其中，CO_2 排放量没有专门的统计数据，借鉴韩峰和谢锐（2017）的做法，用天然气用量、液化石油气用量、煤电用量（全社会用电量乘以煤电发电量占比）乘以对应的 CO_2 排放系数，再加总得到 CO_2 总排放量。

2. 外部环境因素变量

外部环境因素应选择对生态效率产生影响的因素，且同时在较短时间里不能主观更改或把握的因素（郭四代等，2018）。已有研究主要从社会、经济、政策等角度选取外部环境因素，具体可归纳为收入因素、产业结构因素、制度因素、外资因素（韩永辉等，2016）。

收入水平代表一个地区的经济发展水平，是影响生态效率的重要因素（李胜兰等，2014）。环境库兹涅茨（EKC）曲线显示环境污染与收入水平呈现倒"U"型关系（Grossman & Krueger，1991）。经济发展的不同阶段，人均收入与环境污染的关系有很大差异（Wagner，2008）。比如，在经济发展初期，人们收入水平较低，更注重收入增长而忽视环境质量。随着经济发展，人们收入水平的提高，人们对环境质量有了更高要求，而且趋向于选择绿色产品（张友国，2010）。现阶段，黄河流域绝大部分城市仍处于 EKC 曲线拐点之前，随着经济增长过程中环境压力暂呈增大的态势。

产业结构对经济与环境的协调发展起着关键的作用。产业结构决定了不同产业之间劳动力、资本、技术和能源等生产资源的分配，对整个经济体的资源消耗和污染物排放起到至关重要的调节作用（邹伟进等，2016）。合理的产业结构有可能在一定的生产资源下提高经济产出和减少污染物，从而影响生态效率。

环境保护政策是影响生态效率的主要制度因素。由于环境问题的外部性特征，自由市场经济不能从根本上解决这个问题，这需要政府的指导和控制，政府的环境保护政策在解决资源和环境问题中起着重要作用。著名的"波特假说"认为环境保护政策可以促进企业的技术创新，抵消环保成本，这不仅使企业在市场上具有竞争优势，而且在平衡环境保护和经济增长时实现了双赢（Porter，1996）。

外商直接投资表明了地区经济对外开放程度，对区域经济发展和生态环境都有重要影响。根据"污染避难所假说"，为了吸引外国资本，一些国家会放宽环境标准，导致外国污染密集型的企业大量进入，虽然促进了当地经济增长，但是加剧了资源消耗，并导致污染物排放增多和环境退化，使得东道主国的生态效率有可能降低。

综上所述，将从以上 4 个方面选取外部环境变量，其中收入水平采用黄河流域沿线各城市人均 GDP 来衡量；产业结构用第三产业占地区生产总值的比重来衡量；环境保护政策用各城市财政支出中节能环保支出来衡量；外商直接投资用各城市实际利用外资来衡量。

2.3 样本选择及数据来源

2.3.1 样本选择

黄河是中国第二长河，由西向东流经青海、四川、甘肃、宁夏、内蒙古、陕西、山西、河南、山东 9 个省份，涉及 69 个地级及以上城市（州、盟）（黄河水利委员会黄河志总编辑室，2017）。根据地形地貌等特征，黄河流域可以划分为上中下游三大区域，其中黄河河源至内蒙古河口镇为黄河上游，河口镇至河南郑州市桃花峪为黄河中游，桃花峪至山东东营市黄河入海口为黄河下游。黄河流域生态效率研究需要和后续生态环境保护与产业协同发展政策分析保持一致，方便数据对比，本研究将黄河流域上中下游按照黄河河道流经的省份进行划分，因此河南省的洛阳市、三门峡市、济源市、焦作市也就归在下游。鉴于数据可得性，剔除青海、四川、甘肃、内蒙古和河南的少数民族自治州等 12 个地级及以上城市（表 2-4 中标"＊"的城市），选取黄河流域 57 个地级及以上城市为研究对象，具体如表 2-4 所示。

表 2-4		样本选择
河段	省份	地级及以上城市
上游	青海	西宁市、海东市＊、海北藏族自治州＊、黄南藏族自治州＊、海南藏族自治州＊、果洛藏族自治州＊、玉树藏族自治州＊、海西蒙古族藏族自治州＊
	四川	阿坝藏族羌族自治州＊
	甘肃	兰州市、白银市、天水市、定西市、平凉市、庆阳市、陇南市、武威市、甘南藏族自治州＊、临夏回族自治州＊
	宁夏	银川市、石嘴山市、吴忠市、固原市、中卫市
	内蒙古	呼和浩特市、包头市、乌海市、乌兰察布市、鄂尔多斯市、巴彦淖尔市、阿拉善盟＊

续表

河段	省份	地级及以上城市
中游	陕西	西安市、铜川市、宝鸡市、咸阳市、榆林市、延安市、渭南市、商洛市
	山西	太原市、阳泉市、长治市、晋城市、大同市、朔州市、忻州市、晋中市、吕梁市、临汾市、运城市
下游	河南	郑州市、开封市、洛阳市、焦作市、新乡市、安阳市、鹤壁市、濮阳市、三门峡市、济源市*
	山东	济南市、淄博市、东营市、泰安市、济宁市、德州市、滨州市、菏泽市、聊城市

注：表中标"*"的城市代表所要剔除的城市。

2.3.2 数据来源及预处理

2010～2021 年黄河流域 57 个城市生态效率评价所需投入产出指标数据主要来源于 2011～2022 年《中国城市统计年鉴》、《中国统计年鉴》、黄河流域各省份统计年鉴、《水资源统计公报》，以及各城市国民经济和社会发展统计公报。对于缺失数据，主要通过插值法和移动平均法进行补全。

指标数据来源具体说明如下：

资本存量计算中，固定资产投资额来源于 2011～2022 年各省份统计年鉴，固定资产投资价格指数来源于 2011～2022 年《中国统计年鉴》。

劳动投入指标中，第一、第二、第三次产业单位从业人数总和来源于 2011～2022 年《中国统计年鉴》。

能源消费量和 CO_2 排放量计算中，天然气、液化石油气和电力消耗量来源于 2011～2022 年《中国城市统计年鉴》中天然气供气总量、液化石油气供气总量以及全社会用电量数据。天然气、液化石油气和电力的折标准煤系数来源于国家标准《综合能耗计算通则》（GB2589－81），分别为 1.3300 千克标准煤/立方米、1.7143 千克标准煤/千克和 0.1229 千克标准煤/千瓦小时。天然气、液化石油气和电力的 CO_2 排放系数分别为 2.1622 千克/立方米、3.1013 千克/千克和 1.3023 千克/千瓦时。

城市用水总量数据来源于 2011～2022 年各省份《水资源统计公报》。

各城市 GDP、人均 GDP、第三产业占比数据来源于 2011～2022 年《中国城市统计年鉴》。

工业 SO_2 排放量、废水排放量和外商直接投资数据主要来源于 2011 ~ 2022 年《中国城市统计年鉴》及各省份统计年鉴。

节能环保支出来源于各省份统计年鉴、各市统计年鉴数据整理。

2.4　黄河流域沿线城市的生态效率测算结果与分析

2.4.1　三阶段模型生态效率测算结果

1. 第一阶段生态效率

利用 MaxDea 软件对黄河流域 57 个城市 2010 ~ 2021 年第一阶段生态效率进行测算，结果如表 2 - 5 所示。

在不考虑外部环境变量和随机因素的情况下，2010 ~ 2021 年黄河流域沿线 57 个城市生态效率平均值为 0.548，黄河流域沿线城市生态效率整体水平较低。这说明黄河流域沿线城市生产投入与产出配置较不合理，资源利用度较低，生产技术水平较落后，环境污染较严重。

2. 第二阶段 SFA 回归分析

将第一阶段得出的决策单元中各投入变量的松弛量作为被解释变量，将 4 个外部环境变量作为解释变量，SFA 的回归结果如表 2 - 6 所示。

外部环境因素对黄河流域沿线城市投入冗余存在影响。σ^2、γ 均通过了显著性检验且 γ 值均大于 0.4，环境变量对能源投入、水资源投入、劳动投入以及资本投入 4 种投入松弛变量的系数多数能在 10% 的显著性水平下通过检验，说明选取的外部环境因素对黄河流域沿线城市的投入松弛存在显著影响，因此有必要进行第二阶段的分析，进行三阶段 DEA 的调整。各外部环境因素对四种投入松弛变量的影响结果如下所示。

第一，收入水平对能源投入松弛变量的影响为正，对劳动投入松弛变量、水资源投入松弛变量和资本投入松弛变量的影响为负，且均在 1%、5% 或 10% 显著性水平上显著。这说明当人均 GDP 提高时，能源投入冗余均会增加，但是劳动投入、资本投入和水资源投入冗余会减少。可能是因为随着收入水平提高，劳动者素质和资本投入质量有所提高，水资源节约利用效率提升，但是黄河流域城市粗放型的能源开发利用现象没有根本改变。

表2-5

2010~2021年第一阶段黄河流域沿线城市生态效率测度结果

城市	2010年	2011年	2012年	2013年	2014年	2015年	2016年	2017年	2018年	2019年	2020年	2021年	均值
上游平均	0.439	0.441	0.575	0.477	0.438	0.448	0.564	0.425	0.463	0.472	0.489	0.624	0.488
西宁	0.301	0.333	0.349	0.353	0.358	0.358	0.406	0.337	0.329	0.338	0.361	0.402	0.352
兰州	0.278	0.316	0.340	0.377	0.428	0.405	0.433	0.454	0.479	0.534	0.547	0.591	0.432
白银	0.229	0.261	0.284	0.271	0.265	0.244	0.245	0.265	0.320	0.292	0.285	0.321	0.273
天水	0.317	0.350	1.246	0.363	0.361	0.377	0.449	0.463	0.499	0.446	0.480	0.447	0.483
武威	0.283	0.492	0.511	0.260	0.251	0.246	0.375	0.335	0.361	0.396	0.410	0.433	0.363
平凉	0.286	0.300	0.244	0.334	0.315	0.302	0.311	0.331	0.413	0.461	0.482	0.548	0.361
庆阳	1.060	0.634	1.333	1.052	0.779	0.728	0.658	0.583	0.868	0.859	0.875	1.332	0.897
定西	0.563	0.752	1.017	1.022	0.400	0.422	1.008	0.314	0.342	0.366	0.389	0.544	0.595
陇南	1.009	0.468	0.807	0.352	0.352	0.407	0.398	0.352	0.441	0.543	0.643	1.029	0.567
银川	0.262	0.320	0.288	0.283	0.236	0.238	0.302	0.334	0.365	0.369	0.390	0.549	0.328
石嘴山	0.208	0.254	0.259	0.268	0.278	0.315	0.320	0.300	0.387	0.329	0.336	0.405	0.305
吴忠	0.235	0.285	0.263	0.227	0.221	0.227	0.222	0.252	0.288	0.310	0.340	0.462	0.278
固原	0.316	0.385	0.389	0.372	0.357	0.345	0.518	0.419	0.503	0.680	0.623	0.568	0.456
中卫	0.253	0.275	0.226	0.228	0.243	0.278	0.259	0.269	0.341	0.364	0.354	0.409	0.292
呼和浩特	0.635	0.698	0.787	0.783	0.754	0.850	0.817	0.765	0.651	0.600	0.611	0.684	0.720
包头	0.582	0.628	0.697	0.673	0.698	0.719	0.735	0.657	0.535	0.489	0.501	0.616	0.628
乌海	0.359	0.392	0.427	0.421	0.460	0.428	0.585	0.551	0.537	0.569	0.607	1.008	0.529
鄂尔多斯	0.699	0.780	1.138	1.036	1.043	1.040	2.067	0.740	0.849	0.725	0.692	1.169	0.998
巴彦淖尔	0.344	0.372	0.391	0.355	0.361	0.417	0.436	0.371	0.344	0.358	0.396	0.499	0.387
乌兰察布	0.559	0.525	0.504	0.513	0.595	0.616	0.733	0.402	0.396	0.405	0.460	0.452	0.513

续表

城市	2010年	2011年	2012年	2013年	2014年	2015年	2016年	2017年	2018年	2019年	2020年	2021年	均值
中游平均	0.454	0.550	0.566	0.522	0.502	0.473	0.550	0.560	0.586	0.603	0.621	0.839	0.569
西安	0.407	0.478	0.491	0.490	0.515	0.547	0.584	0.672	0.704	0.871	1.009	1.049	0.651
铜川	0.318	0.393	0.405	0.440	0.463	0.452	0.417	0.433	0.312	0.448	0.472	0.524	0.423
宝鸡	0.425	0.491	0.500	0.486	0.466	0.458	0.547	0.603	0.570	0.616	0.645	0.708	0.543
咸阳	0.367	0.441	0.477	0.494	0.508	0.473	1.110	0.594	0.601	0.594	0.559	0.627	0.570
渭南	0.399	0.437	0.465	0.476	0.466	0.446	0.431	0.299	0.310	0.327	0.396	0.431	0.407
延安	0.748	0.893	1.074	1.050	1.009	0.706	1.023	0.646	0.732	0.730	0.675	0.836	0.843
榆林	0.746	1.036	1.045	0.927	0.666	1.016	1.069	0.928	0.915	0.914	0.805	1.149	0.935
商洛	0.459	0.541	0.607	0.611	0.577	0.562	0.568	0.498	0.539	0.558	0.581	0.634	0.561
太原	0.413	0.462	0.450	0.469	0.496	0.507	0.542	0.689	0.746	0.765	0.786	1.233	0.630
大同	0.326	0.368	0.358	0.330	0.344	0.220	0.356	0.514	0.555	0.558	0.549	0.700	0.432
阳泉	0.316	0.361	0.394	0.349	0.358	0.361	0.389	0.498	0.561	0.557	0.653	1.015	0.484
长治	0.449	0.587	0.552	0.512	0.504	0.452	0.476	0.602	0.624	0.584	0.618	0.813	0.564
晋城	0.484	0.558	0.558	0.503	0.506	0.487	0.493	0.527	0.604	0.581	0.628	0.864	0.566
朔州	0.489	0.556	0.606	0.527	0.508	0.434	0.523	0.750	0.777	0.761	0.740	1.379	0.671
晋中	0.430	0.476	0.450	0.413	0.402	0.332	0.332	0.479	0.529	0.513	0.530	0.634	0.460
运城	0.359	0.421	0.373	0.359	0.385	0.319	0.318	0.366	0.433	0.433	0.457	0.564	0.399
忻州	0.307	0.358	0.355	0.339	0.323	0.307	0.340	0.465	0.456	0.488	0.491	0.606	0.403
临汾	0.435	0.517	0.484	0.444	0.420	0.389	0.403	0.491	0.564	0.542	0.588	1.370	0.554
吕梁	0.752	1.079	1.119	0.695	0.624	0.522	0.532	0.585	0.603	0.615	0.615	0.797	0.712
下游平均	0.474	0.552	0.561	0.536	0.536	0.528	0.632	0.573	0.642	0.633	0.645	0.802	0.593

续表

城市	2010年	2011年	2012年	2013年	2014年	2015年	2016年	2017年	2018年	2019年	2020年	2021年	均值
郑州	0.524	0.573	0.577	0.606	0.620	0.624	0.668	0.674	0.741	1.046	1.003	1.159	0.735
开封	0.458	0.477	0.464	0.426	0.425	0.411	0.590	0.522	0.628	0.841	1.004	1.054	0.608
洛阳	0.424	0.494	0.506	0.491	0.503	0.506	0.586	0.563	0.609	0.648	0.671	1.037	0.587
安阳	0.364	0.392	0.395	0.363	0.362	0.358	0.388	0.400	0.489	0.479	0.503	0.579	0.423
鹤壁	0.340	0.426	0.418	0.405	0.411	0.395	0.411	0.485	0.553	0.596	0.617	0.694	0.479
新乡	0.301	0.398	0.386	0.361	0.375	0.382	1.053	0.433	0.476	0.550	0.578	0.681	0.498
焦作	0.371	0.439	0.429	0.408	0.421	0.390	0.416	0.439	0.550	0.627	0.506	0.514	0.459
濮阳	0.356	0.392	0.378	0.352	0.378	0.356	0.547	0.521	0.611	0.540	0.525	0.597	0.463
三门峡	0.512	0.569	0.593	0.561	0.571	0.607	0.551	0.599	0.635	0.599	0.659	1.008	0.622
济南	0.608	0.703	0.738	0.747	0.792	0.803	0.789	0.858	0.924	0.884	0.907	1.306	0.838
淄博	0.583	0.622	0.636	0.641	0.643	0.660	0.695	0.742	0.785	0.639	0.636	0.754	0.670
东营	0.640	0.756	0.719	0.746	0.756	0.708	0.752	0.787	1.010	0.631	0.662	1.038	0.767
济宁	0.519	0.668	0.622	0.551	0.559	0.534	0.627	0.622	0.647	0.596	0.595	0.665	0.600
泰安	0.539	0.569	0.558	0.578	0.624	0.624	1.146	0.672	0.734	0.567	0.581	0.608	0.650
德州	0.453	0.577	0.570	0.520	0.487	0.483	0.488	0.507	0.563	0.552	0.617	0.870	0.557
聊城	0.550	0.567	0.546	0.670	0.534	0.533	0.536	0.502	0.557	0.466	0.426	0.522	0.534
滨州	0.498	0.577	0.548	0.525	0.499	0.444	0.453	0.362	0.390	0.395	0.408	0.484	0.465
菏泽	0.484	0.731	1.006	0.700	0.695	0.680	0.680	0.632	0.661	0.729	0.716	0.861	0.715
流域平均	0.455	0.512	0.568	0.511	0.490	0.482	0.581	0.517	0.561	0.566	0.582	0.752	0.548

表 2 - 6　　　　　　　　　　　　第二阶段 SFA 回归结果

变量	劳动投入松弛变量	能源投入松弛变量	水资源投入松弛变量	资本投入松弛变量
常数项	2.653 *	4.587 ***	6.436 ***	9.370 ***
	(1.830)	(4.113)	(6.467)	(6.870)
人均 GDP	-0.189 *	0.316 **	-0.466 ***	-0.252 *
	(-1.645)	(2.133)	(-4.173)	(-1.744)
第三产业占比	-0.561 ***	-1.874 ***	-0.472 *	2.310 **
	(-2.387)	(-2.696)	(-1.771)	(2.405)
节能环保支出	-0.066 *	-1.734 ***	0.018	-0.075
	(-1.902)	(-3.021)	(0.257)	(-0.278)
实际利用外资	0.205 ***	0.155 *	0.041	0.114 *
	(7.695)	(1.624)	(1.191)	(1.889)
σ^2	1.461 ***	30.430 ***	1.515 ***	25.727 ***
	(9.659)	(3.577)	(6.040)	(10.174)
γ	0.588 ***	0.719 ***	0.739 ***	0.404 ***
	(14.453)	(9.246)	(26.019)	(6.496)

注: *** 、** 、* 分别表示在 1%、5%、10% 显著水平上显著;括号里为变量 t 值。

第二,产业结构对劳动投入松弛变量、能源投入松弛变量和资本投入松弛变量的影响为负,对水资源投入松弛变量影响不显著。这说明当第三产业占经济总量的比例提高时,劳动投入、能源投入和水资源投入的冗余均会减少,这与预期相符,因为高技术、高附加值等产业部门生产率较高,当产业结构中第三产业占比增加时,投入冗余会减少。但是结果显示资本投入冗余增加,可能是因为第三产业大多不属于资本密集型产业,资本投入较多,但没有充分利用现有资本。

第三,环境保护政策对水资源投入松弛变量和资本投入松弛变量的影响均不显著,对劳动资源投入松弛变量和能源投入松弛变量的影响在 1% 或 10% 显著性水平上显著为负。可以发现节能环保财政支出增加降低能源消耗和劳动力消耗,但没有显著降低水资源消耗和资本消耗,这可能是由于资源配置不合理、政策执行不到位以及市场机制不完善等因素综合作用导致节能环保财政支出无法有效减少水资源和资本消耗。

第四，外商直接投资对劳动投入松弛变量、能源投入松弛变量和资本投入松弛变量的影响在 1% 或 10% 显著性水平上显著为正，对水资源投入松弛变量的影响不显著。这说明外商直接投资增加使得劳动力投入、能源投入和资本投入冗余增加，这种现象可能是外商直接投资引入的先进技术和管理经验，吸引更多资源投入，但由于资源配置不当、市场因素和管理问题等因素的影响，可能导致资源利用效率不高，进而出现了资源投入冗余的情况。外商直接投资的扩大也可能使得企业在生产过程中过度依赖外部资源，而未能有效地优化资源配置，从而造成了能源、劳动和资本投入的冗余增多的局面。

3. 第三阶段调整后的生态效率

对投入变量进行修正后重新测算出黄河流域沿线城市 2010 ~ 2021 年生态效率水平，具体结果如表 2 - 7 所示。

剔除了环境和随机因素后，黄河流域沿线城市生态效率相比第一阶段有明显的下降。对比发现，2010 ~ 2021 年黄河流域沿线城市的生态效率均值相较调整前有所下降。从城市个体看，鄂尔多斯、西安、郑州、济宁共 4 个城市生态效率相较于调整前有所上升，其余 53 个城市的生态效率相比于调整前呈现下降态势。由此可见，调整后的结果与第一阶段生态效率结果的确存在差异，单纯用第一阶段超效率模型得到的黄河流域城市生态效率被高估。

分区域来看，上中下游生态效率均值分别为 0.262、0.350、0.476，呈现上游＜中游＜下游态势。下游地区地理位置较优越，资本、技术水平较高，产业结构较合理，资源利用效率高，环境治理能力也处于较高的水平，经济发展的同时对资源环境的影响较小，生态效率更高；中游地区资源较丰富，通过承接产业转移以及自身产业转型，产业结构有所优化，但是经济基础和规模不如下游，而且没有完全摆脱粗放式发展方式，对环境造成的污染较大，生态效率处于中等水平；上游地区由于其地理位置特殊，自然条件恶劣，经济发展水平低，现有基础设施较差，产业结构和城乡结构不合理，生产技术和管理水平也比较落后，资源转化率相对较低，单位投入的期望产出不足，导致生态效率在流域内处于较低水平。

黄河流域城市层面生态效率存在明显差异，如图 2 - 6 所示。鄂尔多斯、郑州、济南、西安等 23 个城市生态效率高于流域平均水平，占比 40%，其中

表 2 - 7　2010～2021 年第三阶段黄河流域沿线城市生态效率测度结果

城市	2010 年	2011 年	2012 年	2013 年	2014 年	2015 年	2016 年	2017 年	2018 年	2019 年	2020 年	2021 年	均值
上游平均	0.197	0.184	0.284	0.274	0.250	0.259	0.372	0.223	0.235	0.244	0.251	0.368	0.262
西宁	0.155	0.182	0.197	0.209	0.214	0.222	0.236	0.250	0.249	0.257	0.260	0.287	0.227
兰州	0.249	0.282	0.302	0.334	0.377	0.356	0.367	0.472	0.503	0.527	0.521	0.571	0.405
白银	0.085	0.101	0.111	0.117	0.110	0.105	0.104	0.118	0.140	0.132	0.137	0.158	0.118
天水	0.078	0.091	0.117	0.110	0.121	0.125	0.130	0.140	0.152	0.146	0.157	0.184	0.129
武威	0.061	0.069	0.086	0.091	0.094	0.108	0.121	0.115	0.127	0.138	0.157	0.187	0.113
平凉	0.059	0.069	0.071	0.084	0.096	0.085	0.095	0.087	0.100	0.114	0.118	0.137	0.093
庆阳	1.013	0.177	1.392	0.668	0.196	0.245	0.154	0.151	0.211	0.231	0.336	1.121	0.491
定西	0.070	0.079	0.092	0.097	0.112	0.118	0.490	0.089	0.098	0.117	0.126	0.149	0.136
陇南	0.070	0.081	0.094	0.084	0.087	0.115	0.121	0.084	0.100	0.120	0.141	1.004	0.175
银川	0.172	0.217	0.248	0.264	0.269	0.278	0.296	0.334	0.386	0.397	0.404	0.426	0.308
石嘴山	0.080	0.099	0.106	0.111	0.115	0.122	0.124	0.146	0.170	0.147	0.157	0.169	0.129
吴忠	0.057	0.072	0.079	0.083	0.088	0.090	0.096	0.119	0.129	0.151	0.161	0.187	0.109
固原	0.029	0.042	0.044	0.048	0.052	0.055	0.067	0.068	0.088	0.176	0.134	0.115	0.076
中卫	0.047	0.061	0.069	0.080	0.078	0.083	0.088	0.104	0.122	0.133	0.133	0.148	0.096
呼和浩特	0.375	0.421	0.534	0.563	0.576	0.680	0.693	0.517	0.478	0.458	0.458	0.557	0.526
包头	0.405	0.473	0.507	0.497	0.493	0.546	0.544	0.497	0.415	0.386	0.389	0.449	0.467
乌海	0.106	0.130	0.148	0.145	0.159	0.143	0.169	0.160	0.155	0.171	0.176	0.195	0.155
鄂尔多斯	0.488	0.616	1.013	1.451	1.242	1.135	2.951	0.579	0.658	0.640	0.640	0.818	1.019
巴彦淖尔	0.166	0.199	0.234	0.211	0.245	0.264	0.293	0.198	0.198	0.212	0.211	0.234	0.222
乌兰察布	0.183	0.215	0.236	0.239	0.268	0.308	0.307	0.222	0.220	0.237	0.212	0.263	0.243

续表

城市	2010年	2011年	2012年	2013年	2014年	2015年	2016年	2017年	2018年	2019年	2020年	2021年	均值
中游平均	0.232	0.285	0.312	0.315	0.312	0.321	0.371	0.326	0.362	0.369	0.385	0.604	0.350
西安	0.425	0.496	0.522	0.522	0.569	0.629	0.703	0.744	0.825	0.922	1.002	1.057	0.701
铜川	0.053	0.067	0.074	0.085	0.083	0.080	0.077	0.085	0.079	0.084	0.090	0.102	0.080
宝鸡	0.205	0.237	0.307	0.331	0.327	0.380	0.420	0.316	0.324	0.299	0.307	0.361	0.318
咸阳	0.288	0.378	0.429	0.504	0.547	0.550	1.038	0.356	0.381	0.369	0.344	0.394	0.465
渭南	0.260	0.324	0.358	0.399	0.404	0.405	0.399	0.260	0.272	0.284	0.284	0.310	0.330
延安	0.285	0.353	0.394	0.395	0.380	0.328	0.321	0.248	0.291	0.311	0.299	0.364	0.331
榆林	0.526	0.653	0.720	0.710	0.541	0.773	1.004	0.559	0.640	0.660	0.665	0.930	0.699
商洛	0.110	0.144	0.167	0.198	0.218	0.231	0.207	0.150	0.162	0.166	0.154	0.190	0.175
太原	0.357	0.406	0.418	0.406	0.415	0.427	0.458	0.714	0.771	0.774	0.815	1.100	0.588
大同	0.159	0.186	0.196	0.194	0.199	0.205	0.197	0.265	0.295	0.304	0.322	0.387	0.242
阳泉	0.111	0.139	0.157	0.149	0.148	0.137	0.147	0.189	0.234	0.213	0.203	0.239	0.172
长治	0.205	0.267	0.284	0.288	0.288	0.275	0.304	0.324	0.356	0.354	0.369	0.487	0.317
晋城	0.204	0.255	0.288	0.277	0.287	0.285	0.288	0.284	0.327	0.325	0.342	0.443	0.300
朔州	0.162	0.199	0.227	0.217	0.211	0.184	0.204	0.257	0.276	0.274	0.319	0.481	0.251
晋中	0.204	0.242	0.238	0.226	0.223	0.196	0.204	0.292	0.324	0.327	0.330	0.403	0.267
运城	0.183	0.220	0.221	0.226	0.300	0.254	0.266	0.321	0.377	0.386	0.406	0.519	0.307
忻州	0.131	0.168	0.181	0.185	0.174	0.183	0.200	0.211	0.243	0.239	0.249	0.333	0.208
临汾	0.223	0.282	0.280	0.277	0.261	0.271	0.296	0.306	0.361	0.361	0.439	2.805	0.513
吕梁	0.315	0.400	0.474	0.401	0.350	0.298	0.312	0.318	0.344	0.363	0.368	0.579	0.377
下游平均	0.342	0.400	0.427	0.440	0.459	0.485	0.564	0.471	0.511	0.513	0.517	0.583	0.476

续表

城市	2010 年	2011 年	2012 年	2013 年	2014 年	2015 年	2016 年	2017 年	2018 年	2019 年	2020 年	2021 年	均值
郑州	0.554	0.648	0.673	0.688	0.708	0.716	0.756	0.840	0.908	1.076	1.022	1.406	0.833
开封	0.210	0.238	0.255	0.273	0.285	0.306	0.355	0.323	0.370	0.430	0.416	0.442	0.325
洛阳	0.386	0.444	0.459	0.465	0.466	0.465	0.482	0.531	0.561	0.589	0.588	0.579	0.501
安阳	0.269	0.306	0.309	0.313	0.319	0.319	0.331	0.364	0.418	0.408	0.419	0.429	0.350
鹤壁	0.105	0.124	0.131	0.144	0.154	0.156	0.162	0.172	0.177	0.199	0.196	0.210	0.161
新乡	0.222	0.284	0.294	0.307	0.318	0.397	1.014	0.373	0.392	0.439	0.447	0.501	0.416
焦作	0.248	0.292	0.302	0.313	0.323	0.323	0.332	0.355	0.392	0.434	0.344	0.344	0.333
濮阳	0.175	0.199	0.211	0.228	0.242	0.255	0.255	0.288	0.310	0.294	0.297	0.318	0.256
三门峡	0.199	0.242	0.311	0.324	0.336	0.333	0.259	0.246	0.255	0.238	0.236	0.255	0.269
济南	0.572	0.645	0.670	0.685	0.729	0.846	0.766	0.817	0.941	0.956	1.061	1.236	0.827
淄博	0.512	0.566	0.584	0.570	0.585	0.572	0.583	0.630	0.662	0.617	0.617	0.747	0.604
东营	0.411	0.468	0.473	0.485	0.490	0.478	0.508	0.569	0.618	0.528	0.544	0.585	0.513
济宁	0.473	0.615	0.661	0.606	0.658	0.713	1.010	0.598	0.628	0.581	0.588	0.646	0.648
泰安	0.497	0.532	0.578	0.642	0.710	0.789	1.143	0.495	0.505	0.416	0.428	0.456	0.599
德州	0.380	0.447	0.497	0.518	0.482	0.529	0.592	0.465	0.495	0.476	0.475	0.504	0.488
聊城	0.373	0.366	0.393	0.430	0.548	0.612	0.663	0.463	0.499	0.433	0.471	0.527	0.481
滨州	0.306	0.383	0.446	0.473	0.440	0.382	0.390	0.450	0.510	0.536	0.558	0.664	0.462
菏泽	0.267	0.399	0.429	0.460	0.477	0.537	0.553	0.506	0.548	0.591	0.601	0.652	0.502
流域平均	0.255	0.286	0.338	0.340	0.337	0.351	0.432	0.336	0.364	0.371	0.380	0.515	0.359

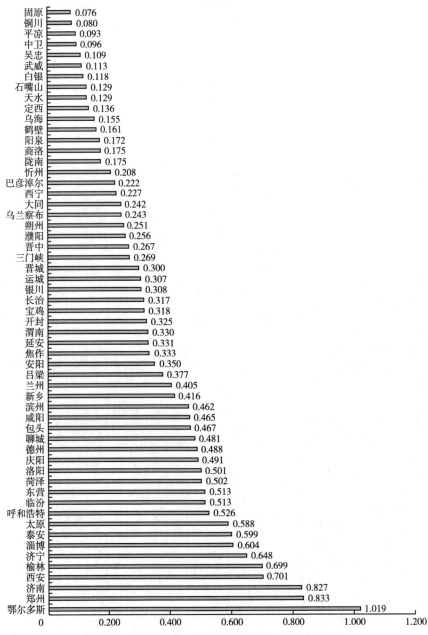

图 2-6 2010~2021 年黄河流域城市生态效率均值

鄂尔多斯的生态效率均值最高且保持在有效水平。鄂尔多斯地理位置优越，气候条件适宜，土地肥沃，21 世纪初尽管生态环境严重过载，但采取了"转移收缩"战略，通过"大漠披绿"和"水草丰美"工程等一系列举措，保证经济社会发展稳中有进的同时，在退耕还林、维持生态涵养、自然保护区建设等多方面收效显著（陈明华等，2021）。石嘴山、吴忠、中卫等 34 个城市生态效率低于流域平均水平，占比 60%，其中中卫、平凉、铜川、固原这四个城市生态效率均值低于 0.100。铜川和平凉属于衰退型资源型城市，多年的资源开采，对资源环境造成了较大破坏，生产技术落后，设备和技术革新慢。中卫、固原发展水平较低，以资源产业和初加工产业为主，经济增长对资源环境的负面影响较大，虽然通过转变发展方式、产业结构升级等措施积极推进城市转型，但是由于起点较低，生态效率仍处于相对较低的水平。

上游城市中，鄂尔多斯市生态效率值大于 1.000，达到了生产前沿面，70% 的城市生态效率值在 0.300 以下，如图 2－7 所示。上游地区大多数城市生态环境本底脆弱，经济发展水平较低，石嘴山、平凉、白银等城市虽然拥有丰富的资源储备，但资源开发技术落后，采用粗放型资源开发和初级加工，资源的转化率较低，同时对环境的影响较大，生态系统遭到破坏，经济发展的资源环境代价较大。

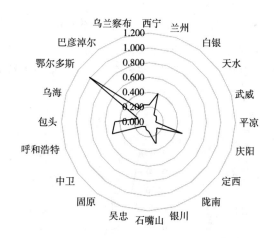

图 2－7　上游各城市生态效率均值

中游城市中，西安市生态效率值最大，为 0.701；铜川市生态效率最低，为 0.080；其余城市生态效率基本位于 0.080～0.700，约有 37% 的城市生态效率低于 0.300，生态效率仍有较大提升空间，如图 2－8 所示。中游城市大多是以资源开采产业为支柱，比如，大同、临汾和榆林，煤炭资源丰富，大同更是我国著名的"煤都"、长期依靠资源开采和加工发展,产业结构单一,经济增长乏力,而且废气残渣污染严重,拉低了中游生态效率水平。

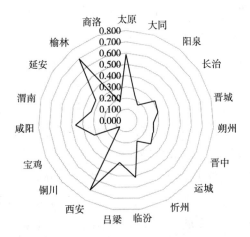

图 2 - 8 中游各城市生态效率均值

下游城市生态效率相对而言较高,大部分城市生态效率在 0.300 以上,如图 2 - 9 所示。济南、郑州城市生态效率位于前列,生态效率值大于 0.800,城市位于山东省和河南省,地理位置较好,自然环境也比较优良,发展基础较好,产业结构、技术水平在流域内领先。鹤壁市生态效率较低,在 0.150 左右,排名较为靠后,其中重化工业占比较高,钢铁、水泥等行业造成的工业污染现象严重,已经影响到经济可持续发展。

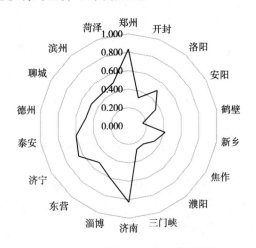

图 2 - 9 下游各城市生态效率均值

2.4.2　黄河流域生态效率时序特征

1. 流域生态效率时序变化

2010~2021 年黄河流域生态效率总体呈现波动上升趋势。与 2010 年相比，2021 年生态效率平均值上升了 0.260，上升幅度达 102%，如图 2 - 10 所示。这说明黄河流域在经济发展过程中，经济发展与环境保护呈现出不断向好趋势。首先，2015 年之前，黄河流域生态效率上升速度较小；2015 年后，国家开始推进数字经济、新基建发展，这使黄河流域产业向现代化方向发展，产业结构升级、能源消耗降低、污染物排放减少，但经济持续增长，因此黄河流域生态效率有所提升。其次，2020~2021 年黄河流域生态效率上升速度较大，这是由于在疫情的影响下，对传统产业造成了冲击，促使黄河流域地区加速了经济结构调整，减少了对资源密集型产业的依赖，同时各大电商产业开始迅速发展。这种经济结构调整有利于提高生态效率。

黄河流域上中下游地区生态效率均呈上升趋势。上游、中游、下游地区生态效率均值分别从 2010 年的 0.197、0.232 和 0.342 上升到 2021 年的 0.368、0.604 和 0.583，上升幅度分别为 86.80%、160.34% 和 70.47%，如图 2 - 10 所示。首先，研究期内，上游生态效率均值都处于较低水平，2016 年后，生态效率存在下降趋势，能源消费大幅上涨，同时二氧化碳排放量也大量增

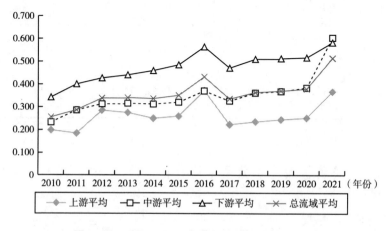

图 2 - 10　2010~2021 年黄河流域生态效率均值

加，使得上游生态效率逐渐减小；其次，中游生态效率在研究期内都处于中等水平，波动比较平缓，2021 年出现大幅上升；最后，下游生态效率经历了两次上升，2016 年是由于国家开始推进数字经济、新基建发展，2021 年由于受疫情影响，各大电商发展使产业结构不断调整，污染减少，而经济不断发展。

2. 各城市生态效率时序变化

2010 ~ 2021 年，黄河流域城市生态效率变化趋势存在差异，但绝大部分城市生态效率呈上升趋势。根据各城市生态效率变化情况，可将黄河流域城市生态效率大致分为波动增长型、波动下降型和平稳型三种类型，其中波动增长型城市最多，占比约 72%，波动下降型和平稳型分别占比 2% 和 26%，如表 2 - 8 所示。波动增长型城市有 41 个，生态效率呈上升趋势，说明在经济发展的过程中，逐渐实现资源节约和环境保护，尤其是临汾、陇南、郑州、太原、济南、西安等生态效率增长幅度超 100%；波动下降型城市仅泰安，研究期内生态效率呈下降趋势，下降幅度为 8.234%；平稳型城市生态效率在研究期内变动幅度较小，且研究期内始终维持在较低的生态效率水平。

表 2 - 8 　　　　　　　**2010 ~ 2021 年黄河流域各城市生态效率变动类型**

类型	城市
波动增长型	临汾、陇南、郑州、太原、济南、西安、榆林、菏泽、滨州、运城、鄂尔多斯、兰州、朔州、长治、新乡、吕梁、银川、晋城、淄博、开封、大同、忻州、晋中、洛阳、呼和浩特、东营、济宁、安阳、宝鸡、聊城、濮阳、西宁、吴忠、阳泉、武威、德州、庆阳、咸阳、鹤壁、天水、中卫
波动下降型	泰安
平稳型	焦作、乌海、石嘴山、固原、商洛、乌兰察布、定西、延安、平凉、白银、巴彦淖尔、三门峡、渭南、铜川、包头

2.4.3　黄河流域生态效率空间特征

1. 空间分异格局

为充分刻画黄河流域生态效率空间分异格局特征，选取 2010 年、2015 年和 2021 年黄河流域城市生态效率值,考虑生态效率极值,并运用等距分段法将 57 个城市生态效率分为高生态效率区(0.800 ~ 1.500)、较高生态效率区(0.600 ~ 0.800)、中等生态效率区(0.400 ~ 0.600)、较低生态效率区(0.200 ~ 0.400)和低生态效率区(0.000 ~ 0.200)5 个类型。

高、较高和中等生态效率城市主要分布于下游地区,较低生态效率城市主要分布在中游地区,低生态效率城市主要分布在上游地区。从 2010 ~ 2021 年上中下游区域各生态类型城市占比(见图 2 - 11)来看,首先,高、较高和中等生态效率城市中,下游地区平均占比最高,分别达到 11%、11% 和 44%。高、较高生态效率城市分布在山东的济南、济宁、淄博,河南的郑州,以及鄂尔多斯、西安上中游城市;中等生态效率城市主要分布在山东的泰安、东营等地,河南的洛阳、新乡,少数分布在陕西的咸阳、榆林,山西的太原、临汾以及甘肃兰州、内蒙古包头等上中游城市。其次,较低生态效率城市,中游地区占比最大为 58%,主要分布在山西中西部的吕梁、长治等地和陕西的渭南、宝鸡等地,小部分分布在河南三门峡、内蒙古巴彦淖尔、宁夏银川等地。最后,低生态效率城市中,上游地区占比最大为 55%,几乎所有的低生态效率区都位于上游宁夏的石嘴山、吴忠等地,甘肃的固原、平凉等地。原因可能是,高、较高和中等生态效率区的城市具备较好的区位优势、资源优势和政策优势,集聚了先进的科学技术、高层次人才以及优质生产要素,在经济增长的同时,在产业绿色发展及环境治理方面表现较好,生态效率较高。而较低和低生态效率区城市大多处于工业化较低水平,忽视了经济发展的质量,

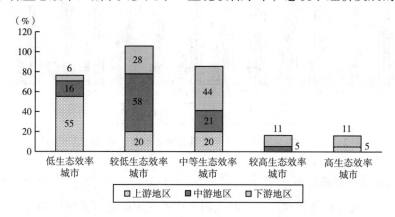

图 2 - 11　2010 ~ 2021 年黄河流域上中下游各地区生态效率类型城市占比

造成了生态环境的破坏，暂时未实现经济绿色化转型，生态效率长期处于较低水平。

随着时间推移，低、较低生态效率类型城市数量明显减少，高、较高、中等生态效率类型城市数量增加，空间上呈现向高、较高、中等生态效率水平扩张的趋势，具体如图2-12所示。2010~2021年，高、较高生态效率类型城市中，庆阳保持为高生态效率区；中等生态效率类型城市中，包头、东营、泰安保持中等生态效率，鄂尔多斯、淄博、济宁上升为较高生态效率；济南、郑州、西安、榆林上升为高生态效率；较低生态效率类型城市中，宝鸡、咸阳、渭南、延安、焦作保持为较低生态效率，兰州、呼和浩特、长治、晋城、晋中、吕梁、开封、洛阳、安阳、新乡、德州、聊城、上升为中等生态效率，滨州、菏泽上升为较高生态效率，太原、临汾上升为高等生态效率；低生态效率类型城市中，白银、天水、武威、平凉、定西、石嘴山、吴忠、固原、中卫、乌海、铜川、商洛保持为低生态效率，西宁、巴彦淖尔、乌兰察布、大同、阳泉、忻州、鹤壁、濮阳、三门峡上升为较低生态效率，银川、朔州、运城上升为中等生态效率，陇南上升为高生态效率。

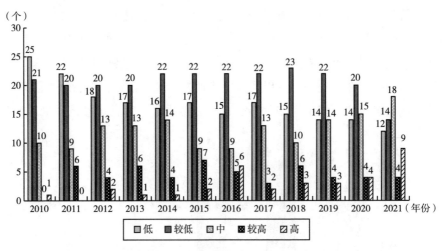

图 2-12　2010~2021年黄河流域各地区生态效率类型城市数量

2. 空间自相关分析

由于黄河流域面积较广，横跨我国东中西三大区域，流域内各省份自然环境、资源禀赋、经济基础的差异性和相似性并存，因而各区域生态效率也可能存在一定差异和联系。采用全局莫兰指数（Moran's I）对黄河流域生态效率进行空间相关性分析，揭示生态效率的空间集聚特征。Moran's I 指数是用来衡量地理空间数据集中的空间相关性的统计指标。它的核心思想是通过比较每个地区的特征值与其周围地区的特征值，来检测空间数据中的聚集现象，可以帮助发现地理空间数据中的空间相关性模式，从而更好地理解地理现象和空间分布。

（1）全局自相关分析。

全局空间自相关是对整个区域所有要素的空间相关性特征进行描述，可以从全局上判断要素是否存在空间自相关（Zhao et al.，2017）。通常借助全局 Moran's I 指数进行全局自相关分析，计算公式为：

$$I = \frac{n \sum_{i=1}^{n} \sum_{j=1}^{n} \mu_{ij}(z_i - \bar{z})(z_j - \bar{z})}{S^2 \sum_{i=1}^{n} \sum_{j=1}^{n} \mu_{ij}} \qquad (2-10)$$

其中，n 为地区的数量；μ_{ij} 为空间权重矩阵；z_i 与 z_j 分别为地区 i 与地区 j 的属性值，即各城市的生态效率；$\bar{z}$ 为样本均值；S^2 为样本方差；I 即 Moran's I 指数，取值范围为 [-1，1]，值为正数则表明具有正向空间相关性，值为负数表示协同度具有负向空间自相关，值为 0 则表示生态效率不具备空间相关性。

借助 Stata 软件计算 2010~2021 年黄河流域生态效率的全局 Moran's I 值，结果如表 2-9 所示。

表 2-9　　　　　2010~2021 年黄河流域生态效率全局 Moran's I 值

年份	Moran's I	P 值	Z 值
2010	0.127	0.033	2.218
2011	0.242	0.000	3.646
2012	0.100	0.082	1.740
2013	0.144	0.015	2.434
2014	0.157	0.011	2.546
2015	0.196	0.002	3.039

年份	Moran's I	P 值	Z 值
2016	0.058	0.190	1.310
2017	0.227	0.001	3.456
2018	0.218	0.001	3.337
2019	0.197	0.002	3.067
2020	0.182	0.004	2.864
2021	0.016	0.583	0.549

黄河流域生态效率存在正向的空间自相关性。黄河流域生态效率全局 Moran's I 值都大于 0，除 2016 年和 2021 年以外都通过显著性检验，可以判定研究期内黄河流域生态效率呈现较为显著的全局空间正相关，即高生态效率的城市倾向于和同样高生态效率的城市相邻近，低生态效率的城市倾向于和低生态效率的城市相邻近。具体来看，随着时间推移，黄河流域生态效率正向空间相关性呈现波动减弱趋势。Moran's I 值在波动中下降，从 2010 年的 0.127 下降到 2021 年的 0.016，这可能是因为黄河流域经济发展水平差距加大，而且上游地区交通运输基础条件滞后，加之中上游产业结构同质化严重，地方保护主义和竞争加剧，跨区域经济、技术合作交流不畅，黄河流域生态效率的空间关联减弱。其中 2021 年的莫兰指数发生数量级变化，这可能是由于全球范围内新冠疫情的持续，对经济造成了严重冲击，许多行业和产业受到不同程度的影响，各地也采取了隔离管控措施，大幅减少了人类对自然环境的干扰和利用，从而导致地区的集聚效应减弱。

（2）局部自相关分析。

全局空间自相关分析反映了生态效率整体上是否存在空间自相关，但不能明确特定聚类（或异常值）的位置（Agovino et al.，2018）。为了研究每个城市与其周边城市的生态效率之间的空间相关关系，这里采用局部 Moran's I 指数和 Moran's I 散点图对其做进一步分析。Moran's I 散点图通过对空间变量与其邻接值的加权平均值之间的相关关系以散点形式呈现，根据散点在平面上四个象限的分布，分析局部自相关情况。

由于全局空间自相关分析中假定空间同质性，但事实上空间普遍存在异质性，为进一步准确把控局部空间要素异质性，采取局部空间自相关分析（Getis A et al.，1992）。局部莫兰指数计算公式如下：

$$I = \frac{(z_i - \bar{z})}{S^2} \sum_{j=1}^{n} \mu_{ij}(z_j - \bar{z}) \qquad (2-11)$$

利用 Stata 软件计算黄河流域生态效率局部 Moran's I 指数，选取 2010 年、2015 年和 2021 年输出其 Moran's I 散点图并统计散点图信息，如图 2-13 和表 2-10 所示。黄河流域生态效率空间聚集分布以高—高聚集区（H-H）和低—低聚集区（L-L）为主，低—高聚集区（L-H）和高—低聚集区（H-L）为辅。Moran's I 指数散点图中大部分城市的生态效率均位于第一和第三象限。具体从城市数量上看，平均有 11 个城市生态效率位于 H-H 集聚区，22 个城市生态效率位于 L-L 集聚区，共占观测样本的 39%；14 个城市生态效率位于 L-H 集聚区，10 个城市生态效率位于 H-L 集聚区，共占观测样本的 25%。因此，黄河流域生态效率呈现正向的空间相关关系，与全局自相关分析结果一致。

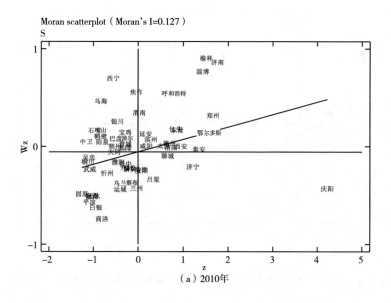

（a）2010年

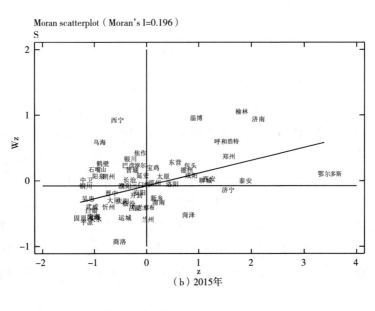

（b）2015年

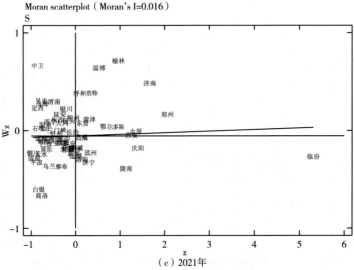

（c）2021年

图 2-13　2010 年、2015 年和 2021 年黄河流域生态效率 Moran's I 散点图

表 2 - 10　　2010 年、2015 年和 2021 年黄河流域生态效率 Moran's I 散点图信息

年份	第一象限（H-H）	第二象限（L-H）	第三象限（L-L）	第四象限（H-L）
2010	呼和浩特、包头、鄂尔多斯、渭南、延安、榆林、太原、郑州、济南、淄博、东营、德州、滨州	西宁、银川、石嘴山、中卫、巴彦淖尔、宝鸡、咸阳、阳泉、长治、晋城、鹤壁、焦作	兰州、白银、天水、武威、平凉、定西、陇南、吴忠、固原、乌兰察布、铜川、商洛、大同、朔州、晋中、运城、忻州、临汾、开封、新乡、濮阳、三门峡	庆阳、乌海、西安、吕梁、洛阳、安阳、济宁、泰安、聊城、菏泽
2015	呼和浩特、包头、鄂尔多斯、宝鸡、咸阳、榆林、太原、郑州、济南、淄博、东营、德州	西宁、银川、石嘴山、吴忠、固原、中卫、乌海、巴彦淖尔、乌兰察布、延安、阳泉、长治、晋城、朔州、鹤壁、焦作	白银、天水、武威、平凉、庆阳、定西、陇南、铜川、商洛、大同、晋中、运城、忻州、临汾、吕梁、开封、安阳、濮阳、三门峡	兰州、西安、渭南、洛阳、新乡、济宁、泰安、聊城、滨州、菏泽
2021	呼和浩特、鄂尔多斯、榆林、太原、郑州、济南、菏泽	西宁、兰州、定西、银川、吴忠、中卫、包头、乌海、渭南、延安、大同、阳泉、朔州、焦作	白银、长治、天水、武威、平凉、石嘴山、固原、巴彦淖尔、乌兰察布、铜川、宝鸡、咸阳、商洛、晋城、忻州、开封、安阳、鹤壁、新乡、濮阳、三门峡、淄博、东营、泰安、德州	庆阳、陇南、西安、晋中、运城、临汾、吕梁、洛阳、济宁、聊城、滨州

　　总的来说，2010~2021 年黄河流域生态效率存在较为显著的局部空间自相关特征，其中高—高聚集区主要分布在下游地区，低—低聚集区主要分布在上中游地区。第一，高—高聚集区（H-H）。2010 年，黄河流域生态效率处于高—高集聚区的有呼和浩特、包头、太原等 13 个城市，其中显著的高—高集聚区包括呼和浩特、包头、鄂尔多斯、济南、淄博、东营、郑州、榆林 8 个城市；2015 年，黄河流域生态效率处于高—高集聚区的有呼和浩特、太原、郑州、济南等 12 个城市，其中显著的高—高集聚区包括呼和浩特、包头、鄂尔多斯、榆林、郑州、济南、淄博、东营 8 个城市；2021 年，黄河流域生态效率处于高—高集聚区的有榆林、郑州、菏泽等 7 个城市，其中显著的高—高集聚区包括榆林、郑州、济南 3 个城市。可以发现，高—高聚集区主要分布在黄河流域的下游山东半岛等地。这些地区属于经济水平较高，生产技术先进，

环境管理水平较高，生态效率普遍较高，呈现高—高聚集现象。

第二，低—低聚集区（L–L）。2010年，黄河流域生态效率处于低—低聚集区的有武威、晋中、运城等22个城市，其中显著的低—低集聚区包括天水、武威、平凉、定西、陇南、固原6个城市；2015年，黄河流域生态效率处于低—低聚集区的有大同、晋中、开封等19个城市，其中显著的低—低集聚区包括天水、武威、平凉、定西、陇南5个城市；2021年，黄河流域生态效率处于低—低聚集区的有长治、晋城、忻州等25个城市，其中显著的低—低集聚区包括平凉、固原、淄博3个城市。可以发现，低—低聚集区主要分布在黄河流域上游的宁夏、甘肃中部、内蒙古北部，以及中游山西南部等地区。这些地区生态环境较脆弱，经济欠发达，而且能源化工产业大量分布，最终生态效率落入低—低聚集区。

第三，高—低聚集区（H–L）。2010年，黄河流域生态效率处于高—低聚集区的有乌海、吕梁、济宁等10个城市，其中显著的高—低集聚区包括庆阳、乌海2个城市；2015年，黄河流域生态效率处于高—低聚集区的有济宁、泰安、聊城、滨州等10个城市，其中显著的高—低集聚区包括菏泽1个城市；2021年，黄河流域生态效率处于高—低聚集区的有晋中、运城、临汾、吕梁等11个城市，其中显著的高—低集聚区包括陇南、临汾2个城市。可以发现，高—低聚集区零星分布在黄河流域上游的内蒙古南部、中游山西以及下游山东济南等地区。这些地区存在有省会城市、区位优势、技术水平、政策支持等情况较好，经济发展质量较高，相比周边地区生态效率较高。

第四，低—高聚集区（L–H）。2010年，黄河流域生态效率处于低—高聚集区的有巴彦淖尔、阳泉、长治、晋城等12个城市，其中显著的低—高聚集区包括固原1个城市；2015年，黄河流域生态效率处于低—高聚集区的有乌海、阳泉、长治、晋城、朔州等16个城市，其中显著的低—高集聚区包括吴忠、固原、乌海3个城市；2021年，黄河流域生态效率处于低—高聚集区的有包头、乌海、大同、阳泉、朔州等14个城市，其中显著的低—低集聚区包括中卫1个城市。可以发现，低—高聚集区主要分布在黄河流域上游的内蒙古北部、中游山西北部、陕西南部以及下游河南西部等地区。这些地区在地理上联结了上中下游区域，对邻近地区相关产业转移有着较强的承担能力，但是经济发展和生态环境状况处于劣势，与周边城市存在差距，生态效率表现为低—高聚集。

2.5　黄河流域生态效率提升策略

2.5.1　提升思路与原则

1. 提升思路

借鉴战略管理理论思想，采用波士顿矩阵作为工具，对黄河流域生态效率进行剖析，提出黄河流域生态效率提升策略。首先，基于生产前沿理论对黄河流域生态效率进行分解，划分为纯技术效率和规模效率两个维度构建"纯技术效率—规模效率"矩阵，对黄河流域生态效率从城市层面进行分类并分析每种类型生态效率存在的问题，识别究竟是纯技术效率还是规模效率拉低了黄河流域生态效率，明确生态效率的提升方向。其次，根据黄河流域生态效率在纯技术效率或规模效率上的提升方向，结合黄河流域各个地区的资源环境和经济发展状况，针对性地设计生态效率提升策略，并提出具体的改进建议。黄河流域生态效率提升策略设计思路具体如图 2 – 14 所示。

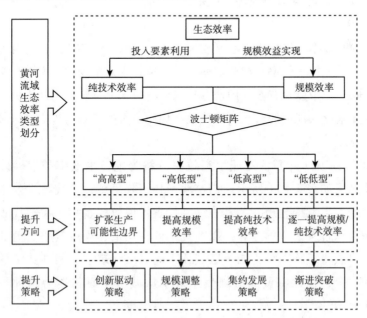

图 2 – 14　黄河流域生态效率提升策略设计思路框架

2. 提升原则

（1）因地制宜原则。

因地制宜原则是指黄河流域生态效率提升要考虑地域差异、结合地区特点，因地施策。黄河流域横跨我国东中西 9 个省份，各地资源禀赋、经济发展水平各不相同，生态效率差异也很大。因而，在设计生态效率提升策略时，要因地制宜，区分各个地区生态效率较低的具体原因，根据各地区的实际情况设计针对性的提升策略，提高策略的可操作性。

（2）经济与环境协调原则。

经济与环境协调原则是指在制定生态效率提升策略时，要兼顾经济发展和环境保护目标，不能单纯的不顾生态环境只提高经济产出，也不能因噎废食过度保护放弃发展，而是要实现经济增长与生态优化目标双赢。这就要求黄河流域各地区在提升生态效率时，要在更宏观的层面统筹经济发展与环境保护的决策，使经济社会发展与环境保护成为一个有机整体，从根本上协调经济增长和环境保护的关系。

2.5.2 黄河流域生态效率类型划分

根据生态效率＝纯技术效率×规模效率（田鹏等，2021），将黄河流域生态效率分解为纯技术效率与规模效率，其中纯技术效率受技术水平和管理能力影响，反映生产中能否有效利用现有技术，将投入充分转化为产出的能力；规模效率受要素投入规模的影响，反映现有规模是否处于最优规模，以及规模效益实现情况。

将 2010～2021 年黄河流域生态效率分解为纯技术效率与规模效率的均值，具体结果如表 2-11 所示。借鉴波士顿矩阵思想，从纯技术效率和规模效率两个维度出发构建矩阵，其中纵轴代表规模效率水平，横轴代表纯技术效率水平。综合考虑样本差异，以纯技术效率均值和规模效率均值的平均水平作为分界点将矩阵划分为四个区域，不同区域代表不同的纯技术效率和规模效率的组合，据此将黄河流域生态效率从城市层面归类为四种类型，如图 2-15 所示。

表 2－11　　　　　2010～2021 年黄河流域纯技术效率与规模效率均值

城市	纯技术效率	规模效率	城市	纯技术效率	规模效率
西宁	0.482	0.840	大同	0.522	0.915
兰州	0.454	0.982	阳泉	0.789	0.714
白银	0.525	0.636	长治	0.664	0.947
天水	0.928	0.761	晋城	0.706	0.919
武威	0.828	0.654	朔州	0.866	0.904
平凉	0.599	0.696	晋中	0.558	0.927
庆阳	1.105	0.980	运城	0.554	0.947
定西	0.950	0.790	忻州	0.527	0.861
陇南	1.147	0.621	临汾	0.817	0.932
银川	0.438	0.906	吕梁	0.895	0.941
石嘴山	0.758	0.547	郑州	0.806	0.969
吴忠	0.722	0.556	开封	0.809	0.958
固原	1.350	0.445	洛阳	0.677	0.994
中卫	0.957	0.443	安阳	0.460	0.984
呼和浩特	0.795	0.984	鹤壁	0.722	0.826
包头	0.823	0.970	新乡	0.687	0.960
乌海	0.850	0.719	焦作	0.572	0.967
鄂尔多斯	1.162	1.074	濮阳	0.709	0.934
巴彦淖尔	0.721	0.805	三门峡	0.816	0.913
乌兰察布	0.734	0.879	济南	0.961	0.965
西安	0.719	0.970	淄博	0.727	0.983
铜川	1.051	0.507	东营	0.855	0.981
宝鸡	0.851	0.901	济宁	0.776	0.954
咸阳	0.735	0.964	泰安	0.794	0.977
渭南	0.557	0.964	德州	0.711	0.988
延安	1.006	0.939	聊城	0.691	0.979
榆林	1.008	0.980	滨州	0.594	0.988
商洛	1.074	0.725	菏泽	0.887	0.973
太原	0.710	0.970	均值	0.775	0.869

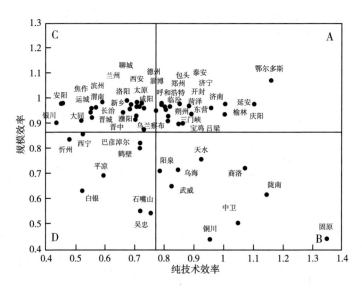

图 2–15　"纯技术效率—规模效率"矩阵

1. A 类型："高高型"

A 类型的城市纯技术效率和规模效率均高于流域平均水平,包括庆阳、呼和浩特、包头、鄂尔多斯、宝鸡、延安、榆林、朔州、临汾、吕梁、郑州、开封、三门峡、济南、东营、济宁、泰安、菏泽 18 个城市。这些城市大多数年份的纯技术效率和规模效率都能达到或接近有效状态,比如鄂尔多斯纯技术效率和规模效率大于 1,纯技术效率和规模效率同时达到了有效水平,处于生态效率有效状态,实现了投入和产出的最优配置。庆阳、鄂尔多斯、延安、榆林 4 个城市的纯技术效率大于 1,生产技术和管理模式较为先进,资源利用效率和污染物处理能力均处于较高的水平。鄂尔多斯规模效率大于或接近 1,城市资源配置合理,要素投入适宜,从而实现了城市规模高效发展。

A 类型城市基本已经处于生产前沿,单纯提高纯技术效率与规模效率对生态效率提升作用有限,必须通过创新推动技术进步,在更高的生产前沿上达到更高的生态效率。

2. B 类型："高低型"

B 类型城市的纯技术效率高于流域平均水平,规模效率低于流域平均水平,包括天水、武威、定西、陇南、固原、中卫、乌海、铜川、商洛、阳泉10 个城市。其中,天水、定西、陇南、固原、中卫、乌海、铜川、阳泉规模效率呈现波动上升趋势；定西规模效率均值为 0.790，虽然 2010～2016 年规模效率增长幅度较高，增长率达 108%，但 2016～2021 年规模效率基本一直处于下降趋势；固原、中卫规模效率均值在 0.443 左右，流域最低，经济生产规模远没有达到最优水平，处于低速增长中，提升潜力较大。由于经济发展水平较低，资本、劳动等投入不具有优势，实际生产规模与最优规模之间的偏差较大，存在着规模不经济的问题；天水、陇南、乌海、铜川、阳泉规模效率均值分别为 0.620、0.507、0.761、0.719 和 0.714，绝大部分年份规模效率都较低，但是呈现上升趋势，规模效率有所改善。

B 类型城市的实际生产规模并未达到最优，存在生产规模不合理的问题，规模调整还有较大的空间。生态效率提升的方向为改进规模效率，后续发展的重点是调整城市发展规模，实现规模经济。

3. C 类型："低高型"

C 类型城市的纯技术效率低于流域平均水平，规模效率高于流域平均水平，包括兰州、银川、乌兰察布、西安、咸阳、渭南、太原、大同、长治、晋城、晋中、运城、淄博、德州、濮阳、聊城、洛阳、安阳、新乡、焦作、滨州 21 个城市。其中，兰州、银川、西安、咸阳、太原、大同、长治、晋城、晋中、运城、淄博、德州、濮阳、洛阳、安阳、新乡、焦作的纯技术效率呈上升趋势，而且宝鸡、太原的纯技术效率上升幅度最大，分别由 2010 年的 0.464 和 0.539 上升到了 2021 年的 1.655 和 2.468，上升幅度分别达 257% 和 358%。虽然这些城市纯技术效率相对较低，但是纯技术效率呈现改善趋势；乌兰察布、渭南、聊城、滨州纯技术效率呈下降趋势，而且乌兰察布纯技术效率下降比较显著，降幅 33.33%，由 2010 年的 0.933 下降至 2021 年的 0.622。这些城市纯技术效率水平相对较低，而且呈现恶化趋势，需要重点关注。

C 类型城市的生产管理水平相对滞后，在一定程度上阻碍了技术能力的充分释放。这类城市生态效率提升的方向为提高纯技术效率，在生产活动中应注重提升其技术水平和管理的科学性。

4. D 类型："低低型"

D 类型城市纯技术效率和规模效率均低于流域平均水平，包括西宁、白银、平凉、石嘴山、吴忠、巴彦淖尔、忻州、鹤壁 8 个城市。其中，石嘴山、吴忠纯技术效率大于规模效率。石嘴山、吴忠的纯技术效率均值分别为

0.758、0.722，且均呈现上升趋势，分别由 2010 年的 0.622、0.761 上升至 2021 年的 0.920、0.837。规模效率均值分别为 0.547、0.556，也均呈上升趋势，由 2010 年 0.461、0.456 上升至 2021 年的 0.599、0.730；西宁、白银、平凉、巴彦淖尔、忻州、鹤壁规模效率大于纯技术效率。上述 6 个城市的规模效率除了巴彦淖尔外均呈现不同幅度的上升趋势，纯技术效率均呈现不同幅度的上升趋势。

D 类型城市既存在由管理、制度造成的纯技术效率低下问题，也存在规模不合理问题。这类城市生态效率的改善较为困难，需要突出重点，根据自身现状和特点，采取有针对性的措施，提高技术和管理水平以及调整生产规模。

2.5.3　各类型生态效率提升策略

按照纯技术效率和规模效率提升方向的不同组合，可以针对黄河流域沿线城市不同类型的生态效率设计四种提升策略，如图 2 - 16 所示。

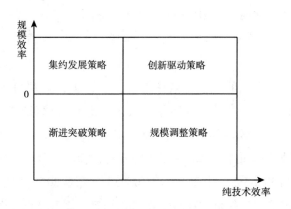

图 2 - 16　黄河流域生态效率提升策略

1. 创新驱动策略

创新驱动策略是指通过自主创新和技术引进，推动技术进步，实现生产前沿外移，在技术上实现以同样的投入组合生产出更多的期望产出，同时减少非期望产出，减少生产要素的消耗和污染物的排放。

A 类型城市适宜走创新驱动策略。这些城市纯技术效率与规模效率两项指标都要高于流域平均水平，表明这些城市在现有技术水平上获得了较大产出和达到适宜规模，生态效率提高的重点应该在于技术进步，推动生产边界向外扩张。技术进步主要通过自主创新和技术引进来实现（丰毅和桂文林，2022），而技术进步途径的选择受到创新要素丰裕程度、经济发展水平等因素的限制（余泳泽和张先轸，2015）。对于人力资本和资本要素充裕，经济发展水平较高的呼和浩特、包头、榆林、郑州、济南、东营、济宁、泰安这些城市，应选择自主创新促进技术进步；而人力资本和资本要素缺乏，经济发展水平较低的庆阳、定西、鄂尔多斯、宝鸡、延安、朔州、临汾、吕梁、开封、三门峡、菏泽这些城市，应选择技术引进，采取模仿创新推动技术进步。

郑州、济南等城市要积极营造自主创新环境，提高自主创新能力。在财政上加大自主创新投入，积极资助自主创新项目的研究，增加企业、科研机构等的科技投入，为绿色生产、节能环保技术研发提供资金保障。同时，凭借教育资源优势，设立高等院校创新人才培养基地，尤其是绿色技术创新人才的培养，保障自主创新人才储备，服务绿色技术创新。除此之外，济南、郑州省会中心城市可以加强科技创新联盟建设，搭建科技创新平台，促进信息互通、资源共享、联合开发，共同开展资源高效利用、生态环境治理等方面的技术研究。

延安、东营、菏泽等城市则可以根据自身情况，引进前沿技术，积极消化吸收再创新，推动技术进步。这些城市可以凭借地理优势，面向"一带一路"、新亚欧大陆桥沿线地区建设科技合作基地，开展跨区域科技创新与合作交流，根据自身需求引进有关绿色开采、生态恢复、清洁能源、节能环保等先进适用技术。同时，加大对相关技术消化吸收再创新的支持力度，提供资金、法律和人才各方面的保障，推动企业以及科研机构在技术引进的基础上逐步提高自身创新能力。

2. 规模调整策略

规模调整策略是指根据借助相关产业集聚的规模效应，合理引导资本和劳动力等生产要素的流动和聚集，调整生产规模实现规模经济，从而提高规模效率。通过规模调整，扩大优势产业、环境友好产业的规模，实现生产要素向资源利用率高、环境污染小的部门流动，可以保证规模集聚下资源的高效利用和污染的集中治理，从而推动生态效率的提升。

B 类型城市适宜走规模调整策略。这类型城市规模效率较低，单位产出的资源消耗和环境负荷减少必须建立在规模经济的基础之上（张雪梅，2013），所以这些城市应着眼于自身资源禀赋，发展壮大其优势产业，促进环境友好型、资源高效型的产业集群规模化发展，稳步提高规模效率。

武威、陇南、固原和商洛的农业发展基础较好，应大力推动环保型的节水农业、旱作农业、设施农业等特色农业规模扩大发展。通过龙头企业带动，促进农业适度规模经营。同时立足资源优势，合理规划种植结构，发展节水、耐旱等特色农产品，并完善产品深加工链条，形成特色农产品加工聚集区。通过现代农业规模化发展，促进生产要素在环境友好型产业聚集，实现规模效率提升。

天水、中卫和阳泉凭借良好的自然条件在大数据产业发展方面具有优势，在"东数西算"战略工程上大有可为。利用国家构建大数据协同创新体系的契机，这三个城市可以充分利用自身优势，加快数据中心的建设，吸引国内外云计算、互联网企业入驻，推动大数据、云计算产业发展，延伸产业链，实现产业高水平规模化发展，推动"资源"到"数据"的模式转变，走高效、清洁的绿色发展道路。

定西、乌海和铜川是典型的资源型城市，应该加快培育资源深加工产业集群，从能源资源粗放利用向绿色循环低碳发展转变。定西应推进固废综合利用产业发展，以工业园区建设为载体，积极引入人才、技术，推动固废产业园区化、规模化发展。乌海要加快大型煤炭基地建设，充分挖掘煤炭产业的价值链条，实现煤炭技术研发、机械设备等上下游产业联动集聚，推动煤炭产业的集群化发展。铜川作为衰退型城市，要积极承接发达地区产业转移，培育替代产业；积极承接京津冀区域产能转移和西安市产能外溢，重点引进新材料、装备智造等生产企业，打造高端产业集群。

3. 集约发展策略

集约发展策略是指通过合理地运用先进管理方法与技术，充分利用要素投入，提高生产要素利用效率。通过有效的资源环境管理、制度改革、科技水平提升，提高单位生产要素的经济产出，并加强对污染物排放的监管，极大改善纯技术效率，提高生态效率。

C类型城市适宜走集约发展策略。这类城市纯技术效率较低，规模效率较高，不能再依靠增加生产要素的投入来增加经济产出，其生态效率提高方向应该是提升纯技术效率，即在现有生产规模的基础上，提升技术和管理手段，提高生产要素利用效率。根据投入指标冗余率情况，渭南、大同、晋中、运城的劳动投入冗余率较高，需要提高劳动利用率；银川、乌兰察布、大同、晋城、晋中、运城、安阳、新乡、焦作、德州、聊城、滨州能源投入冗余率较高，需要提高能源利用率；兰州、银川、渭南、运城、新乡、焦作、濮阳水资源投入冗余率较高，需要提高水资源利用率。

晋中、运城、渭南、大同需要对劳动要素加强管理，提高劳动要素利用率。充分发挥市场机制在劳动力配置中的作用，深化劳动力市场价格形成机制改革，使工资水平真正反映劳动边际生产率，引导劳动力合理配置。深化社会保障制度改革，完善社会福利制度和公共服务体系，优化就业环境，提高劳动生产率。

银川、乌兰察布、大同、晋城、晋中、运城、安阳、新乡、焦作、德州、聊城、滨州需要提高能源利用技术，加强能源要素管理。这些城市需要对高耗能企业和产业进行节能技术革新，推广节能新工艺、新设备，淘汰高耗能设备，并加强对生产环节的能源消耗的管理控制，杜绝浪费现象。改善城市能源消费结构，提高可再生能源消费比重，将不可再生能源更多分配在能源利用率较高的产业。

兰州、银川、渭南、运城、新乡、焦作、濮阳需要进行节约用水管理，提高用水效率。通过应用各种节水治污技术和管理措施，促进生产生活中水资源的集约利用，降低污水排放。在农业方面，重视农业灌溉技术的创新发展，进一步推动节水技术的改进，同时加强农业供水和灌溉系统管理，进行科学的灌溉调度，避免用水过度或供水不足。在工业方面，改进工业企业节水和污染控制技术，采用节水设备以减少整体用水量，增加水资源再利用，加强污水源头治理，降低工业污水排放。在社会层面，加强宣传，提高公众节约用水和水资源保护的意识，减少生活用水浪费和生活污水排放。

4. 渐进突破策略

渐进突破策略是指依据比较优势理论思想，先选择纯技术效率和规模效率中表现较好的一个进行率先突破，然后再对另一个效率进行提升突破，从而有步骤、有重点地提升生态效率。

D类型城市适宜走渐进突破策略。这类城市的纯技术效率和规模效率都较低，提升生态效率的难度大、复杂性高，并非能一蹴而就，应该逐渐提高生态效率水平。

石嘴山和吴忠的纯技术效率大于其规模效率,相比而言从纯技术效率入手难度更小,因此可以先解决纯技术效率较低的问题,即要提升管理和技术水平,提高要素生产率。石嘴山和吴忠的资源利用率较低,尤其是能源和水资源冗余率较高,今后要积极开发节能节水核心技术,加强对生产生活中能源和水资源使用的管理,提高资源生产率,推动纯技术效率提升。在此基础上,再对城市的发展规模进行调整,在资源利用率高的产业聚集生产要素,稳步提升生态效率。

西宁、白银、平凉、巴彦淖尔、忻州、鹤壁这6个城市规模效率相对优于纯技术效率,可以从提升规模效率方面发力,调整要素投入规模,促进规模经济。其中,西宁和白银的新材料产业、平凉和巴彦淖尔的现代农牧业、忻州的半导体产业以及鹤壁的循环经济产业都需要加快规模化发展,以期实现优势资源的规模化聚集,推动规模效率提升。在达到适宜发展规模后,积极革新技术和管理,充分利用规模调整后的要素投入,持续提升生态效率水平。

2.6 小结

本章在分析黄河流域生态环境现状及问题的基础上,运用三阶段超效率非期望产出SBM模型对该流域城市生态效率进行测算与时空分析,进而结合波士顿矩阵思想,将生态效率分解为纯技术效率和规模效率的不同组合,并针对性提出生态效率提升策略。主要研究结论如下:

第一,黄河流域生态环境现状及问题分析。(1)黄河流域水资源储备量总体较少且短缺严重,内蒙古、四川人均水资源量与全国人均水资源量相近,其余省份人均水资源量低于全国人均水资源量。(2)黄河流域生态用地总体规模占比较低,黄河流域森林覆盖率21.21%略低于全国森林覆盖率,湿地面积占全国的6.31%,耕地面积与林地面积分别占全国的4.37%和4.15%。各省主导性生态用地不同,陕西、四川森林覆盖率最高,青海湿地面积最大,内蒙古林业用地和耕地面积最大。(3)黄河流域工业二氧化硫排放量、工业化学需氧量排放量、工业废弃物产生量在全国占比普遍高于流域生产总值在全国占比，经济发展过程中的污染程度较高。山东和河南污染物排放量相对较多，青海和宁夏污染物排放量相对较少。（4）黄河流域在国家环境政策约束下，开展一系列生态环境的修复、治理重大工程，包括推进水土环境综合修复工程，推进国土绿化、矿山修复等，整体生态环境质量不断得到改善。（5）黄河流域生态保护存在的主要问题有：水资源总量匮乏，人均水资源量较低，存在严重的水资源短缺；土地资源以森林、耕地为主，其次是湿地和林地，内部区域的土地资源分布特征差距较大；生态环境本底脆弱，同时面临产业运行导致的污染叠加，加重生态环境的脆弱性。

第二，黄河流域生态效率测算模型构建。（1）将生态效率视为区域生态经济系统的投入产出效率，反映了资源、劳动等投入经过一系列生产活动形成产出的动态过程，由此生态效率评价指标包括了投入、期望产出和非期望产出三个方面，其中投入指标选取劳动力投入、资本投入、能源投入和水资源投入，期望产出指标选取城市生产总值，非期望产出指标选取废水排放量、SO_2排放量和CO_2排放量。（2）选用三阶段非期望产出 SBM 模型测度黄河流域生态效率。第一阶段构建基于非期望产出的超效率 SBM 模型；第二阶段分离出管理无效率造成的冗余决策单元，以投入松弛变量为因变量，环境因素为自变量，构造相似 SFA 多元回归模型；第三阶段依据调整后的决策单元投入数据重新进行超效率 SBM 分析。

第三，黄河流域沿线城市的生态效率测算与分析。（1）2010～2021 年生态效率均值为 0.550，生态效率未达到有效的状态，经济发展与环境保护之间矛盾较为突出。三大区域生态效率的排序是：下游＞中游＞上游。各城市生态效率差异显著，鄂尔多斯、西安、郑州、济南是生态效率最高的城市，榆林、太原、淄博、济宁、泰安等紧随其后，平凉、固原、中卫、铜川的生态效率均值较低。（2）2010～2021 年黄河流域总体生态效率呈现上升态势。上中下游三大区域生态效率均有所上升。城市层面生态效率有波动增长型、波动下降型和平稳型 3 种演变类型，波动增长型包括临汾、郑州、陇南等 41 个城市，波动下降型仅泰安 1 个城市，平稳型包括乌海、石嘴山、焦作等 15 个城市。（3）高、较高、中等生态效率区主要分布于下游地区，较低生态效率区主要分布在中游地区，低生态效率区主要分布在上游地区，而且呈现向中等、较高和高生态效率水平扩张的趋势。同时，黄河流域生态效率具有较明显的高—高、低—低集聚现象，其中高—高聚集区主要分布在下游地区，低—低聚集区主要分布在上中游地区。而且这种空间聚集具有一定的稳定性，各个城市难以摆脱原来的集群，存在一定的路径依赖特征。

第四，黄河流域生态效率提升策略。根据黄河流域生态效率的纯技术效率和规模效率的高低，结合波士顿矩阵思想，划分纯技术效率和规模效率的不同组合，针对性提出创新驱动策略、规模调整策略、渐进突破策略和集约发展策略四种生态效率提升策略。首先，庆阳、呼和浩特、包头、鄂尔多斯、宝鸡、延安、榆林、朔州、临汾、吕梁、郑州、开封、三门峡、济南、东营、济宁、泰安、菏泽18个城市为纯技术效率和规模效率都较高的城市，采取创新驱动策略，要通过技术进步推动绿色生产技术的进步和革新，提升生态效率；其次，天水、武威、定西、陇南、固原、中卫、乌海、铜川、商洛、阳泉10个城市为规模效率较低，纯技术效率较高的城市，宜走规模调整策略，注重规模经济发展，调整投入要素规模，在环境友好型产业集聚生产要素，提升规模效率，最终提高生态效率；再次，兰州、银川、乌兰察布、西安、咸阳、渭南、太原、大同、长治、晋城、晋中、运城、淄博、德州、濮阳、聊城、洛阳、安阳、新乡、焦作、滨州21个城市为纯技术效率较低，规模效率较高的城市，应采取集约发展策略，通过对技术、管理手段的有效运用，提升纯技术效率，从而弥补生态效率的短板；最后，西宁、白银、平凉、石嘴山、吴忠、巴彦淖尔、忻州、鹤壁8个城市为纯技术效率和规模效率都较低的城市，可以采用渐进突破策略，选择纯技术效率和规模效率中表现好的一个进行突破，逐步提升生态效率。

第3章

面向环境保护的黄河流域现代产业体系评估及优化

建设现代产业体系是拉动黄河流域高质量发展的重要途径，更是实现黄河流域环境保护与产业协同发展的必要前提。"十四五"时期进一步推进了黄河流域现代产业体系发展，面向环境保护的现代产业体系发展存在的问题需持续探究。本章立足环境保护，分析黄河流域产业体系现状及问题，测算与分析黄河流域现代产业发展水平，提出黄河流域现代产业体系优化路径，对构建黄河流域特色优势现代产业体系、推动黄河流域环境保护和高质量发展、最终实现中国式现代化具有一定的理论和现实意义。

3.1　黄河流域现代产业体系现状及问题分析

黄河流域现代产业体系发展情况相对复杂，不同的地理位置和经济条件导致其特征各异。为了解黄河流域现代产业体系现状，现对其中产业结构水平、产业集聚水平和产业竞争力水平进行分析，进而探寻黄河流域现代产业体系存在的问题。

3.1.1　产业结构水平分析

长期以来，黄河流域依靠丰富的能矿资源，形成了以重工业为主导的产业结构。通过计算泰尔指数和经济服务化指数，对黄河流域产业结构情况进行分析，泰尔指数（TL）具体计算方式如下：

$$TL = \sum_{i=1}^{n} \left(\frac{Y_i}{Y}\right) \ln\left(\frac{Y_i/Y}{L_i/L}\right) \qquad (3-1)$$

其中，Y 表示产值，L 表示就业人数，i 表示产业，n 表示部门数。

将黄河流域沿线省份的第一、第二、第三产业产值及就业人数代入式（3-1）中，结果如表 3-1 所示。根据干春晖等（2011）的研究，泰尔指数越小，表明产业结构越合理，反之则相反；经济服务化指数（TS）是对产业结构高级化的衡量方式，即采取第三产业产值与第二产业产值之比进行计算，TS 处于上升状态则表示经济正在向服务化推进，产业结构处于升级状态。

首先，2010~2021 年，黄河流域各省份的泰尔指数 TL 普遍高于同年的全国平均水平，呈波动性下降的趋势。这表明黄河流域的产业合理化程度均低于全国平均合理化水平，但正在逐年改善，向合理化趋势发展。从泰尔指数变化趋势来看，青海省 2010~2021 年泰尔指数下降趋势最为明显，从 2010 年的 0.339 下降至 2021 年的 0.116，降低率达 65.78%，是流域内降低率最高的省份，表明青海省产业结构合理化趋势最好。甘肃省 2021 年泰尔指数处于流域内最高水平，从 2010 年的 0.502 下降至 2021 年的 0.227，降幅达 54.78%，虽下降趋势明显，但由于产业合理化基础较差，在演变过程中仍处于合理化较低阶段。四川省、宁夏回族自治区分别从 2010 年的 0.239 和 0.249 下降至 2021 年的 0.151 和 0.153，降率分别达 36.82% 和 38.55%，合理化水平在黄河流域上游处于领先，但相较中下游而言仍较为落后。内蒙古自治区 2021 年泰尔指数位于流域内倒数第二位，产业合理化程度较低，从 2010 年的 0.487 下降至 2021 年的 0.283，下降率达 41.89%，与甘肃省情况相似，产业合理化基础薄弱，导致在产业结构演变中处于弱势地位。山西省、陕西省 2021 年泰尔指数均位于流域内中后部，其中山西省在 2010 年泰尔指数高于陕西省的基础上，2021 年演变为低于陕西省，合理化程度跃居中游首位。从变化程度上看，山西省从 2010 年的 0.341 下降至 2021 年的 0.199，下降率达 41.64%；陕西省从 2010 年的 0.280 下降至 2021 年的 0.222，下降率达 20.71%，表明山西省在产业结构改善速度方面比陕西省较快。河南省、山东省 2021 年泰尔指数均位于流域内头部，其中河南省位于第一位，两省的产业合理化程度均较高，河南省从 2010 年的 0.253 下降至 2021 年的 0.075，下降率达 70.36%、山东省从 2010 年的 0.202 下降至 2021 年的 0.099，下降率达 50.99%。

表3-1 2010~2021年黄河流域各省份TL和TS值

省份	指标	2010年	2011年	2012年	2013年	2014年	2015年	2016年	2017年	2018年	2019年	2020年	2021年
青海	TL	0.339	0.346	0.469	0.313	0.296	0.267	0.256	0.222	0.213	0.169	0.098	0.116
	TS	0.632	0.554	0.82	0.572	0.691	0.829	0.881	1.053	1.083	1.297	1.336	1.221
四川	TL	0.239	0.231	0.225	0.227	0.211	0.194	0.176	0.167	0.167	0.155	0.129	0.151
	TS	0.792	0.817	0.85	0.873	0.939	1.022	1.174	1.309	1.396	1.418	1.453	1.427
甘肃	TL	0.502	0.529	0.501	0.469	0.457	0.404	0.392	0.419	0.411	0.378	0.234	0.227
	TS	0.788	0.826	0.873	0.910	1.028	1.339	1.471	1.576	1.621	1.679	1.741	1.567
宁夏	TL	0.249	0.482	0.472	0.438	0.403	0.389	0.403	0.364	0.349	0.331	0.118	0.153
	TS	0.849	0.816	0.848	0.852	0.89	0.938	0.967	1.020	1.076	1.189	1.227	1.012
内蒙古	TL	0.487	0.482	0.458	0.390	0.368	0.382	0.377	0.301	0.305	0.297	0.219	0.283
	TS	0.661	0.624	0.64	0.677	0.770	0.801	0.928	1.257	1.282	1.251	1.233	0.903
陕西	TL	0.280	0.267	0.493	0.436	0.433	0.398	0.383	0.391	0.412	0.372	0.197	0.222
	TS	0.677	0.628	0.621	0.629	0.684	0.808	0.866	0.852	0.860	0.987	1.105	0.977
山西	TL	0.341	0.352	0.31	0.272	0.265	0.247	0.243	0.282	0.137	0.307	0.164	0.199
	TS	0.652	0.597	0.696	0.741	0.902	1.307	1.439	1.185	1.268	1.174	1.176	0.864
河南	TL	0.253	0.244	0.228	0.201	0.209	0.194	0.199	0.202	0.191	0.190	0.084	0.075
	TS	0.500	0.518	0.549	0.578	0.728	0.830	0.877	0.915	0.986	1.102	1.170	1.225
山东	TL	0.202	0.187	0.174	0.145	0.152	0.143	0.148	0.150	0.148	0.140	0.106	0.099
	TS	0.675	0.723	0.777	0.821	0.898	0.968	1.013	1.058	1.126	1.330	1.368	1.340
全国	TL	0.162	0.137	0.114	0.089	0.118	0.118	0.123	0.131	0.127	0.116	0.091	0.101
	TS	0.923	0.930	0.984	1.050	1.126	1.226	1.297	1.276	1.283	1.383	1.442	1.352

注：原始数据来源《中国统计年鉴》、各省份统计年鉴及公报。

其次，2010～2015 年黄河流域各省份经济服务化指数 TS 低于全国平均水平，2015～2021 年仅四川省、甘肃省、山西省偶尔出现高于全国平均值现象。这表明黄河流域产业高级化水平较低，同全国平均水平而言仍有差距，经济服务化指数呈波动性增长态势，产业高级化水平逐渐升高。从经济服务化指数变化趋势来看，流域内所有省份均呈现波动性增长态势，其中青海省从 2010 年的 0.632 增长至 2021 年的 1.221，增长率达 93.20%，2020 年位居流域内第三，产业高级化程度进步明显；甘肃省从 2010 年的 0.788 增长至 2021 年的 1.567，增长率达 98.86%，增长率位居第二；四川省从 2010 年的 0.792 增长至 2021 年的 1.427，增长率达 80.18%，与青海省经济服务化指数均超过全国平均水平的两个省份，基本稳定保持在流域内前列；宁夏回族自治区从 2010 年的 0.849 增长至 2021 年的 1.012，增长率仅达 19.20%，增长速度最慢；内蒙古自治区从 2010 年的 0.661 增长至 2020 年的 0.903，增长率达 36.61%，基本稳定在流域内中部位置；山西省从 2010 年的 0.652 增长至 2021 年的 0.864，增长率达 32.52%，2014～2017 年增长速度较快，但 2018 年后逐渐落后于其他省份；陕西省从 2010 年的 0.677 增长至 2021 年的 0.977，增长率达 44.31%，增长速度相较缓慢，2014 年后基本稳定在流域内最末位置，经济服务化水平较差，仅 2020 年经济服务化指数突破 1；河南省从 2010 年的 0.500 增长至 2021 年的 1.225，增长率达 145.00%，增长率最高，但经济服务化水平与陕西省较为接近，同样处于流域内尾部；山东省从 2010 年的 0.675 增长至 2021 年的 1.34，增长率达 98.52%，经济服务化水平虽落后于全国平均水平，但也相对接近全国平均水平。

3.1.2 产业集聚水平分析

区位商指数是研究区域产业专业化水平的一种方法，从产业专业化水平来反映某一产业的集聚程度，在多个领域被广泛应用（于斌斌，2015）。区位商大于 1 被认为该生产部门具备相对规模优势，形成一定的集聚规模水平，除满足本地区需求外还可对外提供产品及服务。区位商指数（β）具体计算方式如下：

$$\beta = \frac{\theta_{ij} \big/ \sum_{i=1}^{n} \theta_{ij}}{\sum_{j=1}^{n} \theta_{ij} \big/ \sum_{i=1}^{n} \sum_{j=1}^{n} \theta_{ij}} \qquad (3-2)$$

其中，θ 表示产值，j 表示省份，i 表示产业。

　　计算黄河流域现代产业体系构成中的现代农业、先进制造业、现代服务业的区位商，结果如表 3 - 2 所示。现代农业产值主要取种植业、林业、牧业、渔业、农林牧渔专业及辅助性活动农业加和数据表示（郭小群，2000）。先进制造业产值取信息技术产业、高端装备制造业、生物技术和化学产业、新材料产业、新能源产业、节能环保产业加和表示（朱英明，2003），由于 2017 年后的统计口径改变，2017 年后的数据取工业增加值代替先进制造业产值。现代服务业由于大多省份统计口径较粗，未对服务业进行详细分类，故取服务业增加值减去传统服务业增加值表示（樊增强，2003），考虑到 2015 年之前仅有传统服务业统计数据，取 2015 ~ 2021 年的服务业产值数据加以分析。

表 3 - 2　　　　　　2015 ~ 2021 年黄河流域现代产业体系区位商

年份	产业	青海	四川	甘肃	宁夏	内蒙古	陕西	山西	河南	山东
2015	现代农业	0.983	1.154	1.594	1.106	1.063	1.065	0.834	1.460	1.062
	先进制造业	0.831	0.921	0.628	0.693	0.487	0.630	0.454	1.227	1.308
	现代服务业	0.923	1.047	1.071	0.965	0.664	0.820	1.083	0.798	0.813
2016	现代农业	0.941	1.137	1.773	1.163	1.078	1.101	0.852	1.435	1.068
	先进制造业	0.942	0.856	0.620	0.699	0.511	0.689	0.466	1.236	1.274
	现代服务业	0.924	1.137	1.090	0.963	0.702	0.830	1.099	0.801	0.815
2017	现代农业	0.969	1.222	1.730	1.131	1.112	1.122	0.868	1.386	1.003
	先进制造业	0.926	0.850	0.740	0.985	0.975	1.220	1.145	1.266	1.213
	现代服务业	1.015	1.100	1.152	1.017	0.813	0.841	1.041	0.835	0.844
2018	现代农业	1.095	1.181	1.615	1.176	1.353	1.107	0.737	1.321	0.995
	先进制造业	0.896	0.849	0.741	0.942	0.911	1.265	1.094	1.260	1.164
	现代服务业	1.082	1.102	1.145	1.044	0.877	0.928	0.978	0.969	0.810
2019	现代农业	1.178	1.183	1.641	1.281	1.411	1.104	0.740	1.328	1.025
	先进制造业	0.914	0.864	0.875	1.106	1.041	1.215	1.256	1.106	1.060
	现代服务业	1.133	1.081	1.187	1.083	0.885	0.966	1.021	1.031	0.848
2020	现代农业	1.508	1.180	1.782	1.176	1.566	1.185	0.753	1.320	1.009
	先进制造业	0.816	0.866	0.834	1.196	0.999	0.927	1.221	0.876	1.167
	现代服务业	0.985	1.069	1.054	0.970	0.934	0.930	0.988	0.939	1.031

年份	产业	青海	四川	甘肃	宁夏	内蒙古	陕西	山西	河南	山东
2021	现代农业	1.544	1.144	1.827	1.285	1.703	1.141	0.736	1.312	1.027
	先进制造业	0.868	0.841	0.922	1.099	0.898	0.992	1.104	1.014	1.197
	现代服务业	0.961	1.118	0.977	1.064	0.942	0.926	1.038	0.989	1.062

资料来源：原始数据来源于《中国统计年鉴》、各省份统计年鉴及公报、《中国工业统计年鉴》、《中国第三产业统计年鉴》。

第一，现代农业具备一定的集聚程度。从上游看，甘肃省的区位商指数最大，2015～2021年内，甘肃省的区位商指数呈波动性增长的局面；宁夏回族自治区的现代农业区位商始终大于1并接近于1，说明宁夏回族自治区在全国范围而言，农业具备集聚优势但不明显，2015～2021年区位商整体呈现波动上升态势；青海省的现代农业区位商指数于2017年之前始终处于小于1的情况，2017年之后增长为大于1，但数值仍较为接近1，并不具备明显的集聚优势，整体呈现波动上升态势；内蒙古自治区的现代农业区位商指数由2010年的1.063上升至2021年的1.703，增长率达60.21%，农业发展进步较为明显；四川省现代农业在全国范围内具备集聚优势，2015～2021年现代农业区位商始终大于1；从中游看，山西省基本不具备集聚化水平，2015～2021年现代农业区位商一直处于小于1的位置，并且2015～2021年表现出了波动下降态势；而陕西省的集聚程度则不明显，区位商指数较为接近于1，2015～2021年呈波动上升态势；从下游看，河南省现代农业区位商指数呈波动下降趋势，从2015年的1.460下降至2021年的1.312，下降率达10.14%，但也一直保持在1以上，具备明显的集聚水平；山东省现代农业区位商指数同样呈波动下降态势，从2015年的1.062下降至2021年的1.027，下降率达3.30%，整体集聚化程度不明显或不具备集聚化水平。

第二，先进制造业的区位商指数整体呈现较低的态势，仅下游能保持一定的集聚化水平，中上游的先进制造业均处于不具备或者不明显具备集聚化水平状态。从上游看，四川省的区位商指数呈现波动下降趋势，从2015年的0.921下降至2021年的0.841，下降率达8.69%；青海省、甘肃省、宁夏回族自治区、内蒙古自治区呈波动上升态势，分别从2015年的0.831、0.628、0.693、0.487增长至2021年的0.868、0.922、1.099、0.898，涨幅分别为4.45%、

46.82%、58.59%、84.39%，上游中内蒙古自治区的增长态势最为明显；从中游看，均呈现波动增长态势，山西省、陕西省分别从2015年的0.454、0.630增长至2021年的1.104、0.992，增长率分别为143.17%、57.46%。2017年之后区位商虽突破1，但也非常接近于1，整体而言集聚化水平不高，集聚优势不明显；从下游看，先进制造业的区位商指数整体呈现接近1的态势，说明黄河流域下游在先进制造业方面初步具备一定优势，但优势同样不明显。具体来说，河南省的区位商指数呈现有起伏的增长态势，2017年到达峰值，而后呈现逐渐下降态势，说明河南省在先进制造业的优势并不明显，且集聚化水平不稳定；山东省的区位商指数呈现出波动性下降的整体趋势，在2015年之后保持下滑趋势，2019～2021年有所上升，整体具备集聚化水平，但优势同样不明显。

第三，现代服务业不具备明显的优势水平，区位商基本处于小于1或者非常接近1。首先，四川省、甘肃省6年内的区位商均大于1，数值较为稳定，但数据较为接近1。变化趋势上，甘肃省从2015年的1.071下降至2021年的0.977，降幅达8.78%，四川省从2015年的1.047上升至2021年的1.118，增长率达6.78%。其次，山西省从2015年的1.083下降至2021年的1.038，下降率为4.16%。再次，青海省、宁夏回族自治区由低于1演变为略高于1而后降至1以下，青海省从2015年的0.923增长至2021年的0.961，增长率达4.12%。宁夏回族自治区从2015年的0.965增长至2021年的1.064，增长率达10.26%。最后，内蒙古自治区、陕西省、河南省、山东省则是一直处于低于1状态，内蒙古自治区从2015年的0.664增长至2021年的0.942，增长率达41.87%；陕西省从2015年的0.820增长至2021年的0.926，增长率达12.93%；河南省从2015年的0.798增长至2021年的0.989，增长率达23.93%；山东省从2015年的0.813增长至2021年的1.062，增长率达30.63%。通过对2015～2021年的数据趋势分析可知，除山西省、甘肃省呈现波动下降趋势外，其余省份基本呈波动上升趋势。其中，内蒙古自治区增长率最高，山东省次之。

3.1.3　产业竞争力水平分析

产业竞争力的定量分析可采取动态偏离—份额分析法（DSSM）。该方法通过数学分解将区域经济变量分成三个部分，其中竞争力分量可以用来衡量某地区的某产业相对参照区域是否具备相对竞争力（Aiginger & Pfaffermayr，2004；Aiginger & Davies，2004）。因此可通过计算竞争力分量对黄河流域现代产业体系竞争力水平进行衡量。若竞争力偏离大于0，则表示j区域i产业的发展优于参照区域i产业的发展，具备区域竞争优势，反之则处于劣势（Knudsen，2000；Creamer，1943），具体计算公式如下：

$$D_{ij} = F_{ij}(t_0) \times \left[\frac{F_{ij}(t)}{F_{ij}(t_0)} - \frac{F_i(t)}{F_i(t_0)} \right] \qquad (3-3)$$

其中，D表示竞争力水平，i表示参照区域即全国，j表示黄河流域沿线省份，F表示产值，t_0表示基期，t表示报告期。

鉴于2015年之前缺少现代服务业数据统计，故取2015年为基期，2021年为报告期，对黄河流域现代农业、先进制造业、现代服务业的竞争力分量进行计算，结果如表3-3所示。

表3-3　　　黄河流域现代产业体系偏离—份额分析（2021年）

省份	现代农业	先进制造业	现代服务业
青海	49.90	217.82	-152.26
四川	76.37	-302.46	938.21
甘肃	272.54	-163.94	-373.33
宁夏	19.46	470.84	82.60
内蒙古	-17.44	235.95	-732.53
陕西	98.07	-1051.18	352.41
山西	-242.40	375.65	-633.19
河南	-120.41	-3732.66	1302.87
山东	-975.84	-4340.19	-1862.58

资料来源：原始数据来源于《中国统计年鉴》、《中国工业统计年鉴》、各省份统计年鉴及公报、《中国第三产业统计年鉴》。

第一，现代农业的竞争力分量为正值的共5个省份，由高到低依次是甘肃省、陕西省、四川省、青海省、宁夏回族自治区。下游河南省、山东省作为我国粮食大省，农业产值虽明显大于上中游其他省份，但竞争力分量为负值，表明了两个省份在农业发展速度上落后于全国平均水平。主要原因在于农业

"大而不强"，黄河流域下游作为我国主要农产品产区，在我国农业发展中占据重要战略地位，但目前农业发展面临着人均耕地较少的困境，同时农业科技水平较低，农业发展仍处于高投入高产出阶段，缺乏组织化领导，难以形成体系。内蒙古自治区不具备农业方面的竞争优势主要原因有，气候较为干旱，河流湖泊较少，农业生产中的有效灌溉面积较少，很长时间内难以保证灌溉面积的全方面覆盖。内蒙古自治区拥有广袤的养殖区，人均耕地面积位列前茅，但增长速度较慢，农业结构中牧业占据绝对主导地位，内部结构不均衡。

第二，先进制造业的竞争力分量为正值的共4个省份，由高到低依次是宁夏回族自治区、山西省、内蒙古自治区、青海省。黄河流域中下游作为工业发达地区，特别是山东省，先进制造业竞争力分量却为负值，表明陕西省、河南省、山东省在先进制造业发展速度较慢，同全国平均水平而言较为滞后。导致黄河流域先进制造业较为落后的原因有，流域内整体缺乏科技创新力，且上游工业基础薄弱，工业发展仍处于依赖资源禀赋阶段。工信部赛迪顾问先进制造业研究中心发布《2023先进制造业百强市》报告显示，先进制造业城市发展指数前50城市排名中，黄河流域内仅有7个城市上榜，占比仅达14%，其中陕西省1个、河南省2个、山东省4个，可见黄河流域先进制造业的发展滞后性。

第三，现代服务业的竞争力分量为正值的共4个省份，由高到低依次是河南省、四川省、陕西省、宁夏回族自治区。究其原因，虽然黄河流域中下游省份有譬如郑州市、西安市此类的全国物流枢纽中心，但现代服务业不同于传统服务业，黄河流域长时间内未突破传统服务业的发展瓶颈，是导致现代服务业滞后的重要原因。随着当前经济发展的趋势改变，互联网、信息技术服务业、金融业等逐渐成为现代服务业的中坚力量，但黄河流域在此方面缺少企业支撑，缺乏产业集聚区、产业孵化区，对现代服务业的政策扶持力度较低，而优秀龙头企业大多集中在京津冀、长三角地区，逐渐吸引人才汇聚，进一步加剧了黄河流域现代服务业的发展困境。

整体来说，黄河流域现代产业体系缺乏竞争力，与全国平均水平比较而言，黄河流域表现出了较为滞后的发展速度，在持续落后于全国平均水平的状况下，产业发展难以做到质量突破，进而产业价值链攀升遭遇困境，经济发展陷入瓶颈。

3.1.4 黄河流域现代产业体系存在的主要问题

1. 产业结构层次偏低

第一，黄河流域的产业结构合理化、高级化层次低于同期的全国平均水平。由工业产值与先进制造业产值之比可知，黄河流域在初级加工、资源开发等这类低技术、高消耗产业上仍占有较大的比重，例如，甘肃省在规模以上工业增加值结构中，重工业占据绝大部分，支柱企业中仍以石化、有色、煤炭产业为主体；青海省的采矿业自 2017 年开始，连续两年增速超过 10%，2019 年增速有所下降，但仍保持着 7.9% 的高增长速度①，煤炭开采、黑色金属等产业均保持着高增长速度，流域内的其他省份在重化工产业上均表现出较高的依赖性，相较而言，下游对于高技术产业的发展较好，具备一定的优势基础。

第二，黄河流域的产出结构与就业结构之间存在协调性较低、产业服务化趋势发展较缓的问题。黄河流域省份内的产业结构大多呈现"三二一"结构模式，但就业结构却大多呈现"三一二"或"一三二"的结构状况，出现了产业结构与就业结构不协调。其中，黄河流域上游第一产业的产值虽低，就业人数却多；第二产业的产值较高，就业人数却较低；第三产业相比而言较为合理，就业人数与产值较平衡。中游同样出现第一产业产值较低，就业人数却较高；第二产业产值较高，但就业人数却较少的不合理状况。下游的合理化水平相对较高，产业结构与就业结构分布比例差异不大，基本达到较为平均水准，但相比于全国平均水平而言仍略低。从产业高级化水平来看，黄河流域内工业占比仍处于较高比例，经济发展对于第二产业的依赖性较大，第三产业发展较为缓慢。其中，第二产业占比较高的原因有，陕西和山西两省均是国内重要的工业基地，拥有众多的能源资源，虽省会城市的第三产业发展态势较好，但省会城市与非省会城市的差距较大，拉动效果有限，更多的城市仍是依赖资源禀赋下的第二产业发展经济。

2. 产业发展规模较小

第一，黄河流域产业发展规模虽逐年向好，但增长速度却明显低于全国平

---

① 资料来源：青海省国民经济和社会发展统计公报。

均水平。2010~2021 年黄河流域各省份地方生产总值逐年上升，2021 年较 2010 年增幅 168%，但占比全国总产值却呈下降趋势，由 2010 年占比 26.06% 下降至 2021 年的 25.13%，降幅达 0.93%。2021 年黄河流域地区生产总值仅占全国的 25.13%，其中仅四川省、山东省、河南省 3 个省份地区生产总值高于全国平均水平，整体而言规模相对较小。第二，流域内部发展差异较大，下游产业规模发展明显高于上中游。黄河流域上游省份中，四川省、内蒙古自治区产业规模增长速度明显高于其他 3 个省份，但占全国比率仍处于较低水平，常年保持低于 4% 和 2% 左右；而青海省、宁夏回族自治区产值占比更是不足 0.5%，处于严重落后状况。黄河流域中游，山西省总产值占比与上游内蒙古自治区较为接近，而陕西省则大幅度高于山西省，2021 年占比达 2.61%，整体中游总产值占比与上游较为接近。黄河流域下游，经济水平明显高于中上游，其中山东省较为领先，对经济的贡献较大，2021 年总产值占全国总产值的 7.27%，占据黄河流域的 35.66%；河南省则略低于山东省，2020 年全省总产值占比全国总产值达 5.15%。

　　黄河流域产业发展规模相对较小的原因如下：一是黄河流域在发展现代农业方面具备一定的基础性优势，但目前缺乏规模性产出，难以达到全程机械化、标准化，同时农业对经济的拉动效果较小，占据整个产业规模的比重也有限，导致农业发展规模提升空间较为狭窄。二是先进制造业的竞争优势不明显，整体缺乏高技术产业支撑，创新驱动力较弱，目前发展规模大多停留在传统型制造业上。主要由于流域内过分依赖资源优势，对于高技术产业或是新兴产业的开发程度不高，导致先进制造业对于经济的贡献有限，也同时拉大了与较为发达省份之间的差距，导致产业发展规模提升陷入瓶颈状态。三是黄河流域现代服务业发展整体上不具备竞争力优势或是优势不明显，处于较低的水平，对经济的贡献有限，更多地依赖传统服务业，对于信息服务业、商务服务业、文化娱乐性产业的发展较为滞后，重视度也不足。

　　黄河流域产业发展不均衡的原因如下：一是农业差距。以 2021 年农业总产值差距最大的山东省、青海省为例，2021 年青海省农业总产值仅占山东省的 6.02%，两省之间巨大的差距体现在多方面，山东省的耕地面积是青海省的 18 倍之多，青海省农业从业人员仅占山东省的 5.24%，青海省农业机械总动力达 493.3 万千瓦而山东省则有 11186.1 万千瓦。二是先进制造业的差距。黄河流域先进制造业的发展整体水平不高，仅下游具备一定集聚优势和竞争优势，而中上游则处于劣势或是优势不明显的状态。下游在发展高技术产业上的人才储备、研发投入更多，加之下游中的郑州市、洛阳市、青岛市、济南市、烟台市、潍坊市、威海市 7 个城市的国家排名前 50 的优秀先进制造业城市支撑，导致了下游在先进制造业上的竞争优势。三是现代服务业的差距。下游服务业的发展相较而言更早进入服务业现代化阶段，而中上游在服务业发展上依旧处于依赖传统服务业阶段。

3. 产业发展缺乏集聚效应

由区位商分析可知，黄河流域仅有农业具备整体集聚水平，先进制造业表现为仅下游基本具备专业化水平，现代服务业则基本不具备集聚化水平。首先，黄河流域的农业优势依赖于优越的地位位置，平原地区拥有大量的耕地面积以及劳动力人员，资源的优势为农业的发展提供了良好的平台，例如山东省的渔业、山西省的林业以及河南省、陕西省的种植业。但整体来说，农业虽有优势但并不强，且整体机械化水平不高。其次，先进制造业的集聚优势主要集中在黄河流域下游及部分中游地区，大部分中、上游地区在高技术、高附加值产业上发展水平较低，较为依赖资源优势，欠缺对技术开发、创新培养等方面的发展，产业转型仍需努力。目前，黄河中上游先进制造业发展仍处于较为初级的阶段，大多省份只有省会城市具备对较高技术密集型产业培育的能力，对非省会城市的高技术型产业孵化程度较低，导致省内不均衡的现象较为明显。最后，黄河流域现代服务业整体处于专业化水平有限的状态，其中仅上游的 3 个省份在集聚度分析中处于不具备明显优势的情况，其余均处于劣势状态。

黄河流域产业集聚化水平较低的主要原因集中在，科技创新能力较低导致产业升级困难。《中国区域科技创新评价报告 2023》显示，2023 年，黄河流域 9 个省份科技创新能力均处于全国平均水平之下，其中青海省、甘肃省、内蒙古自治区、山西省评分低于 50，位于第三梯队，其余省份位于第二梯队。前 10 位中仅陕西省在列，与 2012 年相比，排名下降的地区中内蒙古自治区下降 9 位，下降位次最多。2021 年黄河流域 R&D 经费内部支出仅占全国经费支出的 16.46%，其中仅山东省、河南省的 R&D 经费内部支出占比达到全国平均水平。另外，黄河流域整体欠缺创新培育能力且人才流失现象也较为严重，甘肃省大学生选择本省就业意向不足四成，青海省流失掉的科研人才近 5 万人，加之大量贫困人口的压力，导致黄河流域在人才要素层面供给不足。

3.2　面向环境保护的黄河流域现代产业体系评估体系模型构建

3.2.1　现代产业体系的四维模型

1. 模型构建

现代产业体系构建的理论依据，核心在于新时代背景下发展现代产业体系的主体需求。在综合考虑当前产业发展现状及战略部署下，发展现代产业体系重点在于使产业体系能够满足未来发展需求。回顾现代产业体系在战略层面的发展历程，最初建设现代产业体系旨在发展现代工业、现代服务业，补充当前产业短板。而随着经济发展及结构的转变，建设现代产业体系的核心转换为"发展以高科技产业为主体的实体经济产业"，其目的在于打破发达国家对我国产业的技术封锁，进而提升产业价值链地位，突出核心竞争力。但随着工业的大规模扩张，尤其是重工业的发展，环境问题逐渐暴露，特别是黄河流域环境问题尤为严峻的情况下，建设现代产业体系亟须着重考虑环境因素，即发展导向转换为产业与环境共同协调发展。

在已有的现代产业体系三维模型基础上，将环境保护纳入分析模型，构建现代产业体系四维分析模型。现代产业体系三维模型的核心思想首先由《珠江三角洲地区改革发展规划纲要（2008－2020年）》中提出，珠三角地区在2020年要完成对先进制造业与现代服务业双轮驱动的产业集群构建，完成产业结构的优化及产业竞争力的提升，打造三位一体协同发展的现代产业体系。但由于此三位一体思想仅是从现实考察出发而提出的，缺乏理论支撑，因此学术界在进一步统筹产业相关理论的基础上，最终构成了产业结构协调化—产业发展集聚化—产业竞争力高端化的理论模型（陈建军，2008），并被诸多学者借鉴应用。但由于三维模型在构建中主要是从产业层面对现代产业体系进行剖析，忽视了环境在现代产业体系中的重要性。特别在黄河流域的环境问题较为严峻的背景下，更要重视流域内的生态环境状况。故在考虑环境保护的基础上，将环境友好化纳入三维理论模型中，拓展为四维理论模型。

（1）产业结构协调化。

产业结构协调度包括产业结构合理化、产业结构高级化两个方面，二者是产业结构优化的主要表征，共同推进产业总体的发展水平，具体如图3-1所示。

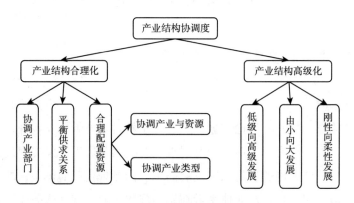

图3-1　产业结构协调度理论分析

产业结构合理化主要指的是产业与产业之间具备一个较为协调的比例，在资源转化、平衡需求方面具备较高水准，反映出产业结构系统的聚合质量，本质在于协调。对于产业结构合理化的理解主要包括协调产业部门、平衡供求关系、合理配置资源三种（干春晖等，2011）。具体来说，协调产业部门指的是产业间与产业内部协调，产业通过结构调整，使各部门间的比例趋于平稳，且此比例处于一个较为合理的变化范围内，投入产出处于相对平衡状态，进而使生产能力得到充分利用，社会得以扩大生产；平衡供求关系指的是产业与需求相协调，产业结构可以随着需求结构的变化而相应作出改变，需求可以得到满足，同时平衡供求关系；合理配置资源包含产业与资源协调和产业类型协调，产业与资源协调是充分利用已有资源，发挥比较优势，使产业结构得以在资源禀赋的基础上得以调整。产业类型协调是产业构成类型恰当，各类产业得以适度发展，同时兼顾资源与环境问题。

产业结构高级化是指产业素质、产业效益不断向高层次演进的过程，其中包括产业结构由低级向高级发展、产业规模由小向大发展、产业制造由刚性向柔性发展。具体来说，在产业结构高级化的演进过程中主要关注三个方面的内容：一是三大产业结构的转变，即主导产业逐渐向第二产业、第三产业转变，其中服务业占比的增加是产业结构转变的重要步骤；二是产业价值的转变，即产业逐渐向高附加值转变，同时产品制造向制造中间及最终产品演化；三是产业主导部门的变化，即产业逐渐向资本密集型、技术密集型变化，其中技术的先进与否、知识的含量高低成为衡量产业发展的主要因素，技术越先进、知识含量越高的产业部门逐渐占据领导地位。总的来说，产业结构高级化的变化过程就是资源、要素不断优化的过程，在这个过程中资源、要素的配置能力得到不断提升，使得生产率较高的部门占比不断加大，不同产业部门的生产率得以共同提升。

（2）产业发展集聚化。

产业集聚是现代产业体系的空间特征，外部经济理论与竞争优势理论均表明，产业集聚对推动地区产业发展具有重要作用，可以有效提升产业优势，促进经济发展，是现代产业体系空间布局的重要一环，如图 3 - 2 所示。一般来讲，在产业集聚区内基于一个核心产业为中心，通过打造其主要优势，成为全国乃至世界上的主要生产基地。而后逐渐形成一个围绕核心产业而构成的综合性系统，在此集聚区内企业间相互依赖也相互竞争，构成了一个较为复杂的技术、社会网络，通过技术外部效应达到技术外溢的效果，推动技术间的传播与交流。总的来说，产业集聚是区域经济发展中一种较为重要的模式（卢福财等，2013）。

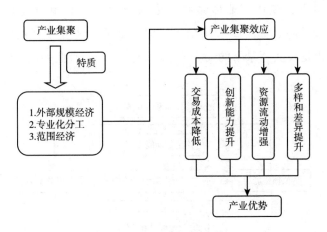

图 3 - 2 产业集聚效应分析

产业集聚作为经济发展的重要方式，具有专业化分工、外部规模经济、范围经济等优势，由此带来的集聚效应具体表现在以下四个方面：第一，产业集聚可以降低交易成本。大量企业集聚能够产生一定的范围经济，最终形成具有一定规模的区域网络结构，促使各企业之间达到交流的目的，可以有效降低运输、原材料、信息等方面的成本，降低交易费用。第二，产业集聚有助于提升创新能力。同类型产业的集中，导致产品间的竞争加强，在竞争压力的推动下，产业开始通过寻求创新来谋求新的发展；相似企业通过增加相互间的交流，创新理念及创新知识得到快速的传播，推动了创新从孵化到应用的全过程。第三，产业集聚增加资源的流动性。由于集聚的地理集中性，与产业生产、销售相关的企业部门都会在一定范围内集聚，在资源共享和流动上更加便捷，并且随着产业集群的成功，区域品牌相应诞生，而后区域内的相关企业都可以获益。第四，产业集聚提升产品的多样化与差异化。集聚的企业之间相互比较，在竞争中促使产品质量不断提升，并实现产品的差异化。在需求引导下，单一产品逐渐不能满足市场需求，企业开始创新产品以谋求发展，不断提升产品的多样化与差异化。产业集聚区内产品品种多样、齐全，能够满足各类需求，并具备更好的市场适应能力，最终实现产品差异化和市场份额的良性循环（王勤，2006；Greenstone，2002）。

（3）产业竞争力高端化。

产业竞争力高端化是现代产业体系在价值层面的体现。在当前日益变化的经济格局背景下，现代产业体系发展成为推动产业竞争力提升的主要途径（陈英武等，2023），如图3-3所示。产业具备竞争力是现代产业发展的核心目标之一，也是现实背景下的切实要求。目前，国内产业多处于价值链的中低

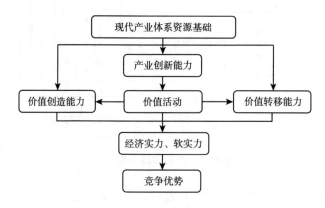

图3-3　产业竞争力理论分析

端，低端产品过剩，高端产品不足，缺乏核心技术掌控，在先进技术突破上仍相对发达国家来说较为滞后。随着国内企业对创新的重视，持续在技术上完成多项攻坚突破任务，但在譬如芯片、光刻机、电子设备系统等方面仍处于"卡脖子"状态，推动产业竞争力高端化是未来发展的必经之路。

在对竞争力的研究当中，普遍认同竞争的关键在于主动权的获取，主动权的掌握有助于产业占据领导地位，帮助本国企业确立竞争地位。而在主动权获取过程中，展开有效的价值活动则是关键。有效的价值活动包括价值创造能力和价值转移能力，通过技术创新，创造的价值活动可以在产业内或产业间转移，同时实现实质性的创造能力。价值创造能力可以将产品市场和服务市场转化为实际货币的价值创造，直接影响国家经济实力，进一步对提升产业竞争力水平和获得比较优势具有重要意义。总的来说，在竞争力的实现途径中，创新是关键引擎，通过创新将资源实现价值创造，并最终转化为实际竞争力，从而推动产业发展和提升国家经济实力（张红凤等，2009；Maddison，2006）。

（4）环境友好化。

目前，黄河流域生态环境本底脆弱，同时叠加产业对环境造成的污染，因而改善生态环境是未来黄河流域发展的重要方向。随着生产活动的展开，生产过程中的废弃物排放进大气、水、土壤等环境要素中，附加扩散、转移的作用，最后不断引起环境恶化。具体来讲，产业在发展过程中主要有大气污染、水污染、土壤污染三个方面，具体如图3-4所示。

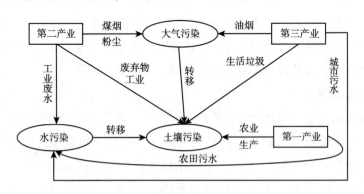

图3-4 产业发展与环境污染

环境保护作为现代产业体系的重要组成部分，可通过环境规制、需求传导和技术创新为产业升级提供新活力，也为现代产业体系发展提供一个环境友好型的良性循环系统。首先，环境规制通过法律法规引导企业改变生产方式和经营理念，减少排放物和资源消耗，鼓励采用清洁生产技术和绿色能源，推动产业向低碳、高效、环保的方向转变，实现经济增长与环境保护的良性循环。其次，需求传导机制通过影响消费和投资行为，引导企业改进产品以满足环境规制的要求，从而影响消费者偏好和消费水平的提升。这种影响会促使企业调整生产计划和产品结构，从而推动产业结构的变革。最后，技术创新传导机制在环境规制下推动企业不断提升技术水平以符合规范要求。虽然技术创新可能带来成本增加，但通过区域、产业和规制强度的差异化处理，可以有效应对这一挑战。因此，环境保护在现代产业体系中扮演着重要角色，通过环境规制、需求传导和技术创新等机制，推动产业结构的升级和优化，在实现经济增长的同时也注重生态环境的可持续发展（杨艳琳等，2017；王林梅等，2015；郭显光，1998）。

就黄河流域而言，环境保护一直是现代产业体系发展的关键议题。首先，黄河流域生态环境本底脆弱，长期面临严峻的生态问题。流域内存在多种类型的生态脆弱区，一旦受到外力干扰极易失去生态平衡，即便采取事后治理的方式也需要漫长的恢复过程。黄河流域含沙量较大，水沙关系矛盾突出，易导致河流断流、泥沙淤积，以及洪水威胁。其次，黄河流域污染状况严峻。长期以来流域内粗放型的能源资源开采和重工业产业结构，导致工业废气、工业废水和工业废弃物等多种污染源大量排放，加剧了环境问题。在黄河流域生态保护战略的指引下，环境保护与现代产业体系发展必须相结合。只有通过这种方式，才能打造绿色、可持续的现代产业体系，推动黄河流域高质量发展。这不仅是必经之路，也是推动黄河流域高质量发展的重要途径。

2. 指标体系框架

将环境保护纳入现代产业体系理论分析中，与产业结构协调化、产业发展集聚化、产业竞争力高端化共同组成四维理论模型，构成评估体系的主体框架，具体如图3-5所示。第一，产业结构是评价现代产业体系发展的基本维度。经典产业结构理论认为，产业结构反映产业构成及其联系和比例关系，产业结构具有向高服务化、重化工业化、高加工度化、知识技术集约化的演变趋势，产业结构优化的原则是产业间协调发展。第二，产业布局是现代产业体系发展的必要条件。根据产业布局理论，关联企业在特定区域的聚集意味着资本和技术的高度集中,进而可能形成区域增长极。第三,科技创新是引领现代产业体系向高端化发展的驱动因素。根据波特的创新驱动理论,产业升级要依次经历要素驱动、投资驱动、创新驱动和财富驱动阶段。我国现代产业体系建设已从要素驱动和投资驱动转向创新驱动阶段。第四,生态环境是现代产业体系发展的支撑和制约。高品质生态环境为现代产业体系发展提供天然的生产要素,反之稀缺生态环境将制约现代产业体系的长久发展。

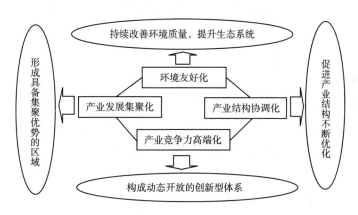

图3-5　面向环境保护的现代产业体系评估框架

　　上述面向环境保护的现代产业体系四维分析框架,是在考虑黄河流域产业及环境特殊性的基础上所构建的,具有一定针对性。具体原因如下:第一,产业结构协调化是考虑黄河流域存在产业结构层次偏低、工业结构偏向重工业、服务业发展滞后等情况,在产业结构方面对黄河流域现代产业体系提出的要求。产业结构的优化是提升产业质量的基础,产业结构的改善对黄河流域提升就业率、减少环境污染等方面均具有正向作用。第二,产业发展集聚化是在考虑黄河流域缺乏产业集聚区,特别是高技术产业集聚区的困境下,导致流域内产业难以形成规模化、专业化水平等问题,在产业集聚层面对黄河流域现代产业体系提出的要求。黄河流域特别是上游地区,青海、甘肃、宁夏、内蒙古的国家级高新区数量较少(数量分别为1个、2个、2个、3个),整体产业集群处于相对匮乏的状态,产品难以达到专业化水准,进而市场上缺乏产品品牌号召力及影响力,导致产业发展一直处于弱势地位。同时,黄河流域基础设施较差,流域内所生产的产品流通性差,仅以西安市、郑州市为主承担着物流枢纽的关键作用,无论是空中运输、陆地运输、海上运输均面临"短兵少将"的问题。第三，产业竞争力高端化是考虑黄河流域存在产业竞争力低下、缺乏创新驱动力、关键技术难以突破等问题，从价值层面对黄河流域现代产业体系提出的要求。现代产业体系发展的核心目标就是提升产业竞争力，逐渐打破美国等西方发达国家对我国经济发展的技术封锁，提升产业价值地位。而黄河流域主要依赖能源开发，产业缺少附加值、产品技术含量低下，自主创新能力的重要性不言而喻。而提升自主创新力，人力资本是基础，只有在技术相关研究人员的支持下，关键技术才能得到落地。另外，现代产业体系需进一步与国际产业接轨，扩大与国际的贸易往来，吸引外资，加深与国际产业间的技术交流、管理交流等，达到产业国际化水准。第四，环境友好化是考虑黄河流域目前环境治理难度较大、环境承载力较弱等问题，在环保层面对黄河流域现代产业体系提出的要求。黄河流域环境问题是现代产业体系的建设发展过程中必须面对且亟须解决的重点问题，平衡产业与环境间的矛盾是实现黄河流域产业优化发展的重要一环，是黄河流域未来经济可持续发展的应有之义。

3.2.2 评估指标体系建立

1. 选取评估指标

（1）产业协调度。

产业协调度分为产业结构合理化与高级化两个方面。产业结构合理化体现在各个产业在整体产值中占比相对均衡、各产业之间劳动生产率相对接近的状态。通常采取泰尔指数、比较劳动生产率差异指数来度量（杨艳琳等，2017）。泰尔指数的计算方法见式（3-1），比较劳动生产率差异指数（S）计算方法如下：

$$S = \sqrt{(P_1 - 1)^2 + (P_2 - 1)^2 + (P_3 - 1)^2} \tag{3-4}$$

$$P_i = \frac{f_i / f}{g_i / g} \tag{3-5}$$

其中，P_i 表示区域内第 i 产业的比较劳动生产率，f_i、g_i 分别表示区域内第 i 产业的产值、就业人数。S 值越小，产业结构效益越好；反之，产业结构效益越差。

产业结构高级化主要表明三次产业结构的变化趋势及速度，分别用经济服务化指数、Moore 指数来衡量（王林梅等，2015）。其中，经济服务化指数采取第三产业产值与第二产业产值之比进行衡量；Moore 指数是一种用向量空间夹角反映产业结构变动幅度的方法，作用原理是把三次产业看作一组三维空间向量，不同时间内的产业结构变动幅度表现为向量之间夹角变动大小，计算公式如下：

$$\theta = \arccos \frac{\sum_{i=1}^{n} W_{i,t_1} W_{i,t_2}}{\sqrt{\sum_{i=1}^{n} W_{i,t_1}^2} \sqrt{\sum_{i=1}^{n} W_{i,t_2}^2}} \tag{3-6}$$

其中，W_{i,t_1}、W_{i,t_2}分别表示t_1、t_2时期第 i 产业所占的比重，θ 取值范围在 0 ~ 90 度之间，θ 值越大表明产业结构变化越快。

（2）产业集聚度。

在衡量产业集聚中，选择集聚规模、集聚载体、商品流通三个方面作为产业集聚的评价主体（任保平等，2020；陈展图，2015）。首先，集聚规模表示产业集聚效果，以亿元以上商品交易市场数量及成交额对集聚规模进行具体的量化。其中，商品交易市场是产业集聚的具体形式，具体指具有固定场所，由经营者进行统一管理的商品集中地，亿元以上商品交易市场数量越多、成交额越高表明集聚规模越明显。其次，集聚载体是产业集聚的具体形式，以国家级高新区数量及集聚度来衡量。其中，国家级高新区集聚度采用国家级高新区的产值占该省份总产值的比重来衡量。现代产业体系的发展载体离不开高新区的贡献，国家级高新区承担着国家重点发展和改革开放战略的主体功能，作为高技术产业集聚区，肩负着推动地方优势产业、新型城镇化建设的重要任务。区域高新区的数量及集聚程度反映着高技术、高附加值产业的发展情况，数量越多、集聚度越强，表明该区域的产业集聚效果越好。最后，商品流通是产业集聚的运行保障，同时可以衡量集聚的实现情况。现代产业体系在发展过程中离不开实体经济的发展，而商品流通是实体经济产品流动的关键，商品流通量越大，集聚的效果越强。以中国现行情况为例，江浙沪一带在商品流通上具备较强的能力，究其原因正是该区域的产业集聚带来的大量商品流通。具体衡量商品流通的指标选择货运量、货物周转量来表示。

（3）产业竞争度。

产业竞争度可分为自主创新力、人力资本、国际竞争力三部分衡量指标（王勤，2006）。其中，自主创新力是实现产业竞争的根基，能够为高技术产业发展提供保障并帮助国家打破国际上对关键技术的垄断。采取研究与试验发展（R&D）经费投入强度、规模以上工业企业研究与试验发展费用内部支出、规模以上工业企业有效专利数、专利授权数比申请数四项内容衡量该指标。具体来讲，R&D 经费投入强度指的是 R&D 经费内部支出与生产总值之比，该项指标表示了区域对于 R&D 的重视程度，对于 R&D 经费的投入程度越高，在创新方面的产出就越高；规模以上工业企业研究与试验发展费用内部支出表示的是工业企业在创新投入上的规模，产业创新主要指的是在先进制造业上的突破，而工业企业则是承担此项任务的主体，工业企业的突破对产业革新产生直接的影响，费用支出越高，企业技术含量越高；规模以上工业企业有效专利数指的是工业企业的具体成果。专利是创新力重要的表现形式之一，有效专利数越多，则自主创新力越高；专利授权数比申请数表示的是创新效率，并不是所有的申请专利最终都会被授权，授权的专利数占比表示了区域创新效率问题。

人力资本是产业创新形成竞争力的重要保障，人才竞争是新世纪的竞争重点。关键性的人才可使得产业向前发展一大步，减少大量的探索成本。在衡量人力资本时，采用高等院校数、R&D 人数比总就业人数来表示。其中，高等院校是培育人才的载体，高等院校数量越多的地区，人才储备能力越强，在创新发展上面具备一定的优势；R&D 人数表示的是就业选择中投身于研究事业的人数，R&D 人数比总就业人数的比值越高，说明该地区在研究事业发展上更具备优良条件，技术发展的前景越好，优秀成果产出的可能性越大。

国际竞争力是从国际层面对现代产业体系提出的要求，发达国家竞争优势均集中体现在产业的国际竞争力上，具体表现为产业发展是否占据了全球价值链的高端地位。实际利用外资额和进出口总额两个指标涵盖了外商投资吸引能力、国际贸易活动水平等方面内容，有助于更全面地了解和比较不同地区之间的国际竞争力情况。其中，实际利用外资额一方面表现了国家的开放程度，另一方面体现了国家的实力水平，外商企业投资越多，产业在国际上的认同度、竞争力就越大，从侧面反映了国际竞争力的水平。进出口总额直接反映的是国际的贸易水平与开放水平，以贸易水平与开放水平的高低从侧面反映了产品在国际上的竞争力，产业越有竞争力，产品的进出口量越大，进出口总额也随之越多。

（4）环境友好度。

环境友好是现代产业体系建设的出发点和落脚点之一，发展环境友好型经济模式是世界经济发展的趋势。黄河流域在环境污染严重、生态系统脆弱的前提下，产业体系发展必将向着环境友好型发展。将环境友好度分为环境可持续、资源利用两个方面进行分析。首先，环境的可持续性体现在了污染物的排放方面，单位 GDP 污染物的排放量越小，表明该区域经济发展越趋向于绿色发展；其次，资源利用体现在了资源的可回收以及能耗方面，资源可回收利用程度越高、单位 GDP 下的能耗越小，表明该区域环境友好程度越高。具体来说，环境可持续可采用单位 GDP 废水排放量、单位 GDP 工业二氧化硫排放量来表示；资源利用方面可采取固体废物综合利用率、单位 GDP 能耗来表示。

2. 指标体系确定

遵循可衡量性、客观性、全面性等指标体系设计原则，综合考虑已有文献及数据的可获取性，选定了 4 个要素层，10 个状态层，22 个指标层，面向环境保护的黄河流域现代产业体系评估指标体系具体如表 3 - 4 所示。

表 3 - 4　　　面向环境保护的黄河流域现代产业体系评估指标体系

目标层	要素层 A	状态层 B	指标层 C	属性
面向环境保护的黄河流域现代产业体系评估	产业协调度（A_1）	产业结构合理化（B_1）	泰尔指数（C_1）	逆向
			比较劳动生产率差异指数（C_2）	逆向
		产业结构高级化（B_2）	经济服务化指数（C_3）	正向
			Moore 指数（C_4）	正向
	产业集聚度（A_2）	集聚规模（B_3）	亿元以上商品交易市场数量（个）（C_5）	正向
			亿元以上商品交易市场成交额（亿元）（C_6）	正向
		集聚载体（B_4）	国家级高新区数量（个）（C_7）	正向
			国家级高新区集聚度（C_8）	正向
		商品流通（B_5）	货运量（万吨）（C_9）	正向
			货物周转量（亿吨公里）（C_{10}）	正向
	产业竞争度（A_3）	自主创新力（B_6）	R&D 经费投入强度（C_{11}）	正向
			规上工业企业 R&D 内部费用支出（亿元）（C_{12}）	正向
			规上工业企业有效专利数（个）（C_{13}）	正向
			专利申请效率（C_{14}）	正向
		人力资本（B_7）	高等院校数（个）（C_{15}）	正向
			R&D 人员/就业总人数（C_{16}）	正向
		国际竞争力（B_8）	实际利用外资额（万美元）（C_{17}）	正向
			进出口总额（万美元）（C_{18}）	正向

续表

目标层	要素层 A	状态层 B	指标层 C	属性
面向环境保护的黄河流域现代产业体系评估	环境友好度（A₄）	环境可持续（B₉）	废水排放量/GDP（吨/万元）（C₁₉）	逆向
			工业排放量/GDP（吨/亿元）（C₂₀）	逆向
		资源利用（B₁₀）	固体废物综合利用率（C₂₁）	正向
			单位 GDP 能耗（吨标准煤/万元）（C₂₂）	逆向

3.2.3　模糊物元分析法

物元分析理论在研究不相容问题上具备优势，比较适用于多指标评价，在结合模糊集与贴近度的基础上，能够对主体做出准确评价。考虑现代产业体系是一个多元复杂系统，不同构成元素之间的规律性各不相同。采取模糊物元法，可以对现代产业体系所包含的各个维度均加以考虑，形成一个综合性评价过程。

物元分析始于学者蔡文（1944），是可拓学在综合评价中的一个分支（可拓学是由日本学者石井敏郎于 1965 年提出的，用于处理模糊、不确定、模棱两可的信息和数据，旨在处理不确定性和模糊性问题）。模糊物元分析模型可以解决多指标之间存在的不相容、模糊性等相关问题，该方法将事物的多个属性综合为一个整体进行评估，即根据样本与标准样本间的接近程度来评估样本的优劣程度，具体步骤如下所示（胡玉洲，2016）。

1. 权重确定

（1）数据标准化。

由于原始数据的含义及计量单位之间存在差异，若不经过标准化的处理而直接比较则不满足科学性原则，通过对指标的正负向区分，分别进行标准化计算，具体计算方法如下：

$$正向指标：X'_{ij} = \frac{X_{ij} - Min(X_{ij})}{Max(X_{ij}) - Min(X_{ij})} \qquad (3-7)$$

$$逆向指标：X'_{ij} = \frac{Max(X_{ij}) - X_{ij}}{Max(X_{ij}) - Min(X_{ij})} \qquad (3-8)$$

其中，X 代表指标数值，i 代表省份，j 代表指标顺序，$Min(X_{ij})$ 代表数据中第 j 项指标的最小值，$Max(X_{ij})$ 代表数据中第 j 项指标的最大值。

（2）无量纲化处理后数据的比重。

分别计算 i 区域第 j 项指标占该指标的比重，计算公式如下：

$$\lambda_{ij} = \frac{X'_{ij}}{\sum_{i=1}^{n} X'_{ij}} \tag{3-9}$$

其中，i 表示省份，j 表示指标顺序，λ_{ij} 表示 X'_{ij} 指标的比重。

（3）计算第 j 项指标的熵值（δ_j）和信息效用值（η_j）。

计算公式如下：

$$\delta_j = -\frac{1}{\ln n} \sum_{i=1}^{n} \lambda_{ij} \ln(\lambda_{ij}) \tag{3-10}$$

$$\eta_j = 1 - \delta_j \tag{3-11}$$

（4）计算第 j 项指标的权重。

计算公式如下：

$$W_j = \frac{\eta_j}{\sum_{i=1}^{n} \eta_j} \tag{3-12}$$

2. 复合模糊物元

对于某一给定事物 Z，Z 关于特征值 C 的量值为 V，基于这三者可以形成有序三元 R，记作 R =（Z，C，V），称之为物元，见式（4-13）。在本研究中，Z 是黄河流域现代产业体系评价的对象（年份、省份），C 是 22 项评估指标的特征值，V 是各项指标的数值。Z 可以对应多个特征值，n 个特征对应特征值 C_1，C_2，C_3，…，C_n，特征值对应量值 V_1，V_2，V_3，…，V_n，则有：

$$R = \begin{bmatrix} Z, & & \\ & C_1 & V_1 \\ & C_2 & V_2 \\ & \cdots & \cdots \\ & C_n & V_n \end{bmatrix} \tag{3-13}$$

若量值具有模糊性，物元则会表现成模糊物元。χ_{ij} 表示 C 对应的模糊量值，则 Z 可用 n 个特征值对应的模糊量值描述，称为 Z 的 n 维模糊物元，记作 R_{nm}：

$$R_{nm} = \begin{bmatrix} & Z_1 & Z_2 & \cdots & Z_m \\ C_1 & \chi_{11} & \chi_{12} & \cdots & \chi_{1m} \\ C_2 & \chi_{21} & \chi_{22} & \cdots & \chi_{2m} \\ \cdots & \cdots & \cdots & \cdots & \cdots \\ C_n & \chi_{n1} & \chi_{n2} & \cdots & \chi_{nm} \end{bmatrix} \quad (3-14)$$

C_n 表示描述 Z 的 n 维复合物元，就本研究而言，C_n 表示的是 2010～2021 年黄河流域现代产业体系评估的指标特征值。

3. 从优隶属度

从优隶属度指的是在复合模糊物元基础上进行标准化处理数据的过程，分别对越大越优型指标进行正向化处理，对越小越优型指标进行负向化处理，具体计算方法如下：

$$越大越优型：\eta_{ij} = \frac{X_{ij} - Min(X_{ij})}{Max(X_{ij}) - Min(X_{ij})} \quad (3-15)$$

$$越小越优型：\eta_{ij} = \frac{Max(X_{ij}) - X_{ij}}{Max(X_{ij}) - Min(X_{ij})} \quad (3-16)$$

经过从优隶属度的计算后，复合模糊物元变化为从优隶属度模糊物元：

$$R'_{nm} = \begin{bmatrix} & Z_1 & Z_2 & \cdots & Z_m \\ C_1 & \eta_{11} & \eta_{12} & \cdots & \eta_{1m} \\ C_2 & \eta_{21} & \eta_{22} & \cdots & \eta_{2m} \\ \cdots & \cdots & \cdots & \cdots & \cdots \\ C_n & \eta_{n1} & \eta_{n2} & \cdots & \eta_{nm} \end{bmatrix} \quad (3-17)$$

4. 最优模糊物元与差平方模糊物元

最优模糊物元（R_{n0}）中正向指标从优隶属度为 1，负向指标则为 0，得到：

$$R_{n0} = \begin{bmatrix} & Z_0 \\ C_1 & \eta_{10} \\ C_2 & \eta_{20} \\ \cdots & \cdots \\ C_n & \eta_{n0} \end{bmatrix} \qquad (3-18)$$

差平方复合模糊物元（R_ϕ）由 R'_{nm} 与 R_{n0} 之间各项差值的平方构成：

$$R_\phi = \begin{bmatrix} & Z_1 & Z_2 & \cdots & Z_m \\ C_1 & \phi_{11} & \phi_{12} & \cdots & \phi_{1m} \\ C_2 & \phi_{21} & \phi_{22} & \cdots & \phi_{2m} \\ \cdots & \cdots & \cdots & \cdots & \cdots \\ C_n & \phi_{n1} & \phi_{n2} & \cdots & \phi_{nm} \end{bmatrix} \qquad (3-19)$$

$$\phi_{ij} = (\eta_{i0} - \eta_{ij})^2, (i = 1,2,3,\cdots,n; j = 1,2,3,\cdots,m) \qquad (3-20)$$

5. 欧式贴近度

贴近度指衡量评价事物之间关联性大小的值，值越大表示两者越接近，反之越远，可以用来衡量与最优模糊物元之间的接近程度及优劣次序。由于加权平均型算法可综合考虑各因素评价的结果，故选取加权平均中的先乘后加的运算模式计算贴近度，计算公式为：

$$pH_i = 1 - \sqrt{\sum_{j=1}^{n} w_j \phi_{ij}} \qquad (3-21)$$

3.3　样本选择与数据来源

选取黄河流域沿线 9 个省份，各省份 2010～2021 年总产值、分产业产值、就业人数、货运量、货运周转量、实际利用外资额、进出口总额来源于《中国统计年鉴》、各省份统计年鉴、各省份统计公报；商品交易市场数量及成交额来源于《中国商品交易市场统计年鉴》；国家级高新区数量及产值、R&D 相关经费投入、专利数来源于《中国科技统计年鉴》；环境类数据主要来源于《中国环境统计年鉴》及省份统计年鉴、公报。部分缺漏数据采取线性回归拟合补齐。

3.4 黄河流域现代产业体系评估结果与分析

3.4.1 现代产业体系发展指数的测算结果

1. 权重确定

将评估指标数值处理后分别代入式（3-10）、式（3-11）、式（3-12）中，计算各指标权重值 w，结果如表 3-5 所示。

表 3-5　　　　　　　　　　　熵值法计算权重结果

指标	信息熵值 δ	信息效用值 η	权重系数 w
X_1	0.972	0.028	0.013
X_2	0.965	0.035	0.016
X_3	0.961	0.039	0.018
X_4	0.939	0.061	0.029
X_5	0.857	0.143	0.067
X_6	0.839	0.161	0.076
X_7	0.931	0.069	0.032
X_8	0.938	0.062	0.029
X_9	0.941	0.059	0.028
X_{10}	0.564	0.436	0.204
X_{11}	0.952	0.048	0.027
X_{12}	0.835	0.165	0.077
X_{13}	0.795	0.205	0.096
X_{14}	0.966	0.034	0.016
X_{15}	0.938	0.062	0.029
X_{16}	0.938	0.062	0.029
X_{17}	0.874	0.126	0.059
X_{18}	0.742	0.258	0.121
X_{19}	0.995	0.005	0.002

指标	信息熵值 δ	信息效用值 η	权重系数 w
X_{20}	0.990	0.01	0.005
X_{21}	0.958	0.042	0.020
X_{22}	0.974	0.026	0.012

2. 指数测算结果

（1）复合模糊物元。

根据构建的指标体系，将黄河流域 9 个省份作为事物，将 22 项指标作为特征值。以 2021 年数据为例，代入式（3-13）、式（3-14）构建复合物元集，其中 Z_1，…，Z_9 表示省份（依次为青海省、四川省、甘肃省、宁夏回族自治区、内蒙古自治区、陕西省、山西省、河南省、山东省），C_1，…，C_{22} 表示指标特征值，结果如表 3-6 所示。

（2）从优隶属度模糊物元。

根据从优隶属度的计算方法，即式（3-15）、式（3-16）和式（3-17），可以得到 2021 年黄河流域 9 个省份各指标的量值，具体结果如表 3-7 所示。

（3）最优模糊物元与差平方模糊物元。

由于存在 5 个负向指标，从优隶属度为 0；共 17 个正向指标，从优隶属度为 1，以此构建出标准模糊物元。

$$R_{220} = \begin{bmatrix} & M_0 \\ C_1 & \mu_{10} \\ C_2 & \mu_{20} \\ \cdots & \cdots \\ C_{22} & \mu_{220} \end{bmatrix} = \begin{bmatrix} & M_0 \\ C_1 & 0 \\ C_2 & 0 \\ C_3 & 1 \\ \cdots & \cdots \\ C_{18} & 1 \\ C_{19} & 0 \\ C_{20} & 0 \\ C_{21} & 1 \\ C_{22} & 0 \end{bmatrix}$$

表3-6

2021年复合物元集

特征	Z_1	Z_2	Z_3	Z_4	Z_5	Z_6	Z_7	Z_8	Z_9
C_1	0.116	0.151	0.227	0.153	0.283	0.222	0.199	0.075	0.099
C_2	0.536	0.898	0.491	0.658	1.500	0.888	0.727	0.391	0.491
C_3	1.221	1.427	1.567	1.012	0.904	0.977	0.864	1.225	1.340
C_4	0.044	0.018	0.046	0.095	0.152	0.062	0.153	0.022	0.010
C_5	8.000	108.000	30.000	36.000	40.000	48.000	32.000	129.000	385.000
C_6	101.823	3257.200	420.415	321.080	682.516	991.370	729.000	3248.210	9053.900
C_7	1.000	8.000	2.000	2.000	3.000	7.000	2.000	7.000	13.000
C_8	0.022	0.616	0.153	0.060	0.152	0.462	0.129	0.124	0.285
C_9	17817.000	184312.000	76109.000	46929.000	215975.000	160695.000	217623.000	255551.000	342728.000
C_{10}	591.590	3078.890	2887.310	812.210	4933.820	3945.050	6444.670	10674.570	12049.700
C_{11}	0.800	2.260	1.260	1.560	0.930	2.350	1.120	1.640	2.340
C_{12}	26.770	480.171	129.500	70.440	190.100	700.620	254.889	1018.840	1944.660
C_{13}	1423.000	48898.000	3829.000	3774.000	5755.000	15187.000	8444.000	38206.000	78928.000
C_{14}	0.674	0.898	0.713	0.663	0.688	0.589	0.653	0.702	0.824
C_{15}	12.000	134.000	49.000	20.000	54.000	97.000	82.000	156.000	153.000
C_{16}	0.003	0.007	0.003	0.006	0.004	0.008	0.005	0.006	0.009
C_{17}	3200.000	1154000.000	10852.000	29291.000	31587.000	1024600.000	228977.000	2107330.000	2151578.000
C_{18}	31700.000	142110000.000	491900.000	213900.000	1236500.000	4752100.000	2231000.000	8202100.000	29319400.000
C_{19}	2.661	0.195	0.886	2.836	1.190	0.996	0.823	0.786	1.824
C_{20}	12.870	2.511	8.266	15.921	10.960	2.722	4.595	1.018	2.046
C_{21}	53.190	42.610	47.750	45.250	33.520	49.520	40.480	78.460	79.370
C_{22}	1.403	0.415	0.823	1.910	1.340	0.487	0.958	0.400	0.537

表 3－7　　　　　　　　　　2021 年从优隶属度模糊物元集

特征	Z_1	Z_2	Z_3	Z_4	Z_5	Z_6	Z_7	Z_8	Z_9
C_1	0.911	0.834	0.911	0.830	0.546	0.679	0.730	1.000	0.948
C_2	0.925	0.739	0.925	0.862	0.429	0.744	0.827	1.000	0.948
C_3	0.585	0.750	0.585	0.418	0.332	0.391	0.300	0.588	0.680
C_4	0.243	0.098	0.243	0.522	0.832	0.339	0.838	0.124	0.055
C_5	0.010	0.179	0.010	0.057	0.064	0.077	0.050	0.214	0.646
C_6	0.018	0.335	0.018	0.040	0.076	0.107	0.081	0.334	0.918
C_7	0.086	0.619	0.086	0.162	0.238	0.543	0.162	0.543	1.000
C_8	0.045	1.000	0.045	0.106	0.254	0.753	0.217	0.209	0.468
C_9	0.029	0.516	0.029	0.114	0.609	0.447	0.614	0.725	0.980
C_{10}	0.010	0.015	0.010	0.011	0.018	0.016	0.021	0.028	0.030
C_{11}	0.121	0.769	0.121	0.458	0.179	0.809	0.263	0.494	0.805
C_{12}	0.021	0.252	0.021	0.043	0.104	0.365	0.137	0.527	1.000
C_{13}	0.016	0.232	0.016	0.027	0.036	0.079	0.048	0.184	0.369
C_{14}	0.601	1.000	0.601	0.582	0.626	0.450	0.564	0.651	0.869
C_{15}	0.026	0.661	0.026	0.067	0.244	0.469	0.390	0.776	0.760
C_{16}	0.151	0.660	0.151	0.576	0.293	0.859	0.434	0.576	1.000
C_{17}	0.011	0.541	0.011	0.023	0.024	0.481	0.115	0.980	1.000
C_{18}	0.010	1.000	0.010	0.011	0.018	0.043	0.025	0.067	0.214
C_{19}	0.809	1.000	0.809	0.796	0.923	0.938	0.951	0.954	0.874
C_{20}	0.940	0.992	0.940	0.924	0.949	0.991	0.982	1.000	0.995
C_{21}	0.355	0.194	0.355	0.234	0.057	0.299	0.162	0.738	0.752
C_{22}	0.462	0.992	0.462	0.190	0.496	0.953	0.701	1.000	0.926

根据式（3－18）、式（3－19）和式（3－20）计算复合模糊物元与标准模糊物元各指标之间的差平方值，构造出差平方复合模糊物元，结果具体如表 3－8 所示。

表 3 - 8   **2021 年差平方复合模糊物元集**

特征	Z_1	Z_2	Z_3	Z_4	Z_5	Z_6	Z_7	Z_8	Z_9
C_1	0.829	0.696	0.447	0.689	0.299	0.462	0.532	1.000	0.898
C_2	0.856	0.546	0.900	0.744	0.184	0.554	0.684	1.000	0.900
C_3	0.172	0.063	0.019	0.338	0.446	0.371	0.489	0.169	0.102
C_4	0.572	0.813	0.561	0.229	0.028	0.437	0.026	0.768	0.893
C_5	0.980	0.675	0.908	0.889	0.876	0.851	0.902	0.618	0.125
C_6	0.965	0.442	0.903	0.922	0.853	0.797	0.845	0.443	0.007
C_7	0.835	0.145	0.702	0.702	0.580	0.209	0.702	0.209	0.000
C_8	0.911	0.000	0.554	0.798	0.556	0.061	0.612	0.625	0.283
C_9	0.943	0.234	0.641	0.785	0.153	0.306	0.149	0.076	0.000
C_{10}	0.980	0.971	0.972	0.979	0.964	0.968	0.959	0.945	0.940
C_{11}	0.773	0.053	0.455	0.293	0.675	0.036	0.543	0.256	0.038
C_{12}	0.959	0.559	0.859	0.916	0.803	0.404	0.745	0.224	0.000
C_{13}	0.968	0.589	0.946	0.947	0.929	0.848	0.906	0.666	0.398
C_{14}	0.159	0.000	0.108	0.175	0.140	0.303	0.190	0.122	0.017
C_{15}	0.949	0.115	0.611	0.870	0.571	0.282	0.372	0.050	0.057
C_{16}	0.720	0.116	0.720	0.180	0.500	0.020	0.320	0.180	0.000
C_{17}	0.978	0.211	0.971	0.954	0.952	0.269	0.783	0.000	0.000
C_{18}	0.980	0.000	0.974	0.978	0.964	0.916	0.950	0.871	0.618
C_{19}	0.655	1.000	0.896	0.634	0.852	0.880	0.905	0.911	0.764
C_{20}	0.883	0.985	0.927	0.854	0.901	0.983	0.964	1.000	0.990
C_{21}	0.416	0.649	0.529	0.586	0.890	0.491	0.702	0.069	0.062
C_{22}	0.213	0.984	0.598	0.036	0.246	0.909	0.491	1.000	0.858

（4）欧式贴近度。

根据式（3-7）~式（3-12），采用熵值法计算各个指标的权重系数，构成权重矩阵：

$$
R_{wi} = \begin{bmatrix}
 & W_i \\
C_1 & 0.013 \\
C_2 & 0.016 \\
C_3 & 0.018 \\
C_4 & 0.029 \\
C_5 & 0.067 \\
C_6 & 0.076 \\
C_7 & 0.032 \\
C_8 & 0.029 \\
C_9 & 0.028 \\
C_{10} & 0.204 \\
C_{11} & 0.027 \\
C_{12} & 0.077 \\
C_{13} & 0.096 \\
C_{14} & 0.016 \\
C_{15} & 0.029 \\
C_{16} & 0.030 \\
C_{17} & 0.059 \\
C_{18} & 0.121 \\
C_{19} & 0.002 \\
C_{20} & 0.005 \\
C_{21} & 0.020 \\
C_{22} & 0.012
\end{bmatrix}^{T}
$$

将各个指标模糊物元代入式（3-21），计算事物与最优事物之间的欧式贴近度，得出模糊物元综合评价值，即黄河流域现代产业体系发展水平，具体结果如表3-9所示。

表3－9 2021年欧式贴近度

项目	青海	四川	甘肃	宁夏	内蒙古	陕西	山西	河南	山东
欧式贴近度	0.106	0.518	0.170	0.175	0.223	0.352	0.238	0.429	0.633

基于以上的数据处理，同样地利用2010～2021年的数据，计算2010～2021年黄河流域现代产业体系发展指数，结果如表3－10所示。鉴于篇幅限制，计算过程省略。

表3－10 黄河流域现代产业体系发展指数

年份	青海	四川	甘肃	宁夏	内蒙古	陕西	山西	河南	山东	均值
2010	0.099	0.282	0.179	0.115	0.206	0.252	0.203	0.316	0.628	0.253
2011	0.118	0.313	0.155	0.143	0.195	0.220	0.196	0.284	0.679	0.256
2012	0.118	0.335	0.163	0.143	0.202	0.247	0.214	0.321	0.711	0.272
2013	0.091	0.362	0.165	0.147	0.203	0.259	0.212	0.330	0.714	0.276
2014	0.110	0.400	0.181	0.166	0.211	0.274	0.228	0.358	0.734	0.296
2015	0.108	0.402	0.197	0.158	0.213	0.302	0.247	0.375	0.737	0.303
2016	0.096	0.390	0.172	0.155	0.317	0.305	0.225	0.365	0.743	0.308
2017	0.123	0.419	0.175	0.157	0.223	0.284	0.225	0.372	0.769	0.305
2018	0.097	0.459	0.152	0.160	0.193	0.303	0.215	0.379	0.779	0.304
2019	0.122	0.474	0.170	0.175	0.197	0.322	0.220	0.408	0.775	0.318
2020	0.097	0.495	0.167	0.160	0.201	0.331	0.214	0.412	0.592	0.297
2021	0.106	0.518	0.170	0.175	0.223	0.352	0.238	0.429	0.633	0.313
均值	0.107	0.404	0.171	0.155	0.215	0.288	0.220	0.362	0.708	0.292

3. 测算结果分析

通过表3－10可初步判断，黄河流域现代产业发展水平差异较大，仅有山东省、河南省、四川省三个省份的现代产业发展水平是持续高于流域内平均水平，其余省份均始终位于平均值之下。

黄河流域现代产业体系发展水平呈现较为明显的流域分异格局，表现为东中西阶梯状递减。由自然间断点法进行分级聚类，可知2010年、2015年、2021年的黄河流域现代产业体系发展指数皆聚为五类。其中，2010年，第一梯队包含山东省，第二梯队包含河南省、陕西省、四川省，第三梯队包含甘肃省、内蒙古自治区、山西省，第四梯队包含宁夏回族自治区，第五梯队包含青海省；2015 年，第一梯队包含山东省，第二梯队包含河南省、四川省，第三梯队包含山西省和陕西省，第四梯队包含甘肃省、宁夏回族自治区、内蒙古自治区，第五梯队包含青海省；2021 年，第一梯队包含山东省、四川省，第二梯队包含陕西省、河南省，第三梯队包含山西省、内蒙古自治区，第四梯队包含甘肃省、宁夏回族自治区，第五梯队包含青海省。

从 2010 年、2015 ~ 2021 年的分布格局变化可知，山东省发展水平最高，相较其他省份发展指数，领先优势较为明显，稳定保持在黄河流域第一梯队；河南省的发展指数持续保持在第二梯队，四川省的发展指数由第二梯队向第一梯队发展，河南省和四川省虽然相较于山东省仍有较大差距，但明显高于中上游其他省份；陕西省的发展指数由 2015 年的第三梯队到 2021 年上升至第二梯队；第三梯队现代产业体系发展水平低于流域内平均发展水平，山西省研究期内稳定保持在第三梯队，内蒙古自治区 2010 年和 2021 年也保持在第三梯队；第四梯队 2010 年仅包含甘肃省，2015 年包含甘肃省、宁夏回族自治区、内蒙古自治区，2021 年为甘肃省和宁夏回族自治区；第五梯队处于流域内最低水平，仅青海省持续位于第五梯队，在流域内的发展指数最低，而宁夏回族自治区仅 2010 年位于第五梯队。总体来说，流域内的分布格局虽略有改变，但大体保持较为稳定的状态。

2010 ~ 2021 年，除甘肃省外，黄河流域各省份现代产业体系发展指数呈波动性增长态势，具体如图 3 - 6 所示。从增长速度来看，四川省增长速度最大，达 86.688%，甘肃增长速度最小，为 - 5.028%。其他城市增速由高到低依次是：宁夏回族自治区增长率达 52.174%，陕西省增长率达 39.683%，河南省增长率达 35.759%，山西省增长率达 17.241%，内蒙古自治区增长率达 8.252%，青海省增长率达 7.071%，山东省增长率仅为 0.796%。总的来说，上游的平均增长态势最为迅猛，平均增长率达 29.231%；中游次之，平均增长率达 28.462%；下游增长最慢，平均增长率达 18.278%。

山东省 2010 ~ 2021 年整体增长速度较慢，但相较流域内其他省份领先优势非常明显。山东省能够保持良好发展的原因：一是山东省积极重视科技创新，全省各类能源研究院、技术研究院、科学计划等项目持续落地，出台多项人才保障措施，积极汇聚人才建设发展。二是山东省在发挥特色优势产业上持续发力,积极推动高标准农田建设、海洋生产建设、港口建设、船舶行业建设、海洋油气建设等多项具有山东优势的工程项目。三是山东省对数字化、智能化发展较为重视,对于数字经济在赋能实体经济上大步跃进,在信息制造业、新能源产业等方面保证了高质量增长。四是山东省在经济基础较好的支撑下,大力发展产业绿色转型,持续推进污染治理,重视新能源的利用,对生态区予以重视保护。

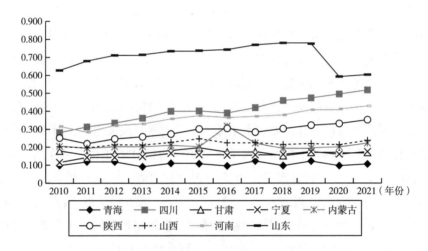

图3-6 黄河流域现代产业体系发展水平时序变化

河南省、陕西省、四川省在2010~2021年表现出波动增长态势,特别是四川省表现出明显的增长态势。3个省份均保持一定程度的增长趋势,发展态势较好,但3个省份相较于山东省的发展差距却逐渐增大。造成这种现象的原因有:一是3个省份均具有国家级中心城市,在中心城市的带动下,省内经济持续向好,但同时也限于带动效应,省内经济发展不均衡,形成"一枝独秀"现象,同时期的山东省却出现了诸如青岛、烟台、威海等多个经济产值较高的市区,达到了"遍地开花"的现象。二是3个省份对技术创新也较为重视,对科技企业也出台相应的扶持政策,但相较于山东省的科技成果而言,仍具有一定差距,无论是在人才引进上还是增设研究院所上,陕西省、河南省和四川省相较山东省而言仍较为落后,从同时期的国家级高新区的数量差距上也可见一斑。

山西省、内蒙古自治区、甘肃省、青海省和宁夏回族自治区5个省份现代产业体系发展水平始终低于黄河流域9个省份的均值。其中除甘肃省外,其余

4 个省份 2010~2021 年虽也呈现波动性增长态势，但波动情况较为明显，即在观察期间出现多次下降趋势。甘肃省整体呈下降趋势，原因可能包括两点：一是省份内创新基础薄弱，虽加大了在创新工程、实验室、科研院所方面的建设，但基础较差，建设成果转化速度较慢，相较于中下游其余省份的发展速度来说，仍较为滞后且不够稳定。二是过剩产能较多，在能源开采利用方面难以顺利步入高质、高效区间，虽在淘汰过剩产能、落后设备方面已颇有成效，但由于历史旧账较多，推进过程中较为容易出现创新力高低反复的状况；山西省在 2011 年、2018 年和 2020 年出现三次下降幅度，其余年份均呈上升趋势；内蒙古自治区 2010~2020 年呈现扁平型"W"变化的增长趋势；青海省变化趋势较为曲折，出现多次先升后降现象，但 2021 年与 2010 年相比处于上升状态；宁夏回族自治区变化趋势整体呈直线上升趋势，仅 2015 年、2016 年、2020 年出现了细微下降，整体曲线较为平滑，增长趋势明显。

3.4.2　现代产业体系发展的差异性分析

由评估结果可知，黄河流域现代产业体系发展具有明显的流域分异特征。为进一步了解黄河流域现代产业体系发展的差异程度及其造成原因，采取 Dagum 基尼系数对黄河流域现代产业体系发展指数进行差异性分析和原因分解（孙才志，2020；Dagum，1997）。

1. 总体差异分析

Dagum 基尼系数较为广泛应用于区域差异分解中，将黄河流域分为上游、中游、下游共三组，具体计算方法如下：

$$G = G_w + G_{nb} + G_t \tag{3-22}$$

$$G_w = \sum_{j=1}^{k} G_{jj} D_j O_j \tag{3-23}$$

$$G_{nb} = \sum_{j=2}^{k} \sum_{h=1}^{j-1} G_{jh} (D_j O_h + D_h O_j) Q_{jh} \tag{3-24}$$

$$G_t = \sum_{j=2}^{k} \sum_{h=1}^{j-1} G_{jh} (D_j O_h + D_h O_j)(1 - Q_{jh}) \tag{3-25}$$

$$G_{jj} = \sum_{i=1}^{n_j} \sum_{l=1}^{n_j} |z_{ji} - z_{hr}| / 2\beta_j \eta_j^2 \tag{3-26}$$

$$G_{jh} = \sum_{i=1}^{n_j} \sum_{r=1}^{n_h} |z_{ji} - z_{hr}| / \eta_j \eta_h (\beta_j + \beta_h) \qquad (3-27)$$

$$D_j = \frac{\eta_j}{\eta} \qquad (3-28)$$

$$O_j = \frac{\eta_j \beta_j}{\eta \beta} \qquad (3-29)$$

$$\lambda_{jh} = (\chi_{jh} - \delta_{jh}) / (\chi_{jh} + \delta_{jh}) \qquad (3-30)$$

其中，G 指的是 Dagum 基尼系数，表示总体差异大小，将 Dagum 基尼系数分解为三个部分，G_w 为区域内差异，G_{nb} 为区域间差异，G_t 为超变密度贡献。其中 G_{jj}、G_{jh} 分别表示区域内和区域间现代产业体系发展指数的 Dagum 基尼系数，Q_{jh} 表示区域 j 和区域 h 现代产业体系发展指数的相互影响，D_j 表示 j 区域省份占比，O_j 表示 j 区域现代产业体系发展指数占比，β 表示 j 区域现代产业体系发展指数平均值，η 表示省份个数，k 表示划分区域个数，η_j、η_h 表示 j、h 区域内的省份个数，z_{ji}、z_{hr} 表示 j、h 区域内第 i、r 个省份的评估指数，χ_{jh} 表示区域间现代产业体系发展指数增加值的差值，δ_{jh} 表示超变一阶矩。

将表 3–10 中数据代入以上公式，计算 2010～2021 年黄河流域现代产业体系发展水平的整体 Dagum 基尼系数，具体结果如表 3–11 所示。

表 3–11   2010～2021 年黄河流域现代产业体系 Dagum 基尼系数

年份	Dagum 基尼系数（G）
2010	0.290
2011	0.293
2012	0.300
2013	0.315
2014	0.302
2015	0.302
2016	0.303
2017	0.309
2018	0.341
2019	0.319
2020	0.300
2021	0.290

观察期内，黄河流域整体基尼系数整体呈现"M"型波动变化态势。其中，2010～2013年、2015～2018年增长明显，即黄河流域区域发展差异逐步增大；2013～2015年、2018～2021年呈下降趋势，即黄河流域区域发展差异逐步缩小。总的来说，整体基尼系数大多维持在0.300左右，说明黄河流域现代产业体系发展水平在一定程度上存在地区差异。

2. 区域差异分析

为进一步明晰总体差异的来源，将表3-11中数据代入式（3-23）、式（3-24）中，计算黄河流域上游—中游、上游—下游、中游—下游的组间差异，以及上游、中游、下游的组内差异，通过差异贡献率，明晰差异成因，结果如图3-7所示。

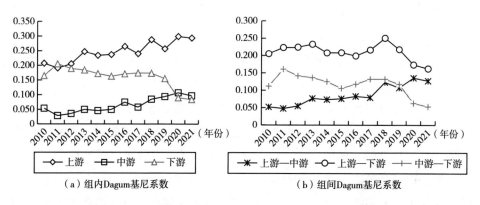

（a）组内Dagum基尼系数　　　（b）组间Dagum基尼系数

图3-7　2010～2021年黄河流域现代产业体系评估结果Dagum基尼系数及分解

2010～2021年黄河流域上游、中游、下游的组内基尼系数如图3-7（a）所示。首先，从基尼系数大小来看，绝大多数时期上游基尼系数最大，下游次之，中游最小，且2021年的下游与中游数值较为接近，表明黄河流域下游和中游的内部差异性较为趋同；其次，从变化趋势来看，下游基尼系数呈现波动下降态势，表明下游省份间的发展水平差异逐渐缩小，由2010年的0.165降低至2021年的0.084，降低率达49.091%。上游和中游基尼系数呈现波动性上升态势，表明上游和中游省份间的现代产业体系发展水平差异在逐渐增大。中游地区组内基尼系数由2010年的0.054增长至2021年的0.097，增长率达79.630%；中游地区的山西省与陕西省间的发展水平差距逐渐拉大，山西省的发展速度相较于陕西省而言较为缓慢。上游地区组内基尼系数由2010年的0.207

增长至2021年的0.294，增长率达42.029%；上游地区的四川省现代产业体系发展水平较高，且发展速度较快，增长率达83.688%，而青海省、甘肃省、宁夏回族自治区和内蒙古自治区的现代产业体系发展水平较低，且发展速度较慢。

2010~2021年黄河流域上游—中游、上游—下游、中游—下游的组间基尼系数如图3-7（b）所示。观察期内，三个区域间基尼系数均呈波动变化态势。首先，从增长幅度来看，上游—中游间的基尼系数呈波动增长态势，由2010年的0.052增长至2021年的0.128，增长率达146.154%；上游—下游间、中游—下游间的基尼系数呈波动下降态势，分别由2010年的0.205、0.112下降至2021年的0.163、0.054，下降率分别达20.488%、51.786%。其次，从基尼系数变化来看，上游—下游间的基尼系数最大，上游—中游与中游—下游之间呈现此消彼长的态势，其中2020年之前中游—下游基尼系数大于上游—中游基尼系数，2020年之后上游—中游基尼系数大于中游—下游基尼系数。表明上游与下游之间的发展差异是最大的，中游—下游、上游—中游次之。

通过对比区域内、区域间的基尼系数大小可知，上游—下游间的基尼系数最大，且较为稳定地保持较高水平。为了探究黄河流域下游与上游之间差异性较大的原因，分别以下游山东省、上游甘肃省为例说明。首先，山东省现代产业体系发展水平较高的原因有：一是山东省地理位置沿海，对外交流程度较高，海上运输量较高。截至2021年7月，山东省港口已累计达19个，总泊位数近600个，运输能力居全国第二。① 二是山东省在高新技术产业方面的成就较高，山东省拥有多个城市进入全国先进制造业城市前百强，科技研发投入也是位居前列；三是山东省拥有较为完善的基础设施建设，能够加强山东省与国内发达省份之间的要素连接。其次，甘肃省现代产业体系发展水平与山东省相差较多的原因有：一是甘肃省的地理位置处于内陆西北地区，地貌较为复杂，且辖区内存在沙漠、戈壁、山地等难以开发利用的土地，同时气候较为干燥，干旱区及半干旱区占据主要部分，降水量较少；二是基础设施建设等相对缺少或落后，缺乏高层次的陆路运输网络，高铁、高速公路、机场等建设滞后；三是省内虽拥有大量的能源，但仍处于价值链较低端，粗放的开采方式不仅导致环境污染，而且导致产品附加值较低、缺乏核心竞争力。

---

① 资料来源：山东省交通运输厅统计数据。

2010～2021 年黄河流域面向环境保护的现代产业体系发展水平差异的分解贡献及其贡献率如表 3-12 所示。首先，从变化趋势来看，区域内差异贡献表现为波动性上升趋势，其中 2021 年较 2010 年增长率达 29.907%，即黄河流域区域内差异呈波动性增长趋势，上中下游内部差异性逐渐拉大。区域间差异贡献表现为波动性下降趋势，其中 2021 年较 2010 年下降率达 22.995%，即黄河流域区域间差异呈波动性下降趋势，流域间的发展差异逐渐降低。其次，从贡献率大小来看，区域间差异贡献率占比最大，即黄河流域区域间的发展差异是造成黄河流域整体发展差异的主要原因。另外，超变密度贡献趋近于 0.1，即超变密度对于现代产业体系发展水平总体差距的贡献较小，表明整个流域地区之间的交叉重叠现象对于发展水平差距的影响较小。

表 3-12   2010～2021 年黄河流域现代产业体系评估结果 Dagum 基尼系数分解贡献

年份	组内贡献	组间贡献
2010	0.214	0.748
2011	0.215	0.707
2012	0.213	0.720
2013	0.231	0.688
2014	0.231	0.675
2015	0.227	0.697
2016	0.260	0.640
2017	0.232	0.670
2018	0.240	0.645
2019	0.235	0.651
2020	0.273	0.580
2021	0.278	0.576

造成黄河流域区域间差异较大的原因有：第一，黄河流域下游地理位置优越，凭借沿海的地理位置，在对外交流、吸引外资、对外贸易方面均具备发展条件，相较于中上游而言，在国际交流方面具备明显优势。而黄河流域中游距离下游较近，在毗邻下游的带动下，发展略高于上游。同时流域中下游拥有大型物流枢纽中心，承担着国内运输及国际运输中转任务，在产品流通方面已具备相应的基础设施，能够持续推进产品在省际、国际之间的产品流通。第二，

黄河流域下游创新驱动力强，在技术创新日益重要的时代背景下，下游在发展数字化、智能化、机械化方面均占据优势，不仅是人力资本充足，人才储备良好，更具备一定的工业基础，在已有基础上发展难度较低，相较于上游薄弱基础而言优势明显。第三，黄河流域下游在汇聚产业方面成效显著，产业集聚区对于产业的发展极为重要，下游在成立国家高新区、产业孵化区数量上面优势明显，其中山东省是黄河流域内高新区数量最多的省份。第四，黄河流域下游由于产业结构持续推进，第三产业蓬勃发展，对环境污染的影响较小，同时在经济基础较好的背景下，也具备经济能力去治理环境，经济是实现发展可持续模式的基础。

3.4.3 现代产业体系发展的空间格局演化分析

1. 全局空间格局分析

为了检验黄河流域现代产业体系发展水平在不同地理空间上的相关性，通过 GEODA 软件计算 2010～2021 年黄河流域现代产业体系评估结果的全局 Moran's I 估计值及其相关指标（熊伟，2005；Sokal et al.，1978），具体结果如表 3-13 所示，其中 Moran's I 计算公式如下：

$$I = \frac{n \sum_{i=1}^{n} \sum_{j=1}^{n} \mu_{ij}(pH_i - \overline{pH})(pH_j - \overline{pH})}{S^2 \sum_{i=1}^{n} \sum_{j=1}^{n} \mu_{ij}} \qquad (3-31)$$

其中，n 为地区的数量；μ_{ij} 为空间权重矩阵；pH_i 与 pH_j 分别为地区 i 与地区 j 的属性值，即各城市的现代产业体系发展水平；$\overline{pH}$ 为样本均值；S^2 为样本方差；I 即 Moran's I 指数，取值范围为 [-1, 1]，值为正数则表明具有正向空间相关性，值为负数表示具有负向空间自相关，值为 0 则表示不具备空间相关性。

表 3-13　　2010～2021 年黄河流域现代产业体系评估结果 Moran's I

年份	Moran's I	Sd.	Z-value	p-value*
2010	0.226	0.158	2.215	0.027
2011	0.144	0.138	1.943	0.052

续表

年份	Moran's I	Sd.	Z-value	p-value*
2012	0.185	0.149	2.077	0.038
2013	0.169	0.163	1.806	0.071
2014	0.177	0.169	1.781	0.075
2015	0.198	0.175	1.843	0.065
2016	0.152	0.183	1.977	0.048
2017	0.181	0.170	1.795	0.073
2018	0.166	0.184	1.879	0.041
2019	0.195	0.190	1.685	0.092
2020	0.156	0.219	1.778	0.075
2021	0.147	0.219	1.704	0.088

注：Moran's I 的正态统计量 Z 值大于 10% 置信水平的临界值（1.645），通过显著性检验。

由表 3-13 可知：（1）2010~2021 年黄河流域全局 Moran's I 均为正值，且 Z 值都大于在 10% 的显著性检验水平时的置信水平（1.645），表明现代产业体系发展水平相似的省份在空间分布上显著聚集，且存在正的空间自相关。具体来看，现代产业体系发展水平高的省份与发展水平低的省份分布趋于相邻，即现代产业体系发展水平强的省份之间形成聚集，弱的省份之间形成聚集，相邻省份之间存在较为显著的影响作用。即黄河流域现代产业体系发展水平在地理空间上表现出了较强的溢出效应，故邻近地区的发展水平对本省份的发展有较为显著的影响，空间上形成一定的依赖现象。（2）2010~2021 年黄河流域全局 Moran's I 表现出了波动性下降趋势，2021 年较 2010 年下降率达 34.956%，说明按照黄河流域现代产业体系发展水平的集聚现象有降低态势。导致集聚现象降低的原因有：一是省份之间的相互竞争。各省份现代产业体系发展模式对其他省份的发展模式具有较强的示范作用，省份之间相互模仿、相互学习，现代产业体系发展水平均不断提高，由此地区的产业集聚现象不断降低。二是产业技术和信息化的不断完善。产业技术进步和信息化发展使产业在空间上更加灵活分散，不再过度依赖特定地区，从而减少了特定地区的产业集聚现象。

2. 局部空间格局分析

由于全局空间自相关分析中假定空间同质性，但事实上空间普遍存在异质性，为进一步准确把控局部空间要素异质性，采取局部空间自相关分析（Getis A et al.，1992）。局部莫兰指数计算公式如下：

$$I = \frac{(pH_i - \overline{pH})}{S^2} \sum_{j=1}^{n} \mu_{ij}(pH_j - \overline{pH}) \qquad (3-32)$$

利用 GEODA 软件，取邻接标准定义空间权重，得到 2010~2021 年黄河流域 9 个省份现代产业体系发展水平的 Moran 散点图。鉴于篇幅限制，选取 2010 年、2015 年、2021 年的 Moran 散点图分析演变趋势，同时将 Moran 散点图中的象限与省份结合，观察黄河流域现代产业体系局部空间聚类情况，如图 3-8 所示。

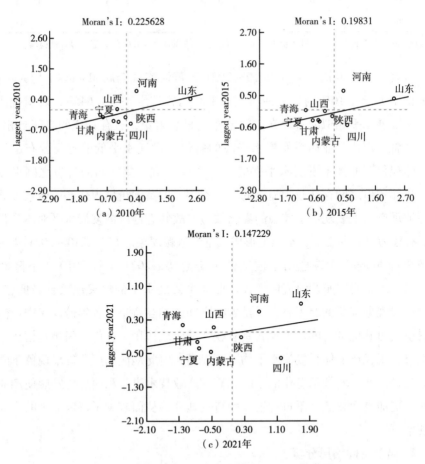

图 3-8　黄河流域现代产业体系 Moran 散点图

　　研究范围内9个省份分布在Moran散点图的四个象限内，上游省份大多集中在第三象限，中游省份分布在第二及第四象限，下游省份分布在第一象限。其中，第一象限表现为高高集聚区（H－H型），表示该区域内的研究主体与周围区域均呈现较高的现代产业体系发展水平，具备明显的正相关性；第二象限表现为低高集聚区（L－H型），表示该区域内的研究主体现代产业体系发展水平较低，但周围区域的现代产业体系发展水平却较高，呈现负相关性；第三象限表现为低低集聚区（L－L型），表示该区域内的研究主体与周围区域均呈较低现代产业体系发展水平，具备明显的正向相关性；第四象限表现为高低集聚区（H－L型），表示该区域的研究主体现代产业体系发展水平较高，但其周围区域的发展水平却较低，呈现负向相关。结合黄河流域现代产业体系Moran散点图，可以发现黄河流域的地理空间差异明显，大多数省份均位于H－H型、L－L型，占到66%左右，说明黄河流域现代产业体系在空间上表现出了较强的局部自相关性，空间分布上出现均质性。

　　从四大象限上看，（1）黄河流域下游地区的河南省和山东省一直处于H－H象限，即高发展水平—高集聚区，表明现代产业体系发展水平较高，且呈现强强聚集态势，空间差异较小。这得益于其地理位置优势和较为完善的产业基础，在高技术产业等领域具有技术优势，对周边地区形成一定的辐射带动作用。（2）黄河流域上游地区的甘肃省、内蒙古自治区和宁夏回族自治区一直处于L－L象限，即低发展水平—低集聚区；青海省由L－L象限向L－H象限逐渐演变，即从低发展水平—低集聚区逐渐向低发展水平—高集聚区（L－H区）演变。可见受自身发展水平的限制，青海省、甘肃省、内蒙古自治区和宁夏回族自治区现代产业体系的发展水平较为落后，但青海省在产业发展方面正在取得一定的进步和改善；黄河流域上游的四川省始终处于H－L象限，即高发展水平—低集聚区，表明四川省现代产业体系发展水平较高，但存在较强的空间离散性，产业布局较为分散且缺乏集聚效应。这些上游地区受自身发展水平的限制，现代产业体系发展水平较为落后，主要依赖资源优势发展低端产业，缺乏技术人才支撑，高技术产业难以发展，难以利用下游地区的扩散效应带动自身现代产业体系的发展。（3）黄河流域中游地区的陕西省和山西省逐渐从L－L象限分别向H－L象限、L－H象限移动，即陕西省和山西省从低发展水平—低集聚区分别向高发展水平—低集聚区和低发展水平—高集聚区移动。山西省距离现代产业体系发展水平较高的省份较近，但受自身发展水平的限制，现代产业体系的发展水平仍较为落后，形成了低高集聚的情况；而陕西省的现代产业体系发展水平与其周围省份相比，相对靠前，受下游地区扩散效应影响，加之陕西省自身产业基础与人才支撑，陕西省分布在高低集聚区域。总的来说，2010~2021年黄河流域沿线大多省份空间聚类所处的象限未发生变化，说明黄河流域现代产业体系发展水平表现出的空间自相关性和集聚特征存在着较强稳定性。

3.5　面向环境保护的黄河流域现代产业体系优化

3.5.1　障碍度诊断模型构建

障碍度诊断模型是基于综合评价模型建立的，能够剖析阻碍发展水平的因素及障碍程度，为优化黄河流域现代化产业体系提供依据（鲁春阳，2011；徐少癸，2021）。在现代产业体系发展过程中进行障碍度诊断，可以明晰各个层级对总体的障碍程度。通过指标障碍度的排序，了解不同类指标对总体障碍的影响大小，在秉持先解决主要障碍因子后解决次要障碍因子的原则下，明晰未来重点关注的方向。

因子贡献度（δ_i）指单个因子对总体的贡献程度，表示指标层（$C_1 \sim C_{22}$）对目标层（面向环境保护的黄河流域现代产业体系）的权重，记作 ω_i；指标偏离度（λ_{ij}）表示单项指标偏离最优值间的距离，即 1 与标准化指标值（χ_{ij}）之间的差值；障碍度（γ_{ij}）指单项指标对总体水平的影响程度，其大小可以表示障碍因子的主次关系；要素层障碍度（φ_i）指该要素层中的指标之和对总体水平的影响程度。它们的计算公式分别如下：

$$\delta_i = \omega_i \tag{3-33}$$

$$\lambda_{ij} = 1 - \chi_{ij} \tag{3-34}$$

$$\gamma_{ij} = \lambda_{ij} \times \delta_i / \sum_{i=1}^{n} (\lambda_{ij} \times \delta_i) \tag{3-35}$$

$$\varphi_i = \sum_{j=1}^{n} \gamma_{ij} \tag{3-36}$$

3.5.2 障碍因子诊断

1. 要素层障碍因子诊断

将黄河流域沿线 9 个省份 2010～2021 年的相关数据代入式（3-33）至式（3-36）中，诊断出黄河流域各省份在研究期间的障碍度大小。要素层障碍因子诊断结果如表 3-14 所示。

表 3-14　面向环境保护的黄河流域现代产业体系要素层障碍因子诊断　　单位:%

省份	要素层	2010 年	2011 年	2012 年	2013 年	2014 年	2015 年
青海	A_1	11.12	11.18	12.36	12.31	9.66	8.76
	A_2	46.48	47.28	46.72	46.43	47.91	48.04
	A_3	34.11	34.67	34.32	34.86	36.11	36.28
	A_4	8.29	6.87	6.60	6.40	6.33	6.92
四川	A_1	10.45	11.06	11.67	12.21	10.15	8.19
	A_2	49.27	49.55	49.85	49.49	51.14	51.78
	A_3	34.26	32.86	31.64	31.84	32.22	33.71
	A_4	6.02	6.54	6.84	6.46	6.49	6.32
甘肃	A_1	12.41	13.35	13.31	13.11	11.38	7.76
	A_2	46.67	45.46	45.66	45.80	46.96	49.14
	A_3	34.05	34.86	35.23	35.53	35.74	37.16
	A_4	6.87	6.33	5.80	5.56	5.92	5.93
内蒙古	A_1	10.72	13.05	13.05	13.25	12.13	11.77
	A_2	47.12	45.52	46.02	45.89	47.16	46.44
	A_3	33.97	33.60	34.23	34.76	35.24	35.04
	A_4	8.19	7.83	6.70	6.10	5.47	6.75
宁夏	A_1	13.73	14.28	14.56	13.36	11.99	13.33
	A_2	45.91	45.43	45.70	46.38	47.31	46.13
	A_3	33.81	34.26	34.02	34.31	35.38	34.44
	A_4	6.55	6.03	5.72	5.95	5.32	6.10
陕西	A_1	11.60	11.79	15.73	15.29	14.15	12.37
	A_2	49.29	48.06	46.23	46.84	47.72	48.63
	A_3	33.65	35.48	33.80	33.91	34.12	35.09
	A_4	5.46	4.67	4.24	3.96	4.01	3.91

省份	要素层	2010 年	2011 年	2012 年	2013 年	2014 年	2015 年
山西	A_1	11.54	12.00	10.58	11.28	8.64	4.07
	A_2	47.52	46.95	48.56	48.11	49.45	51.68
	A_3	34.94	34.84	35.73	35.16	36.42	37.74
	A_4	6.00	6.21	5.13	5.45	5.49	6.51
河南	A_1	13.71	12.99	13.11	12.98	9.58	10.81
	A_2	49.76	47.86	47.69	47.85	50.54	50.44
	A_3	33.08	35.68	35.92	36.02	36.83	35.87
	A_4	3.45	3.47	3.28	3.15	3.05	2.88
山东	A_1	18.23	18.94	13.90	21.50	21.56	21.46
	A_2	28.73	21.31	23.30	21.81	22.68	22.02
	A_3	50.20	57.11	60.06	54.61	54.04	54.01
	A_4	2.84	2.64	2.74	2.08	1.72	2.51

省份	要素层	2016 年	2017 年	2018 年	2019 年	2020 年	2021 年
青海	A_1	10.28	7.72	9.87	6.55	7.69	6.86
	A_2	47.86	49.62	48.42	50.47	49.53	50.42
	A_3	36.23	36.91	36.11	37.19	36.18	36.78
	A_4	5.63	5.76	5.60	5.79	6.60	5.94
四川	A_1	8.61	9.23	10.15	10.81	10.50	11.77
	A_2	51.27	51.68	53.71	54.37	55.53	57.95
	A_3	33.57	32.18	29.62	28.20	26.73	23.33
	A_4	6.55	6.91	6.52	6.62	7.24	6.96
甘肃	A_1	9.78	9.58	10.25	9.86	7.93	6.65
	A_2	47.97	48.81	47.47	49.25	49.99	50.74
	A_3	36.46	36.99	35.98	36.60	36.94	37.20
	A_4	5.79	4.62	6.30	4.29	5.14	5.42
内蒙古	A_1	12.22	11.21	11.08	10.06	8.27	6.41
	A_2	46.14	46.56	46.69	47.82	48.89	50.24
	A_3	34.73	34.11	33.89	34.45	34.73	35.50
	A_4	6.91	8.12	8.34	7.67	8.11	7.85

省份	要素层	2016 年	2017 年	2018 年	2019 年	2020 年	2021 年
宁夏	A_1	12.54	6.74	10.92	10.97	10.25	7.35
	A_2	51.59	48.73	46.61	46.72	47.22	48.31
	A_3	29.24	37.16	35.48	35.73	35.11	36.54
	A_4	6.63	7.37	6.99	6.58	7.42	7.80
陕西	A_1	13.88	14.05	14.82	12.43	10.10	10.01
	A_2	49.00	46.30	46.09	48.33	51.26	52.12
	A_3	34.56	33.32	32.56	33.08	33.78	32.71
	A_4	2.56	6.33	6.53	6.16	4.86	5.16
山西	A_1	8.26	7.79	8.83	10.28	9.89	5.70
	A_2	49.05	48.80	48.61	47.80	48.90	51.15
	A_3	36.23	36.22	35.58	35.35	34.77	36.53
	A_4	6.47	7.19	6.98	6.57	6.44	6.62
河南	A_1	11.79	11.74	11.17	10.62	9.93	9.76
	A_2	49.22	49.49	50.57	53.77	55.14	56.60
	A_3	34.74	34.41	33.90	34.45	32.41	31.50
	A_4	4.25	4.36	4.36	1.16	2.52	2.14
山东	A_1	21.33	16.99	16.65	15.40	13.50	14.16
	A_2	22.40	24.92	24.53	27.97	51.98	54.75
	A_3	52.45	53.34	53.58	53.63	31.14	27.66
	A_4	3.82	4.75	5.24	3.00	3.38	3.43

注：A_1、A_2、A_3、A_4 代表的要素层分别是产业协调度、产业集聚度、产业竞争度、环境友好度。

由表 3-14 要素层障碍因子分解可知，影响黄河流域现代产业体系发展的障碍主要集中在产业集聚度 A_2 和产业竞争度 A_3 上。

在黄河流域上游，甘肃省的产业协调度障碍度和环境友好度障碍度呈现递减状态，分别从 2010 年的 12.41%、6.87% 下降至 2021 年的 6.65%、5.42%，表明甘肃省在产业协调度和环境友好度方面是逐年进步的；且环境友好度呈障碍度数值最小，表明甘肃省在环境方面的阻力相较于其他方面较小。甘肃省的产业集聚度障碍度和产业竞争度障碍度呈现增长状态，分别从 2010 年的 46.67%、34.05% 增长至 2021 年的 50.74%、37.20%，产业协调度障碍度数值在 45%～51%，产业竞争度障碍度数值基本稳定在 34%～38%，表明甘肃省的产业集聚度和产业竞争度是影响甘肃省现代产业体系的两大阻力，且产业集聚度的困境一直是影响甘肃省现代产业体系的最大因素。青海省和内蒙古自治区的障碍因子变化趋势基本与甘肃省一致，其中产业协调度障碍度和环境友好度障碍度均呈现下降状态，产业集聚度、产业竞争度障碍度均呈现波动性增长态势，且产业集聚度、产业竞争度均是第一、第二障碍因子。宁夏回族自治区产业协调度障碍度呈现波动性下降趋势，2021年较2010年降低率达46.47%；产业集聚度、产业竞争度和环境友好度障碍度均呈现波动性上升态势，其中产业集聚度和产业竞争度分别是第一、第二障碍因子，是影响现代产业体系最重要的障碍因子。四川省产业协调度、产业集聚度和环境友好度障碍度均呈现波动性增长态势，分别从2010年的10.45%、49.27%、6.03%增长至2021年的11.77%、57.95%、6.96%；产业竞争度障碍度呈现波动性下降趋势，从2010年的34.26%下降至2021年的23.33%；产业集聚度和产业竞争度仍分别是第一、第二障碍因子，且产业集聚度障碍度达50%左右，对四川省现代产业发展的阻力较大，产业竞争度对四川省现代产业发展的阻力不断下降。

在黄河流域中游，山西省产业协调度障碍度呈现波动下降趋势，从2010年的11.54%下降至2021年的5.70%，下降幅度较大，达50.60%，产业协调度对山西省现代产业发展的阻力不断降低；产业集聚度、产业竞争度、环境友好度障碍度演变趋势均表现为波动性上升趋势，分别从2010年的47.52%、34.94%、6.00%上升至2021年的51.15%、36.53%、6.62%，增长幅度不大，其中产业竞争度和产业集聚度障碍度分别是第一和第二障碍因子，环境友好度障碍度最小，对山西省现代产业发展的阻力最小。陕西省中产业集聚度是第一障碍因子，呈波动性增长态势，增长幅度较大，2021年较2010年增长48.32%；产业竞争力和环境友好度呈现波动性降低态势，2010~2021年趋势较为平缓，维持在33%左右和5%左右，且分别为第二障碍因子和第四障碍因子；产业协调度障碍度呈现波动性下降态势，2021年较2010年下降13.71%，是第三障碍因子。

在黄河流域下游，河南省产业集聚度是第一障碍因子，呈现波动性增长趋势，2021年较2010年增长50.74%；产业竞争度是第二障碍因子，呈现下降趋势，2021年达到最低点31.50%，表明河南省产业竞争度逐年改善，对河南省现代产业发展阻碍不断下降；产业协调度是第三障碍因子，下降幅度为

28.81%，2021年障碍度达到最低点9.76%；环境友好度是最小的障碍因子，且下降幅度较为明显，幅度达37.79%，且一直维持在5%以下。山东省产业集聚度障碍度呈现较为明显的波动上升趋势，上升幅度达90.57%，产业竞争度障碍度呈现明显的波动下降趋势，下降幅度达44.90%，2010~2019年产业集聚度处于第二位障碍因子，产业竞争度障碍度处于第一位障碍因子，2020~2021年产业集聚度处于第一位障碍因子，产业竞争度障碍度处于第二位障碍因子；产业协调度和环境友好度的障碍度均呈现轻微波动下降态势，且分别一直处于第三位障碍因子和第四位障碍因子。

2. 指标层障碍因子诊断

为进一步明晰障碍因子构成，将2010~2021年黄河流域现代产业评估体系中指标数据代入式（3-33）至式（3-36）中，取前五位障碍因子进行具体说明。黄河流域上、中、下游现代产业体系评估指标层障碍因子诊断结果分别如表3-15、表3-16、表3-17所示。

表3-15　2010~2021年黄河流域上游现代产业体系评估指标层障碍因子诊断 单位:%

省份	年份	第一位障碍因子及障碍度	第二位障碍因子及障碍度	第三位障碍因子及障碍度	第四位障碍因子及障碍度	第五位障碍因子及障碍度
青海	2010	C_{10}21.81	C_{18}9.40	$C_6$8.07	C_{13}7.31	$C_5$7.10
	2011	C_{10}22.44	C_{18}9.67	$C_6$8.29	C_{13}7.69	$C_5$7.30
	2012	C_{10}22.21	C_{18}9.57	$C_6$8.19	C_{13}7.61	$C_5$7.19
	2013	C_{10}22.06	C_{18}9.50	$C_6$8.16	C_{13}7.56	$C_5$7.19
	2014	C_{10}22.79	C_{18}9.81	$C_6$8.43	C_{13}7.81	$C_5$7.43
	2015	C_{10}22.88	C_{18}9.85	$C_6$8.43	C_{13}7.83	$C_5$7.45
	2016	C_{10}22.78	C_{18}9.81	$C_6$8.39	C_{13}7.80	$C_5$7.42
	2017	C_{10}23.61	C_{18}10.18	$C_6$8.70	C_{13}8.08	$C_5$7.69
	2018	C_{10}22.98	C_{18}9.91	$C_6$8.48	C_{13}7.87	$C_5$7.48
	2019	C_{10}23.95	C_{18}10.32	$C_6$8.79	C_{13}8.19	$C_5$7.80
	2020	C_{10}23.46	C_{18}10.11	$C_6$8.61	C_{13}8.02	$C_5$7.65
	2021	C_{10}23.91	C_{18}10.31	$C_6$8.78	C_{13}8.14	$C_5$7.80
四川	2010	C_{10}25.62	C_{18}9.02	C_{13}8.59	$C_6$8.42	$C_5$6.99
	2011	C_{10}26.15	C_{13}8.76	$C_6$8.23	C_{18}8.11	$C_5$7.04
	2012	C_{10}26.53	C_{13}8.85	$C_6$8.16	C_{18}7.30	$C_5$7.11
	2013	C_{10}27.26	C_{13}8.99	$C_6$7.93	$C_5$7.25	C_{18}7.22
	2014	C_{10}28.58	C_{13}9.11	$C_6$7.72	$C_5$7.49	C_{12}7.12

省份	年份	第一位障碍因子及障碍度	第二位障碍因子及障碍度	第三位障碍因子及障碍度	第四位障碍因子及障碍度	第五位障碍因子及障碍度
四川	2015	C_{10}29.19	C_{13}9.23	C_{18}8.46	$C_6$7.84	C_{18}7.50
	2016	C_{10}28.82	C_{13}8.82	C_{18}8.25	$C_6$8.09	C_{12}7.44
	2017	C_{10}29.65	C_{13}8.68	$C_6$7.88	$C_5$7.74	$C_5$6.94
	2018	C_{10}31.06	C_{13}8.93	$C_5$8.37	$C_6$8.08	$C_5$7.10
	2019	C_{10}31.76	C_{13}8.94	$C_5$8.61	$C_6$8.16	C_{12}7.46
	2020	C_{10}33.20	C_{13}9.22	$C_5$8.96	$C_6$8.29	C_{12}7.53
	2021	C_{10}35.14	C_{13}9.55	$C_5$9.38	$C_6$8.77	C_{12}8.24
甘肃	2010	C_{10}22.75	C_{18}9.78	$C_6$8.14	$C_5$7.00	C_{13}6.95
	2011	C_{10}22.45	C_{18}9.64	$C_6$7.99	C_{13}7.70	$C_5$6.90
	2012	C_{10}22.75	C_{18}9.78	$C_6$8.07	C_{13}7.81	$C_5$6.96
	2013	C_{10}22.95	C_{18}9.86	$C_6$8.12	C_{13}7.87	$C_5$7.05
	2014	C_{10}23.40	C_{18}10.07	$C_6$8.30	C_{13}8.02	$C_5$7.24
	2015	C_{10}24.46	C_{18}10.52	$C_6$8.72	C_{13}8.36	$C_5$7.56
	2016	C_{10}23.86	C_{18}10.27	$C_6$8.55	C_{13}8.14	$C_5$7.37
	2017	C_{10}24.16	C_{18}10.42	$C_6$8.74	C_{13}8.22	$C_5$7.65
	2018	C_{10}23.44	C_{18}10.10	$C_6$8.44	C_{13}7.96	$C_5$7.42
	2019	C_{10}24.19	C_{18}10.43	$C_6$8.69	C_{13}8.21	$C_5$7.66
	2020	C_{10}24.66	C_{18}10.63	$C_6$8.83	C_{13}8.35	$C_5$7.81
	2021	C_{10}25.08	C_{18}10.82	$C_6$8.94	C_{13}8.48	$C_5$7.90
宁夏	2010	C_{10}22.37	C_{18}9.64	$C_6$8.13	C_{13}7.63	$C_5$7.07
	2011	C_{10}21.87	C_{18}9.42	$C_6$7.93	C_{13}7.50	$C_5$6.88
	2012	C_{10}22.14	C_{18}9.54	$C_6$8.03	C_{13}7.59	$C_5$6.94
	2013	C_{10}22.42	C_{18}9.65	$C_6$8.09	C_{13}7.68	$C_5$7.01
	2014	C_{10}23.11	C_{18}9.93	$C_6$8.30	C_{13}7.91	$C_5$7.19
	2015	C_{10}22.76	C_{18}9.80	$C_6$8.18	C_{13}7.79	$C_5$7.07
	2016	C_{10}22.64	C_{18}9.75	$C_6$8.14	C_{13}7.74	$C_5$6.99
	2017	C_{10}22.67	C_{18}9.75	$C_6$8.12	C_{13}7.73	$C_5$7.03
	2018	C_{10}22.70	C_{18}9.77	$C_6$8.14	C_{13}7.73	$C_5$7.04
	2019	C_{10}23.23	C_{18}10.00	$C_6$8.38	C_{13}7.89	$C_5$7.23
	2020	C_{10}23.78	C_{18}10.24	$C_6$8.54	C_{13}8.05	$C_5$7.40
	2021	C_{10}24.47	C_{18}10.54	$C_6$8.79	C_{13}8.25	$C_5$7.60

省份	年份	第一位障碍因子及障碍度	第二位障碍因子及障碍度	第三位障碍因子及障碍度	第四位障碍因子及障碍度	第五位障碍因子及障碍度
内蒙古	2010	C_{10}22.99	C_{18}9.91	$C_6$8.03	C_{13}7.48	$C_5$6.73
	2011	C_{10}22.83	C_{18}9.84	$C_6$7.92	C_{13}7.88	$C_5$6.66
	2012	C_{10}23.02	C_{18}9.94	$C_6$8.01	C_{13}7.95	$C_5$6.76
	2013	C_{10}23.38	C_{18}10.07	$C_6$8.12	C_{13}8.04	$C_5$6.87
	2014	C_{10}23.93	C_{18}10.28	$C_6$8.41	C_{13}8.21	$C_5$7.00
	2015	C_{10}23.39	C_{18}10.06	$C_6$8.20	C_{13}8.01	$C_5$6.83
	2016	C_{10}26.22	C_{18}11.29	$C_6$9.23	C_{13}7.70	$C_5$6.81
	2017	C_{10}24.93	C_{18}10.73	$C_6$8.67	C_{13}8.50	$C_5$7.35
	2018	C_{10}23.83	C_{18}10.26	$C_6$8.30	C_{13}8.10	$C_5$7.21
	2019	C_{10}23.84	C_{18}10.24	$C_6$8.32	C_{13}8.09	$C_5$7.27
	2020	C_{10}24.01	C_{18}10.31	$C_6$8.41	C_{13}8.08	$C_5$7.41
	2021	C_{10}24.86	C_{18}10.71	$C_6$8.65	C_{13}8.36	$C_5$7.73

　　黄河流域上游各省现代产业体系评估指标层障碍因子诊断中，前五位障碍因子主要集中在集聚规模（货物周转量、亿元以上商品交易市场数量、亿元以上商品交易市场成交额）、自主创新力（规上工业企业有效专利数、规上工业企业 R&D 内部费用支出）、国际竞争力（进出口总额），且相对稳定，即黄河流域上游现代产业体系发展在 2010～2021 年持续性受此五位因子的阻碍。其中，集聚规模（货物周转量）一直保持在第一位障碍因子，且逐年有波动递增趋势，可以发现，黄河流域上游现代产业体系最主要受此因子的影响，且影响在逐年增大，表明黄河流域上游发展过程中并没有很好地解决缺少货物周转量问题。除四川省外，其余省份国际竞争力（进出口总额）、集聚规模（亿元以上商品交易市场成交额）保持在第二、第三位障碍因子上，较为稳定。规上工业企业有效专利数、亿元以上商品交易市场数量则基本保持在第四、第五障碍因子上。四川省 2010 年国际竞争力（进出口总额）为第二位障碍因子，2010 年之后自主创新力（规上工业企业有效专利数）为第二位障碍因子，而第三、第四和第五位障碍因子分别在集聚规模（亿元以上商品交易市场成交额、亿元以上商品交易市场数量）、国际竞争力（进出口总额）、自主创新力（规上工企 R&D 内部费用支出）之间变化。由此说明，黄河流域上游省份

现代产业体系发展的障碍格局已形成固定形式，但各自障碍度却上升，表明黄河流域上游省份一直没有解决此五类障碍因子的影响，且相对来说加剧了省份内的困境。

表3-16　　　　黄河流域中游现代产业体系评估指标层障碍因子诊断　　　单位:%

省份	年份	第一位障碍因子及障碍度	第二位障碍因子及障碍度	第三位障碍因子及障碍度	第四位障碍因子及障碍度	第五位障碍因子及障碍度
陕西	2010	C_{10}25.17	C_{18}10.80	C_{13}9.18	$C_5$7.77	C_{12}6.95
	2011	C_{10}24.91	C_{18}10.68	C_{13}9.03	$C_6$8.52	$C_5$7.73
	2012	C_{10}24.67	C_{18}10.58	C_{13}8.86	$C_6$8.40	$C_5$7.59
	2013	C_{10}25.16	C_{18}10.75	C_{13}9.02	$C_6$8.48	$C_5$7.70
	2014	C_{10}25.70	C_{18}10.92	C_{13}9.15	$C_6$8.63	$C_5$7.79
	2015	C_{10}26.64	C_{18}11.30	C_{13}9.24	$C_6$8.90	$C_5$8.05
	2016	C_{10}26.91	C_{18}11.42	C_{13}9.37	$C_6$8.95	$C_5$8.17
	2017	C_{10}25.57	C_{18}10.78	C_{13}8.69	$C_6$8.35	$C_5$7.77
	2018	C_{10}25.57	C_{18}10.68	C_{13}8.41	$C_6$8.22	$C_5$7.72
	2019	C_{10}26.52	C_{18}11.08	C_{13}9.00	$C_6$8.43	$C_5$8.06
	2020	C_{10}27.88	C_{18}11.58	C_{13}9.35	$C_6$8.78	$C_5$8.55
	2021	C_{10}28.53	C_{18}11.97	C_{13}9.58	$C_6$9.16	$C_5$8.72
山西	2010	C_{10}23.79	C_{18}10.20	C_{13}8.42	$C_6$8.19	$C_5$6.95
	2011	C_{10}23.52	C_{18}10.08	C_{13}8.32	$C_6$8.06	$C_5$6.84
	2012	C_{10}24.36	C_{18}10.44	C_{13}8.61	$C_6$8.33	$C_5$7.13
	2013	C_{10}24.22	C_{18}10.39	C_{13}8.50	$C_6$8.26	$C_5$7.10
	2014	C_{10}24.97	C_{18}10.71	C_{13}8.74	$C_6$8.49	$C_5$7.30
	2015	C_{10}26.32	C_{18}11.29	C_{13}9.19	$C_6$8.93	$C_5$7.67
	2016	C_{10}25.02	C_{18}10.72	C_{13}8.73	$C_6$8.45	$C_5$7.34
	2017	C_{10}24.94	C_{18}10.70	C_{13}8.71	$C_6$8.40	$C_5$7.34
	2018	C_{10}24.84	C_{18}10.63	C_{13}8.70	$C_6$8.32	$C_5$7.50
	2019	C_{10}24.45	C_{18}10.46	C_{13}8.50	$C_6$8.14	$C_5$7.46
	2020	C_{10}24.71	C_{18}10.59	C_{13}8.61	$C_6$8.21	$C_5$7.83
	2021	C_{10}26.02	C_{18}11.16	C_{13}9.03	$C_6$8.67	$C_5$8.22

黄河流域中游各省份现代产业体系评估指标层障碍因子诊断中，第一位障碍因子一直是产业集聚规模（货物周转量），其障碍度呈现波动上升态势，表

明黄河流域中游省份现代产业体系最主要的障碍因素是缺乏货物周转量，产业集聚规模较低；国际竞争力（进出口总额）、自主创新力（规上工业企业有效专利数）稳定在第二、第三位障碍因子上，其障碍度均呈现小幅度波动上升态势，黄河流域中游省份缺乏产业竞争力水平，同时企业在技术研发上处于弱势。第四、第五位障碍因子基本集中在亿元以上商品交易市场成交额、亿元以上商品交易市场数量上。研究期内黄河流域中游省份障碍因子已形成较为稳定的分布格局，表明影响黄河流域中游省份现代产业体系发展的制约因素长时间以来并未得到很好的解决，未来仍需在此方面集中发力。

表3－17　　　　黄河流域下游现代产业体系评估指标层障碍因子诊断　　　　单位:%

省份	年份	第一位障碍因子及障碍度	第二位障碍因子及障碍度	第三位障碍因子及障碍度	第四位障碍因子及障碍度	第五位障碍因子及障碍度
河南	2010	C_{10}26.52	C_{18}11.43	$C_6$8.40	C_{12}6.84	$C_4$6.39
	2011	C_{10}26.05	C_{18}11.13	C_{13}8.97	$C_6$7.78	C_{12}6.49
	2012	C_{10}27.06	C_{18}11.42	C_{13}9.25	$C_6$7.64	C_{12}6.62
	2013	C_{10}27.51	C_{18}11.57	C_{13}9.38	$C_6$7.52	$C_5$6.61
	2014	C_{10}28.71	C_{18}11.96	C_{13}9.67	$C_6$7.35	$C_5$6.96
	2015	C_{10}29.24	C_{18}12.10	C_{13}9.76	$C_5$7.30	$C_6$7.26
	2016	C_{10}28.52	C_{18}11.82	C_{13}9.38	$C_5$7.23	$C_6$6.83
	2017	C_{10}28.68	C_{18}11.85	C_{13}9.24	$C_5$7.12	$C_6$6.83
	2018	C_{10}29.03	C_{18}11.96	C_{13}9.20	$C_5$7.48	$C_6$7.30
	2019	C_{10}30.88	C_{18}12.75	C_{13}9.58	$C_5$8.15	$C_6$7.83
	2020	C_{10}31.22	C_{18}12.73	C_{13}9.35	$C_5$8.22	$C_6$8.02
	2021	C_{10}32.43	C_{18}13.42	C_{13}9.33	$C_5$8.55	$C_6$8.22
山东	2010	C_{18}15.92	C_{13}14.14	C_{10}12.80	$C_4$8.78	C_{12}8.57
	2011	C_{18}18.23	C_{13}16.88	$C_4$10.78	C_{12}8.65	$C_3$6.90
	2012	C_{18}20.53	C_{13}18.72	$C_4$12.09	C_{12}8.49	$C_3$7.42
	2013	C_{18}19.17	C_{13}17.47	$C_4$12.07	C_{10}10.97	C_{12}6.93
	2014	C_{18}20.52	C_{13}18.57	$C_4$11.55	C_{10}11.47	$C_3$6.66
	2015	C_{18}21.24	C_{13}17.91	C_{10}14.53	$C_4$12.20	$C_3$6.13

续表

省份	年份	第一位障碍因子及障碍度	第二位障碍因子及障碍度	第三位障碍因子及障碍度	第四位障碍因子及障碍度	第五位障碍因子及障碍度
山东	2016	C_{18}21.50	C_{13}17.29	$C_4$13.31	C_{10}12.61	$C_3$5.81
	2017	C_{18}23.51	C_{13}18.10	$C_4$15.05	$C_8$6.20	$C_3$6.11
	2018	C_{18}23.83	C_{13}17.71	$C_4$14.95	$C_5$6.84	$C_8$6.34
	2019	C_{18}20.98	C_{13}14.92	C_{10}11.01	$C_4$8.79	$C_5$7.65
	2020	C_{10}40.66	C_{18}13.84	$C_4$9.88	C_{13}9.76	$C_5$4.87
	2021	C_{10}44.48	C_{18}15.54	$C_4$11.10	C_{13}9.92	$C_5$5.30

黄河流域下游各省份现代产业体系评估指标层障碍因子诊断中，河南省的第一位障碍因子为产业集聚规模（货物周转量）；山东省第一位障碍因子在2010~2019年为国际竞争力（进出口总额），2020~2021年演变为产业集聚规模（货物周转量）。河南省第二位障碍因子为国际竞争力（进出口总额）；山东省第二位障碍因子2010~2019年保持在自主创新力（规上工业企业有效专利数）上，2020~2021年集中在国际竞争力（进出口总额）上。河南省第三位障碍因子2010年为集聚规模（亿元以上商品交易市场成交额），之后为自主创新力（规上工业企业有效专利数）；山东省第三位障碍因子在2010年和2019年为集聚规模（货物周转量）其余年份为产业高级化（Moore指数）。而第四、第五位障碍因子的变化情况较为复杂，河南省第四、第五位障碍因子有集聚规模（亿元以上商品交易市场数量、亿元以上商品交易市场成交额）、自主创新能力（规上工业企业R&D内部费用支出）、产业结构高级化（Moore指数）；山东省第四、第五障碍因子有产业结构高级化（经济服务化指数、Moore指数）、集聚规模（亿元以上商品交易市场数量）、集聚载体（国家级高新区集聚度）、商品流通（货物周转量）、自主创新能力（规上工业企业R&D内部费用支出）。经过观察黄河流域下游现代产业体系评估指标层障碍度大小可以发现，山东省第一位障碍度2021年高达44.48%，河南省第一位障碍度2021年高达32.43%，明显高于中上游省份，表明黄河流域下游现代产业体系发展受第一位障碍因子影响程度超过中上游省份，集中趋势明显。

总的来说，黄河流域现代产业体系评估指标层障碍因子主要集中在产业结构高级化、集聚规模、自主创新力、人力资本、国际竞争力五个方面。通过以上障碍因子障碍度排序及变化趋势可知，黄河流域整体面临着缺乏产业集聚区、自主创新力较弱、国际竞争力较低、人力资本支撑较弱、产业结构高级化较低的问题。第一，国际竞争力较低表现出黄河流域与国际经济之间的联系程度较低，黄河流域由于多数处于内陆地区，对外贸易并不发达，缺少与国外区域间的贸易往来。第二，黄河流域缺少产业园区是其产业发展滞后的另一大原因，纵观我国北京市、杭州市、深圳市、广州市、东莞市等，均拥有一大批产业园区，不仅吸引着国内人才集聚，更很大程度推动了创新技术的发展，在集聚效应推动下，产业发展呈现良性增长态势。第三，自主创新力障碍度基本稳定在第三与第四位障碍因子上，特别是黄河流域上游，障碍度数值呈现明显增长态势，自主创新力低下是产业处于价值链低端的重要原因，只有提升自主创新力，才能有效提升产业价值，占据国际竞争优势地位。第四，黄河流域人才流失较为严重，特别是上游地区，在缺乏高校、科研院所的前提下，加之人才外流现象，导致区域发展缺少相应的人力资本，创新力长期处于较弱地位。第五，黄河流域长期以重工业作为支柱产业，亟待通过产业结构升级实现产业结构高级化。产业结构问题直接影响着产业的发展方向和质量，因此加速产业结构升级优化是实现工业化与信息化转型的重要一环。通过优化产业结构，不仅可以提高区域经济的竞争力和可持续发展能力，还能推动经济结构的升级，促进产业的创新和转型升级，从而实现经济转型和可持续发展的目标。

3.5.3　黄河流域现代产业体系优化路径

根据现代产业体系评估结果，以及黄河流域现代产业体系发展障碍因子诊断结果，从产业协调、产业集群、产业竞争力、生态环境四个方面提出优化路径。

1. 产业协调优化路径

由黄河流域现代产业体系障碍因子诊断结果来看，产业协调度位列第三障碍因子，虽然产业协调度出现逐年改善趋势，但是结合黄河流域现代产业体系现存问题可知，产业结构问题仍是未来发展的重点、难点。其中，由指标层障碍因子可知，产业结构高级化是前五位主要障碍因子，是亟须解决的主要问题之一。产业协调优化目的在于推动产业转型升级，实现现代农业、先进制造业、现代服务业的协调发展。产业结构优化对现代产业体系尤为重要，是产业健康发展的基础，在加快经济发展、提升就业、降低环境压力方面具有重要意义（韩永辉等，2017；Saggi，2006）。下面从现代农业、先进制造业、现代服务业三个方面提出发展路径。

（1）现代农业。

现代农业之于传统农业的主体优势在于机械化、自动化、信息化、智能化，现代农业用数字信息技术对农业对象、环境和全过程进行可视化表达、数字化设计、信息化管理，农业生产收割效率得到大幅提升，农产品质量趋于标准化。黄河流域作为中国"粮食基地"，承担着农产品保障的重大职责，着力发展现代农业势不可挡。

首先，加快农业机械化设备的普及。一方面，目前农机数量、质量不高，应用程度、普及程度有限，导致绝大多数农产品作物区达不到全程机械化的标准，限制了农业现代化进程；另一方面，目前机械设备主要普及在种植业上，对畜牧养殖、水产养殖等方面应用意识不强。

其次，优化农业结构和布局。不同省份由于自身的区位条件不同，并非适合发展所有的农业种类，此时应立足区域资源的比较优势，进行差异化发展，因地制宜地发展特色农业。例如，宁夏回族自治区的枸杞、葡萄，内蒙古自治区的奶制品、牛羊肉，陕西省的苹果、甜瓜等，打造一批带有黄河标志的优势品牌。

最后，拓展现代农业模式。基于黄河流域的地理特征，发展诸如戈壁农业、寒旱农业、农业旅游等多种模式，将黄河流域的农牧业做强做大。

（2）先进制造业。

先进制造业作为支撑现代产业体系的中坚力量，肩负着振兴制造业、完成产业升级改造的重要任务。基于黄河流域先进制造业的发展现状，应以中下游产业基础较强的区域为发展重点，带动整流域的产业活性，实现优势制造业的绿色转型，并借助数字化赋能达到智能化升级的目的。

首先，推动产业基础高级化。完成制造业中的材料、工艺等现有水平的突破，通过建设技术基础服务公开平台，推进技术共享。进一步完善各类技术的大数据管理，持续推进关键技术的研发工作，争取完成关键技术的攻关任务，打破部分发达国家实行的技术封锁限制。

其次，大力支持战略性支柱产业发展。基于黄河流域各省份的资源禀赋及比较优势，培育一批具有区域性主导力的支柱产业，例如，内蒙古自治区的稀土及有色金属产业、青海省新能源产业、陕西省航天航空产业、山东省高端装备制造业及信息技术产业等。通过这类战略性支柱产业的发展，带动其他制造业及周边省份的技术转型。

最后，全面推动制造业数字赋能升级。通过数据实现产业间、企业间、跨地区间的互联互通，以打造相应产业的互联网平台为依托，提升产品的智能化水平，满足新时期的产品需求。

（3）现代服务业。

现代服务业对于优化产业结构具有重要作用，是经济发展进入高级化的重要阶段。当前，现代服务业的发展需要转向专业化、标准化、数字化方面，达到增强服务业转型升级支撑力、满足消费者需求升级的目的。

首先，推动生产性服务业高端化发展。第一，加快构建区域现代金融服务体系，发展多层次、专业化的现代金融模式，扩大各类金融市场份额，开拓私募股权、企业融资等多项金融通道。第二，优化现代物流业布局，构建新型现代物流体系，使其成为集约高效的现代化物流体系。进而通过内外联动，打通国际物流新通道，推动在黄河流域创新建设国家级物流枢纽。第三，加强科技服务业的发展。大力支持诸如咨询、研发、创业孵化等科技服务的发展，推动各类知识类机构的良性互动交流。

其次，壮大生活性服务业。第一，推动商贸业发展，黄河流域在城市商业综合体建设方面仍显滞后，优化城市便民生活服务圈，发展商贸综合服务中心、集贸市场等大型服务业集散中心。第二，持续推进城镇化改造，保障住房安全，稳定房地产行业发展。第三，壮大文旅产业发展，黄河流域拥有深厚的文化底蕴，宣传黄河文化，打造带有特色化、本土化的自主品牌。

最后，推动产业间融合发展。将服务业与农业相融合，推动农产品的互联网销售，拓宽农村休闲旅游模式；将服务业与制造业融合，尤其是现代制造业与现代服务业（杜传忠，2023）以及生产性服务业（孔庆恺，2024）深度融合，形成"制造＋服务"新形态，进而在改善产品质量的同时形成差异化竞争优势（杨以文等，2012）。

2. 产业集群优化路径

由黄河流域现代产业体系障碍因子诊断可知，产业集聚度是第一位或第二位障碍因子，即产业集聚不足是影响黄河流域现代产业体系发展的重要原因。在指标层障碍因子诊断中，集聚规模基本是各省份前三位障碍因子，且频繁出现位列第一的状况，即产业集聚规模低下是目前现代产业体系发展滞后的重要因素。因此，扩大产业集聚规模、建立高质量产业集聚区是必然的发展路径。通过提升产业集聚规模，可推动区域内产业资源的整合与优化，促进产业升级与转型，进而推动现代产业体系朝着更加健康、高效的方向迈进。（陈建军等，2008；黄庆华等，2020）。

首先，黄河流域需加快建立一批新兴高科技产业集群，借此打破先进制造业发展滞后的困境。政府通过制定战略决策，提出建立产业集聚区，再给予一定程度的制度保障，例如，实行"开放式"管理体制，保障外部环境及服务功能，降低对创新型企业的准入标准。另外，提供金融及税收方面的优惠，扶持高科技产业，帮助其解决在前期研发方面的资金困难。高科技产业集群的落地，可以有效帮助黄河流域走出技术困境，拓展智能制造的产品规模，持续推进技术创新。

其次，依托资源优势，建立绿色能源产业集群。黄河流域内拥有大量的煤矿、天然气、稀有金属等珍贵资源，通过建立能源产业集群，奠定黄河流域在国内的能源地位，打造专业化、集约化、绿色化的能源基地。

最后，构建优势特色产业集群，依据黄河流域中不同省份的特色优势产业，建立具备省份特色的优势产业集群。例如，黄河流域上游的石油化工产业，中游的煤炭、航空产业，下游的装备制造业、信息技术产业等，基于优势产业的发展基础，通过扩大产业规模，打造不同省份间的联动效应，构建出具备影响力的产业集群。另外，突出优势产业，加快推动产业园区化、园区产业化，同时加强相应的政策支持，对产业孵化区予以照顾，推动特色产业品牌化建设。

3. 产业竞争力优化路径

由黄河流域现代产业体系障碍因子诊断可知，产业竞争度处于第一位或第二位障碍因子，且障碍度稳定在 30% ~ 50%，即产业竞争力低下是影响黄河流域现代产业体系发展最重要的原因。而提升产业竞争力的主要途径包括提升自主创新能力、人力资本以及国际竞争力三个方面。

（1）自主创新能力。

首先，建设黄河流域科技创新中心区，打造新型创新高地，支撑区域创新驱动发展。具体来讲，依托高校、科研院所、龙头企业等，形成区域创新集聚板块，引入高技术科研设施、服务设施、公共平台等，吸引企业、金融机构入驻科技创新区，与研发科研人员进行良性互动（肖建华等，2023）。通过技术创新，提高产业附加值，并以此加快知识密集型产业的发展，发展壮大一批新兴产业，帮助黄河流域走出过度依赖资源型产业的困境。

其次，加大在科教领域的投资力度至关重要，需要建立以政府投资为主，多种投资渠道并行的稳定机制（杨飞虎，2014）。具体来讲，应该增加区域内的研发支出，包括扩大自然科学基金规模、减免创新企业税收、设立创投基金、引进风投机构等，为科技创新发展提供孵化条件。重视国家重大科技项目实施，对重点实验室建设方面给予充分的重视及扶持。

最后，推动科技成果的落地转化，形成能够满足市场需求的成果，达到产业与科技成果间的衔接。形成科技成果转化区，将基础研究、技术研发、成果转化有效连接起来（赵婉楠，2019）。

（2）人力资本。

人才队伍是支撑创新战略的根本，人才的培育、转化是人才强省、人才强国战略的基础。首先，培育创新型人才。黄河流域上游的人才匮乏情况尤为严重，中下游在依靠高校支撑下情况稍好，但流域整体均面临人才外流、缺乏高层次人才队伍的情况。此时需要流域培育相应的创新型人才，通过健全人才培养制度，实施科学可靠的人才培养方式，最大限度发挥人才作用。基于目前产业发展短板与未来发展需求，针对性地进行学科培育，支持高等院校、科研院所等机构多方位引进高层次人才，打造"产业＋人才"发展模式，发挥各级博士后流动站作用，加强创新型、应用型人才培育。其次，健全人才激励与保障机制。政府应大力支持引进人才开展的科研项目，在科研经费方面予以充足的保障，并对科技成果的申报等开放"绿色通道"。对科技成果设立相应的奖励机制、收益分配机制，完善高层次人才的职称评定章程，落实人才各项权益保障（汪芳等，2023）。

（3）国际竞争力。

在双循环新发展格局下，国际竞争力对现代产业体系提出了更高要求（李丹等，2023）。现代产业的发展必须能够实现本国产业走向全球、扩大对外贸易、吸引外资，这是现代产业发展的关键任务（白雪洁等，2022）。首先，尽管黄河流域未实现航运通道，但处于"一带一路"发展的重要契机之中。应持续扩大与"一带一路"共建国家的交流，打造制造业"走出去"的一盘棋局面，加强与国际市场在生态产业和重点优势行业上的互动与合作。其次，应不断出台政策吸引外资企业入驻，推动现代产业体系向外拓展，加强与其他国家在技术、人文、产品、服务等领域的交流合作。通过促进国际合作与交流，黄河流域产业将更好地融入全球价值链，提升国际竞争力，实现双循环新发展格局下的产业优化和升级（王鑫静等，2019）。

4. 生态环境优化路径

由黄河流域现代产业体系障碍因子诊断可知，环境友好度基本处于第四大障碍因子，障碍度较其他方面而言较低。但结合黄河流域目前的环境实际状况可知，生态环境恶化已成为黄河流域的重点关注问题，在可持续发展导向下，产业与环境相协调发展是大势所趋。环境优化是现代产业体系在可持续发展观中的体现，是秉持国家战略的重要举措。黄河流域环境不仅面临着本底脆弱的困境，加上产业发展对环境造成的危害，环境优化的重要性更加凸显（金凤君等，2020）。

首先，针对黄河流域内部水资源匮乏、用水量负荷重的问题，建立有效的水权制度是当前水资源管理的重要任务。自20世纪80年代起，黄河流域在水权制度建设上迈出了第一步，从"八七分水方案"至工农分水方案，黄河流域在水权制度上进行了多次尝试。但当前黄河流域水资源仍旧是影响生态安全的主要因素，水权制度仍需进一步改革，打破原有制度的诸多限制，将流域作为一个整体进行宏观调控。具体来讲，打破行政区域限制，以黄河流域整体为单位，对沿黄河流域城市生产生活用水进行科学布局，有效分配水资源，防止各类生产生活用水过度挤压生态用水空间，稳定生态系统，并在一定程度上实施生态补水，修复生态系统的稳定性。除政府调控外，市场机制也需重视。在水资源匮乏下，水的商品属性逐渐显现，在以政府机构为主体领导作用下，加强市场机制作用，增加水权制度的灵活可变性（田贵良等，2022）。

其次，针对黄河流域工业污染严重的状况，需在环境治理方面继续发力，包括荒漠化治理、水土流失治理、空气质量治理、水资源净化治理等多方面。在环境治理方面需成立专业的治理部门，由相应的专业人员来对环境治理的方案、实施进度等进行把控，同时相应的政府机关应着力配合，设置规定时间段进行例行检测，保障环境治理的效果。另外，成立相应的民众反馈通道，对环境治理效果进行及时有效的反馈，接纳群众的呼声及需求（李珲，2024）。

最后，环境规制主要集中在高污染产业的控制方面，其中包括设立相应的排放量指标，严格把控产业污染物的排放。另外，对于污染物处理的环保设备进行严格查处，对于不合格、不合规的设备采取零容忍态度，鉴于设备较为高昂的费用，可以对企业采购环保设备进行一定程度的补贴或是采取一定的优惠政策。

3.6　小结

本章在分析黄河流域现代产业体系现状及问题的基础上，构建了包括产业协调度、产业集聚度、产业竞争度、环境友好度的现代产业体系评估框架，采用模糊物元分析法对黄河流域现代产业体系发展水平进行测算，并分析其空间格局演化趋势，进而根据障碍度诊断模型诊断障碍因子，提出黄河流域现代产业体系优化路径。主要研究结论如下：

第一，黄河流域现代产业体系现状及问题。（1）黄河流域泰尔指数呈波动性下降的趋势，经济服务化指数呈波动性增长态势，说明产业合理化程度和产业高级化水平正在逐年提高，但仍低于同期的全国平均水平。（2）黄河流域9个省份现代农业区位商指数大于1或接近于1，具备一定的集聚程度；黄河流域9个省份现代服务业区位商基本处于小于1或非常接近1，不具备明显的集聚水平；先进制造业的区位商指数呈现较低的态势，仅下游能保持一定的集聚化水平，中上游的先进制造业均处于不具备或者不明显具备集聚化水平状态。（3）黄河流域现代农业的竞争力分量为正值的共6个省份，由高到低依次是甘肃省、陕西省、四川省、青海省、宁夏回族自治区；先进制造业的竞争力分量为正值的共4个省份，由高到低依次是宁夏回族自治区、山西省、内蒙古自治区、青海省；现代服务业的竞争力分量为正值的共4个省份，由高到低依次是河南省、四川省、陕西省、宁夏回族自治区。（4）黄河流域首先存在产业结构偏低的问题；黄河流域在初级加工、资源开发等这类低技术、高消耗产业上仍占有较大的比重，黄河流域的产出结构与就业结构之间存在协调性较低、产业服务化趋势发展较缓。其次，黄河流域存在产业发展规模较小的问题，黄河流域产业发展规模虽逐年向好，但增长速度明显低于全国平均水平，同时流域内部发展差异较大，下游产业规模发展明显高于上中游。最后，产业缺乏集聚发展，黄河流域产业集聚化水平较低的主要原因集中在，科技创新能力较低，导致产业升级困难。

第二，黄河流域现代产业体系评估体系模型构建。（1）构建现代产业体系的思维模型。在已有的现代产业体系三维模型基础上，将环境保护纳入分析模型，构建现代产业体系四维分析模型：产业结构协调化—产业发展集聚化—产业竞争力高端化—环境友好化。（2）根据构建的现代产业体系四维分析模型，从产业协调度、产业集聚度、产业竞争度、环境友好度四个方面构建面向环境保护的黄河流域现代产业体系评估指标体系。（3）物元分析理论在研究不相容问题上具备优势，比较适用于多指标评价，在结合模糊集与贴近度的基础上，能够对主体做出准确评价。考虑到黄河流域现代产业体系是一个多元复杂系统，不同构成元素之间的规律性各不相同。选用模糊物元法，对现代产业体系所包含的各个维度均加以考虑，形成一个综合性评价过程。

第三，黄河流域现代产业体系评估结果与分析。（1）现代产业体系发展水平整体呈现波动增长态势，下游、中游、上游依次递减。流域内差异性较大，仅山东省、河南省、四川省一直处于黄河流域整体水平均值之上，并且呈现出东中西阶梯状递减的分异格局。（2）从整体差异来看，黄河流域现代产业体系发展水平在一定程度上存在地区差异。从区域内发展差异来看，下游基尼系数呈现波动下降态势，上游和中游基尼系数呈现波动上升态势。2021年的基尼系数上游最大，中游次之，下游最小，且下游与中游数值较为接近。（3）从区域间发展差异来看，2010~2021年间上游—下游间的发展差异最大，且呈现波动下降态势；上游—下游间、中游—下游间的基尼系数呈波动下降态势。（4）从黄河流域现代产业体系发展水平空间格局演化分析来看。全局上，全局莫兰指数均为正值且通过显著性检验，说明黄河流域现代产业体系具有明显空间自相关性，呈现较强的空间集聚效应。局部上，黄河流域现代产业体系空间分布格局较为稳定，观察期内局部莫兰指数未发生象限跃迁，存在显著空间依赖关系。

第四，面向环境保护的黄河流域现代产业体系优化。（1）要素层障碍因子诊断结果中，现代产业体系发展水平的障碍主要集中在产业竞争度和产业集聚度上，其次是产业协调度、环境友好度；指标层障碍因子诊断结果中，障碍因子前五位主要集中在产业结构高级化、集聚规模、自主创新力、人力资本、国际竞争力五个方面。（2）基于障碍因子诊断结果，提出产业结构优化、产业集群优化、产业竞争力优化、生态环境优化四个优化途径。其中产业结构优化主要通过发展现代农业、先进制造业、现代服务业，达到产业部门间协调发展的目的，推动产业高级化发展，降低其对现代产业体系的影响；产业集群优化主要通过建立高效产业集群，其中包含新兴高科技产业集群、绿色能源产业集群、特色优势产业集群，降低集聚规模对现代产业体系的障碍程度；产业竞争力优化主要通过提升自主创新能力、人力资本、国际竞争力三个方面，解决自主创新能力、人力资本、国际竞争力低下，且障碍程度较高的问题；生态环境优化主要通过水资源管理、环境治理、环境规制多方面缓解环境问题，其中包括荒漠化治理、水土流失治理、空气质量治理、水资源净化治理、高污染产业的控制等多方面。

第 4 章

黄河流域环境保护与产业
发展的协同机理

协同发展机理是黄河流域环境保护与产业协同发展理论体系的核心。构建环境保护与产业发展复合系统，分析复合系统的协同条件和互动情况，揭示黄河流域环境保护与产业发展的协同机理，才能拓展在系统观视角下黄河流域可持续发展问题的研究思路。已有研究仅阐述了环境保护与产业发展两者之间的关系，缺乏基于协同学的系统性分析。本章基于协同学，分析黄河流域环境保护与产业发展复合系统的结构及协同条件，运用解释结构模型识别复合系统的序参量及因素结构关系，从而揭示黄河流域环境保护与产业发展的协同机理。

4.1 黄河流域环境保护与产业发展复合系统结构分析

复合系统由若干不同属性的子系统有机构成，这些子系统在与外部环境进行物质、能量和信息交换的前提下，相互影响、相互作用、相互渗透，共同作用于整个复杂的动态大系统。若子系统间协同，则最终会以自组织方式形成时间、空间和功能上的有序结构（刘英基，2014）。

黄河流域环境保护和产业发展复合系统结构如图 4-1 所示。椭圆虚线为系统边界，复合系统内部包括环境子系统和产业子系统，环境子系统由大气环境、水环境、土壤环境、生物环境和地质环境组成（胡筱敏和王子彦，2000），产业子系统由第一产业、第二产业和第三产业以及产业之间的经济关系构成，边界外为与系统相关的外部环境，包括政治环境、经济环境、社会环境和技术环境。黄河流域环境保护与产业发展复合系统的子系统及其状态变量的相互作用均受政府政策法规等外部环境的影响。

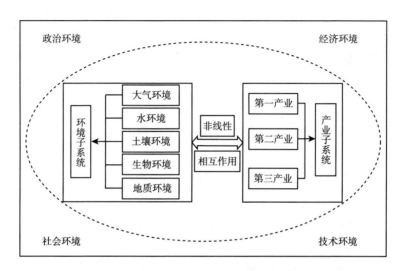

图 4 - 1　黄河流域环境保护与产业发展复合系统边界与构成

4.1.1　环境保护与产业发展复合系统边界

系统边界是指系统变化发展过程中存在的特定活动区域，即将系统内部和外部环境分开的界限（章琰，2003）。系统边界无处不在，只要一个系统同另一个系统（整个外部环境）存在质差，则说明存在系统边界。系统边界的定义与特征往往在宏观上是相对确定的，但在微观上却是相对不确定的（张强，2000）。因此，本研究仅对宏观上的系统边界进行界定，系统边界内为包含环境子系统与产业子系统的复合系统，边界外为包含政治环境、经济环境、社会环境、技术环境的外部环境。

系统边界具有动态性、模糊性、渗透性与路径依赖性的特点（陈波，2014）。动态性是指环境保护与产业发展复合系统的边界呈动态变化，且系统与外部环境不间断的互动将促使系统边界产生变动。例如，如图 4 - 1 所示的环境与产业复合系统当中，若环境子系统的生物环境中某一物种消失，将导致整个系统边界缩小。模糊性是指诸如生产技术、生产知识的无形边缘要素的存在，使系统边界无法准确得到判断；抑或是边界的动态性导致的系统边界不够清晰。渗透性是指在系统内外部要素相互作用下，系统内部要素向外部环境输出信息与物质，或系统外部环境的能量和信息渗透到系统内部。例如，环境规制和产业规划就是政策环境对环境子系统和产业子系统的渗透。路径依赖性是指系统边缘要素在过去或现在的相互作用对未来产生的影响。例如，产业子系统对于环境子系统的资金和物力投入需要长期持续才有可能得到回报。

4.1.2 环境保护与产业发展复合系统内部要素

环境与产业协同发展复合系统内部由环境子系统和产业子系统构成，两个子系统相互影响形成非线性作用。环境子系统对产业子系统起着保障作用，产业子系统推动环境子系统的发展。任意一个子系统的无序发展都会产生"木桶效应"，影响复合系统的协同。

环境与产业协同发展复合系统具备差异非线性、自组织和组织特性、相干性和动态性的特征（白华和韩文秀，2000）。差异性是指环境子系统和产业子系统之间具有多重质的差异，如组成结构、系统功能等的差异，这些质的差异导致子系统间功能融合和互补关系的形成，呈现非线性。自组织和组织特性是指环境与产业发展复合系统既有由自然属性决定的系统自组织现象，也有由人工系统决定的组织现象。相干性是指复合系统协同时，子系统间和子系统要素间的相互作用产生的整体功能大于各要素功能之和的部分，由相干效应和协同效应共同组成。动态性是指环境保护与产业发展复合系统是不断变化的，其协同度随时间而发生变化。

深入了解环境与产业协同发展的内在机理，首先要分析环境子系统和产业子系统的基本构成，以及它们各自的状态变量，以理解它们之间的相互关系和影响。

1. 环境子系统

环境是指围绕着人群的空间及其可以直接、间接影响人类生活和发展的各种自然因素和社会因素的总体（刘晓丹和孙英兰，2006），包括自然环境与社会环境。在本研究中，将社会环境划在系统外部，将自然环境划在系统内部，称自然环境为环境子系统。

　　环境子系统包括黄河流域的大气环境、水环境、土壤环境、生物环境和地质环境五个部分。大气环境是构成环境的一部分，它由多种气体混合而成，包括恒定成分、可变成分和不定成分。随着经济社会发展和人类活动增加，黄河流域的大气环境受人类的影响越来越大，如黄河流域第二产业的粗放发展带来了大量碳排放和二氧化硫等。水环境是围绕人类生存空间，可以直接或间接影响人类生活以及社会发展的水体，是其正常功能的各种自然要素和社会要素的总和（彭静等，2006），包含水体和水循环空间。黄河流域的水环境变化体现在黄河干流和支流及其降水量、径流量、蓄水情况、利用情况、废水排放等带来的水质变化、输沙量等。土壤环境是连续覆盖于地球陆地地表的土壤圈层，既是人类赖以生存的自然环境，也是陆地生物生存栖息的场所。黄河流域的土壤环境包括流域内的农田、草地、林地以及人为活动导致的利用不当的土地、松散的土质等，由于气候变化、人类活动和不合理的土地利用等原因，黄河流域的土壤侵蚀问题较为严重，导致土壤质量下降（张玉韩等，2023）。生物环境指环境因素中其他的活着的生物，是相对于由物理化学的环境因素所构成的非生物环境而言，与有机环境同义，生物环境的变化导致生态系统的平衡受到破坏，包括植被分布变化、物种丰富度下降、生态链条破坏等问题，影响整个生态系统的稳定性。黄河流域的生物环境面临着一些挑战，如水污染、生态破坏、生物多样性丧失等问题，保护黄河流域的生物环境，促进生物多样性保护和可持续利用，是当前亟待解决的重要问题（奚雪松等，2023）。地质环境是由地层、岩石、地质构造、地貌和地质资源以及人类社会等方面构成。黄河流域的地质环境包括黄土高原、关中平原等地貌、水土流失、地质灾害等，由于对黄河流域的过度开发，其频发的地质灾害不仅对人们的生命财产安全造成威胁，还对基础设施和经济发展带来影响（何爱平等，2020）。

　　在了解环境子系统基本构成的基础上，为了综合分析环境子系统的现状和趋势，需要识别环境子系统的状态变量。借助环境状态变量反映环境质量、资源状况和生态系统健康状况等，用来评估环境资源利用状况和生态系统的健康状况；借助环境压力变量表述由人类活动引起的对自然环境的直接或间接影响，包括污染物排放、资源开发利用、土地利用变化等各种压力因素，用于评估人类活动对环境造成的压力程度和影响范围；借助环境响应变量描述环境状态和环境压力所做出的政策、管理和技术上的反应和调整，用于评估社会对环境问题的反应和处理能力（李健等，2019；胡志高等，2019）。据此将环境子系统的状态变量归为三大类，即环境状态、环境压力和环境响应。

2. 产业子系统

从经济学角度来看，产业是指在社会分工条件下进行同类投入产出活动或提供同类服务的企业或部门的集合体。依据《国民经济行业分类》（GB/T 4754—2017）和《三次产业划分规定》，我国将产业划分为第一产业、第二产业和第三产业。在本研究中，黄河流域的产业子系统由第一产业、第二产业和第三产业构成，其中，黄河流域的第一产业指流域内的农、林、牧、渔业（不包含农、林、牧、渔专业及辅助性活动）。随着黄河流域经济的发展和城市化进程的加速，第一产业逐渐由传统的农业和渔业向现代化、规模化的农业生产转变，第一产业的变化对该地区的产业子系统产生了深远的影响，包括农业结构调整、资源利用、就业结构变化以及渔业资源减少等方面（张文慧等，2020）；第二产业指流域内的采矿业（不包含开采专业及辅助性活动）、制造业（不含金属制品、机械与设备修理业）、电力（热力、燃气）及水生产和供应业、建筑业。比如，黄河流域的工业结构也在不断调整，传统重工业逐渐减少，而高技术产业、装备制造业、电子信息产业等新兴产业得到了推动和发展，这种结构调整可能会带来工业用地的变化、就业结构的改变以及产业链的重组等影响（任嘉敏等，2023）；黄河流域的第三产业指流域内服务业，即除第一产业、第二产业以外的其他行业，主要包括服务业、零售业、旅游业等。例如，黄河流域拥有丰富的自然景观和人文遗产，随着旅游需求的增长，黄河流域的旅游业不断发展，促进地方经济增长，从而对整个产业子系统产生了积极影响。

在了解产业子系统基本构成的基础上，为了综合分析产业子系统的现状和趋势，必须明确能够反映产业子系统的状态变量。借助产业结构变量用于评估经济结构的合理性、产业发展的均衡性以及产业升级和转型的潜力；借助产业集聚变量包括但不限于产业密度、企业规模分布、技术创新活动等指标，对区域经济增长和创新能力的影响，用于评估产业集聚对经济效益和创新动力的贡献程度，以及促进产业集聚的政策效果和空间优化布局；借助产业竞争力变量用于评估产业在全球市场中的地位和竞争力，以及制定提升产业竞争力的政策和战略举措（李晟婷等，2022；宋晓玲等，2023；李国平等，2024）。据此，将产业子系统的状态变量分为三类，依次是产业结构、产业集聚、产业竞争力。

3. 复合系统内部的相互作用

黄河流域的产业发展依旧对生态环境有较高的依存度，面临着资源约束趋紧、环境污染、生态恶化、产业结构失衡、上中下游发展不平衡、区域协同发展机制不完善、人地矛盾突出、人地系统亟待优化等诸多问题。环境保护与产业发展相辅相成、相互渗透、相互影响，因此促进环境保护与产业协同发展尤为重要。为了深入理解环境保护与产业发展二者之间的相互作用，需要建立一个框架系统地分析它们之间的关系，特别是在考虑到状态变量的影响时，以便准确评估黄河流域环境保护与产业协同发展复合系统，如图 4-2 所示。

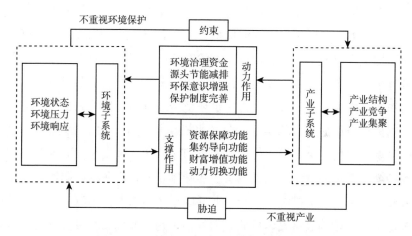

图 4-2 环境保护与产业协同发展作用框架

一个良性循环的生态环境是产业持续发展的前提，加大环境保护是促进产业高质量发展的重要方式，而环境子系统提供给产业子系统所需的各种资源是有限的，受到自然条件和人类活动的影响。同时，环境子系统具有一定的容量，可以承载和处理产业子系统产生的污染物和废弃物，但当产业规模过大、污染物排放超过环境容量时，会导致环境污染、生态破坏等问题，从而限制产业子系统的可持续发展。环境子系统对产业子系统的支撑作用具体表现在四个方面：一是发挥资源保障功能。黄河流域的水资源、土地资源、能源等是产业子系统所必需的重要资源。比如，降雨量、水质状况、土地利用方式等，会直接影响资源的可利用性和可持续性，如果这些资源受到污染、过度开发或气候变化等因素的影响，将对产业子系统的发展产生严重影响。二是作为集约导向功能。出台的环境保护政策、节能减排技术的推广应用等，可以影响产业子系统向更加集约和环保的方向发展，通过引导企业采取更加节能、清洁的生产方式，减少资源浪费和环境污染，从而实现产业子系统的可持续发展。三是作为财富增值功能。环境子系统提供的各种自然资源是经济发展和财富创造的重要基础，当环境子系统中的自然资源丰富且可持续利用时，能够支持产业的生产活动，推动经济增长和财富创造。四是发挥动力切换功能。环境子系统的状态变量变化将引导产业子系统进行动力的切换和转型。例如，在能源方面，清洁能源技术的发展和政策的支持可以促使产业子系统由传统能源向清洁能源转型，实现可持续发展。因此，黄河流域环境子系统通过资源保障功能、集约导向功能、财富增值功能和动力切换功能对其产业子系统产生着重要的影响。

产业的高质量发展是保证环境保护与生态和谐的经济基础，通过控制和优化产业结构、产业聚集和产业竞争三大状态变量，调整产业生产方式，以保障环境可持续性，实现经济、环境和社会的协同发展。产业子系统对环境子系统的动力作用具体表现在四个方面：一是环境治理资金。提供充足的环境治理资金可以支持环境保护项目的实施，包括水资源管理、水污染治理、土壤保护、生态修复等。这些资金的投入可以改善黄河流域的环境质量，减少污染物的排放，保护生态系统的健康。二是源头节能减排。通过产业结构调整、技术创新和能源利用效率提升等措施，减少产业活动对环境的不良影响。源头节能减排可以降低黄河流域的温室气体排放、大气污染物排放和废水废弃物的排放，达到环境保护和可持续发展的目标。三是环保意识增强。通过教育、宣传和社会参与，增强公众对环境的保护意识，进而促使人们改变不良的生活和生产方式，减少环境污染和资源浪费的行为。在黄河流域，加强环保意识可以促进沿岸居民和企业更加重视水资源的保护和节约利用。四是保护制度完善。建立健全法律、政策和管理制度，明确环境保护的责任和义务，加强对环境违法行为的打击，提高环境治理的效果。进一步完善黄河流域环境保护制度，可以加强对水资源的管理和保护，遏制非法取水和水污染等问题。因此，通过环境治理资金、源头节能减排、环保意识增强和保护制度完善等措施，确实可以对黄河流域环境子系统产生积极的影响，有助于改善环境质量和保护生态系统。然而，如果不重视产业发展，仍然通过粗加工扩大产量，走牺牲环境达到经济发展的老路，导致生态系统不能正常运转，此时产业发展也会对生态环境产生胁迫作用。

4.1.3　环境保护与产业发展复合系统外部环境

复合系统的协同发展不仅受子系统间的相互作用影响，同时还受边界外环境的影响。外部环境组成可分为政治环境、经济环境、社会环境和技术环境四部分（陈继祥，2004）。

1. 政治环境

政治环境涵盖一国或地区的政治制度、体制、方针政策、法律法规等方面（黎群等，2006）。黄河流域的政治环境主要包括：国家基本经济制度——公有制为主体、多种所有制经济共同发展，按劳分配为主体、多种所有制并存，社会主义市场经济体制；基本政治制度——人民代表大会制度等体制制度；国家层面的发展战略、黄河流域这一区域范围的政策法规、流域在行业方面的规划建设等。

上述体制制度是国家大背景下较稳定且普遍的政治环境组成，较少具备黄河流域地方特色。相比之下，黄河流域的方针政策及法律法规更能够体现地方特色，因此将后者视为黄河流域政治环境的重点。一是国家层面的发展战略。国家层面的发展战略对环境与产业协同发展具有推动作用，影响着各行业的资源分配，也决定着行业发展方向。在国家大力推动黄河流域生态保护和高质量发展，并将其作为重大国家战略的政策背景下，环境与产业的协同发展方向必受到国家战略的影响。二是政府制定的区域政策法规。地方政府制定的区域政策法规也推动着环境与产业的协同发展，如新时代西部大开发战略、关中平原城市群建设、流域内各省份颁布的黄河流域生态保护和高质量发展规划等。三是黄河流域各省政府发布的各项政策文件。此类政策文件多集中体现在发展战略性新兴产业或现代产业上，通过产业政策来推动环境与产业协同发展。

2. 经济环境

经济环境是影响一个国家、地区或组织经济活动的各种外部因素和条件（王敏，2015）。黄河流域的经济环境是指黄河流域地区内部和外部因素相互作用所形成的经济格局和发展环境，这包括农业、工业、交通、旅游和环境等方面的因素。

经济环境的考量一般需要参考该区域的经济发展总量和质量，具体可将该区域的地区生产总值与人均生产总值作为重要指标。黄河流域的经济发展环境相较于长三角地区、珠三角地区较为落后，流域内的经济环境也大有不同。黄河流域上游人口较为稀少，经济发展较慢，中游其次，下游地区的经济发展环境最好。不同的经济环境将为环境与产业复合系统的演进提供不同的环境支撑，影响复合系统的协同发展。经济环境较好的地区将为复合系统的协同提供良好的物质和资金支持，经济环境较差地区的支持力度较小。

3. 社会环境

社会环境反映某一区域整体社会发展的一般情况，主要包含人口变动趋势、文化传统、社会心理、民生福祉、基础设施建设和安全保障等。黄河流域的社会环境是一个地区的社会氛围、社会风气、社会关系以及提供的基础设施建设环境等，包括了人们之间的相互影响、社会文化、价值观念、社会制度以及社会发展等方面的内容（曹卫芳等，2023）。

黄河流域的社会环境是指这一区域的上述五个方面。第一，人口变动趋势可以从人口规模、人口结构两个方面分析。数据表明，黄河流域从2010～2020年人口总量呈现增长趋势，人口老龄化程度不断增加，且流域呈现出自西向东逐渐加深的局面。第二，文化传统体现着一个地区长期的道德、习惯及各种思维方式。黄河一直以来被中国人当作中华文明发源地，此处分布着多种文化，如河套文化、关中文化、三晋文化、齐鲁文化等，承载着巨大的文化底蕴，影响着人们的生活生产方式等。第三，社会心理影响着人们的行为。社会心理涵盖了丰富的民族精神、集体意识和价值观取向。黄河流域拥有悠久的历史和灿烂的文化传统，使得人们对于自身民族身份和文化传统有着深厚的认同感。同时，由于地域的特殊性和历史环境的影响，当地居民在处世态度上可能表现出相对保守的一面。这种社会心理特征对于当地人的行为方式、社会交往以及对外交往等方面产生着重要的影响。第四，民生福祉可从居民可支配收入、就业与失业情况、教育普及水平、养老保险缴纳以及养老设施完善情况、人均预期寿命等方面衡量。黄河流域居民的可支配收入逐年增长，这意味着他们的经济收入相对稳定，并且有能力满足基本生活需求。随着医疗卫生水平的提高，黄河流域居民的人均预期寿命逐年增长，使居民健康水平提升。第五，安全保障可以通过粮食、能源的综合生产能力来衡量。黄河流域作为我国的粮食主产区，其粮食综合生产能力较强；黄河流域拥有丰富的水资源、土地资源和人文资源，在整合资源的基础上调整产业生产方式，推动经济增长与环境保护相协调。社会发展的各方面为环境与产业的协同发展创造了更多条件，加强二者的紧密联系，加快协同发展速度。

4. 技术环境

技术环境通常涵盖了企业与政府在技术研发领域的投入、新发明和新技术的情况、技术更新换代以及技术传播速度等方面的因素（徐小鹰等，2022）。技术本身作为一种重要生产力，对生产生活影响巨大，良好的技术环境有助于生产高效、生活便利。

围绕"双碳"战略目标，黄河流域企业与政府对技术更加重视，尤其是低碳循环利用技术。黄河流域的技术环境相对东部等发达地区而言，仍有较大提升空间，但其本身也在不断优化技术环境。研究表明，黄河流域的科技创新发展指数整体呈现上升态势，区域差异较为明显（任保平和裴昂，2022）。四川省、宁夏回族自治区、陕西省、河南省、山东省5个省份科创指数上升较快，山西省、内蒙古自治区、青海省和宁夏回族自治区4个省份科创指数上升较慢；流域内科技创新格局初步呈现中下游领跑、上游追赶的局面。

4.1.4　复合系统与外部环境的互动关系

黄河流域环境保护与产业发展复合系统同外部环境间存在着物质、能量和信息的交换，呈现双向的反馈关系，其互动是一个相互依存和相互促进的过程。

1. 复合系统同政治环境的互动关系

黄河流域环境保护与产业发展复合系统的演化不仅受到自身内部结构的影响，还会受到外部的政治环境影响。政治环境对复合系统中各个部分之间的互动关系产生影响，政策法规可以改变各子系统的某些状态变量，从而影响复合系统中的协同。

就黄河流域环境保护与产业发展复合系统同政治环境的互动来看，复合系统需要从政治环境中获取信息和能量。其一，为避免环境与产业复合系统中的产业盲目生产问题并使生产持续下去，要想避免过度破坏环境，必须坚持政策导向，源源不断地从政治环境中获取生产和环境保护信息。其二，政治环境为复合系统提供能量，表现为政府税收优惠、新兴产业发展政策、环境保护政策等的实施。反过来，复合系统的发展是政治环境优化的基础。产业发展结构若不合理，会推动发展战略性新兴产业、新能源产业等政策的制定；环境若超出负荷和承载力，会推动高质量发展、绿水青山就是金山银山等政策的出台。因此，黄河流域环境保护与产业协同发展复合系统演化需要考虑政治环境，政治环境的变化也会对复合系统产生重要影响。

2. 复合系统同经济环境的互动关系

经济环境对黄河流域环境保护与产业发展复合系统中资源的配置和利用产生影响。经济环境中市场机制、国民经济总体情况、收入分配结构、经济增长速度等因素会影响到资源的供给和配置，这些因素的变化可能会导致资源的重新分配，从而改变复合系统中各个部分之间的合作关系和协同效应。

就黄河流域环境保护与产业发展复合系统同经济环境的互动来看，复合系统需要从经济环境中获取生产信息和物质支撑。其一，良好的经济环境促进了产业信息向复合系统传递，为其创造了有利的发展条件。此外，高收益产业、主导产业和新兴产业具备广阔的发展前景和丰厚的后续收益。例如，黄河流域农业可以通过科技创新、农业机械化和农产品加工等手段提高产出和降低成本，增强农业竞争力，提升农业发展水平，并为复合系统的发展提供支撑。其二，黄河流域的经济环境对复合系统产生反馈作用，为其提供了产业发展与环境保护的持续资金支持，从而推动环境保护、基础设施建设和技术创新等方面的发展。反之，复合系统的协同发展则能够确保经济环境的平稳运行和可持续发展，为经济提供产能支持。因此，复合系统需要依托于良好的经济环境，而经济环境的优化也离不开复合系统的支撑和推动，两者之间彼此相互作用实现黄河流域环境保护与产业发展的协同。

3. 复合系统同社会环境的互动关系

黄河流域环境保护与产业发展复合系统的协同发展可能引起社会环境的变化，这将导致资源配置的重组和产业结构的调整，从而影响就业机会、人口流动以及社会收入分配等社会因素。然而，社会环境的变化也会对复合系统产生反馈作用，进而影响产业发展的方向和速度；就业机会和收入分配的变化可能影响社会稳定性和政治环境，进而影响政策制定和执行的效果。

就黄河流域环境保护与产业发展复合系统同社会环境的互动来看，复合系统需要从社会环境中获取人才资源和基础设施保障。其一，良好的社会环境可以为流域提供保护环境、促进合作与协调、确保公平与包容，以及促进创新和发展等多方面的支持，这样的环境会吸引人才的流入并留住人才，从而为复合系统内部提供优质丰富的人力资源，为复合系统中的环境保护、技术创新、产业升级等方面提供重要的支持和推动。其二，良好的社会环境会具备健全的基础设施，从而保障生产的运行，为复合系统中的产业发展和环境保护提供重要的支持和保障。反过来，复合系统的发展可以为社会环境提供掌握先进技术的优秀人才和基础设施的资金支持，良好的基础设施可以提供高效便捷的公共服务、优质的生产运营条件等，为复合系统中的产业发展和环境保护提供了不可或缺的支持和保障。然而，实现黄河流域环境保护与产业协同发展需要处理好与社会环境的互动关系，通过复合系统与社会环境的能量、物质和信息的交换，以推动复合系统由初级协同向更高级协同发展。

4. 复合系统同技术环境的互动关系

技术创新可以推动黄河流域产业的升级和转型，促进绿色发展。数字化和智能化技术提升资源的合理配置和管理效率，减少资源浪费，优化生产流程，引起产业结构的优化与转型，使产业朝向更加绿色、可持续的方向发展。因此，技术环境通过提升信息传递效率、提高运行效能以及调整系统结构等途径，对复合系统的协同作用产生着深远的影响。

就黄河流域环境保护与产业发展复合系统同技术环境的互动来看，复合系统需要从技术环境中获取创新动力和技术支持。其一，技术环境中蕴含着富足的创新思想与创新行为，为复合系统中的产业发展提供创新经验与创新管理思维，包括先进的生产技术、管理方法、环保措施等，为环境保护提供更多有效的措施指引，助推复合系统持续发展。其二，技术环境不断有新技术产出，助力产业升级、产业结构优化、环境污染物回收利用率提升，为复合系统提供更多的发展机会和动力，推动复合系统的持续发展。反过来，复合系统的协同发展可以为技术环境提供已被实践应用过的成果，给予技术环境优化的空间。复合系统中产业升级和转型可以推动技术创新和应用，而环境保护的实践经验也可以为技术环境提供更多的思路和方法。这种互动可以促进技术环境的不断进步和发展，通过技术创新降低产业对环境的负面影响，提高资源利用效率，推动产业向绿色、低碳方向发展，从而实现复合系统向更高级协同发展。

4.2 黄河流域环境保护与产业发展复合系统协同条件分析

黄河流域环境保护与产业发展复合系统是一个典型的复杂系统，具有从无序向有序协同演化的条件和许多复杂的性质，借助耗散结构理论分析复合系统的开放性特征、远离平衡态、非线性和涨落性四个协同条件（武萍等，2015），可为黄河流域环境与产业协同发展研究提供有利的理论依据。当外部环境的某些状态变量的变化形成足够的负熵流时，通过系统内部发生的涨落和突变，复合系统就可能会发生非平衡相变，通过自组织由原来的无序状态转变为一种时空或功能的有序状态，以形成稳定有序的宏观结构（曾国屏，1996）。因此，远离平衡态的黄河流域环境保护与产业协同发展复合系统在与外界环境不断进行物质流、信息流、能量的交换下，通过子系统之间的非线性相互作用促使复合系统产生自组织现象，在涨落作用的诱发下，推动复合系统形成时间、空间和功能上的有序结构，具体如图 4 - 3 所示。

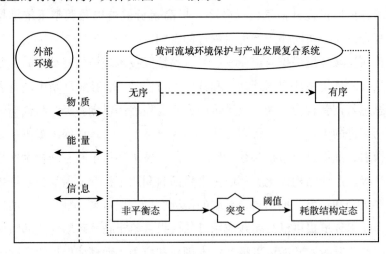

图 4 - 3　黄河流域环境保护与产业协同发展复合系统耗散结构形成过程

4.2.1 开 放 性

开放性是系统协同有序的前提。开放性是指系统在自我发展过程中受到外部环境的影响，从而实现与外部物质、信息与能量的交流与交换的过程。系统的开放性使得它总是处于动态之中，若外界环境发生变化，系统也会做出相应的改变。开放性原理提示人们应该以开放、动态的思维来研究系统，要把研究的对象和系统一起放到周围环境之中，指导我们合理地开发自然，走可持续发展的道路。

黄河流域环境保护与产业发展复合系统是一个开放系统，在复合系统与外界环境相互作用下，处在一种不间断的动态变化之中，这种内外相互流动的开放性是黄河流域环境与产业复合系统的固有特性。一方面，环境保护与产业发展复合系统在发展过程中会受到政治、经济、社会与技术等外部环境的影响，从外部环境吸收"负熵"以抵消系统内部的熵增，从而实现系统的有序发展。例如，政府出台环保政策可以减少污染物的排放，从而减少系统内部的熵增；新技术的引入可以提高资源利用效率，同样也可以抵消系统内部的熵。另一方面，环境保护与产业发展复合系统内部通过自组织实现有序发展，各个组成部分之间相互依赖、相互作用，通过自适应性、信息反馈、互动与合作等机制，实现系统的协同发展。在环境保护与产业发展复合系统中，不同产业、企业、组织以及环境要素之间存在着复杂的相互联系和影响，它们通过相互作用、信息共享和资源交换等方式，形成了一个不可分割的整体，并在调节与发展过程中体现出协同作用。因此，黄河流域环境保护与产业发展复合系统内部的自组织机制与外部环境的影响相互作用，共同推动着系统协同有序发展。

4.2.2 远 离 平 衡 态

失衡性是系统协同有序的根源。失衡性是指系统在非平衡状态下的特征，反映了系统内部和外部因素的相互作用、能量和物质的交换，以及系统演化和发展的过程，从而使系统表现出复杂而有序的行为和结构。远离平衡态是相对平衡态和近平衡态而言的概念，指的是系统由长期不发生任何变化的一个状态

（即平衡态）向发生变化的状态（即非平衡态）转变的过程。因此，由于系统自身与外界存在势差，通过物质、信息和能量的交换引入负熵流，从而实现远离平衡态。

黄河流域环境保护与产业发展复合系统受到人类活动的影响，与外界进行物质交换，存在远离平衡态的失衡特征。这不仅受政府政策等外部因素影响，各子系统间内外部因素共同作用也会将复合系统推向远离平衡态，引起各子系统之间的相互依赖和相互制约。例如，政府政策措施对黄河流域环境保护与产业协同发展复合系统起着重要的指导和调控作用，可以影响产业结构、资源利用、环境治理等方面，从而对整个系统的平衡性产生影响。目前，黄河流域区域间协同发展水平差异较大，总体呈现"下游＞中游＞上游"的空间格局（刘琳轲等，2021）。究其原因，黄河上游地区经济发展水平低，产业类型也多是重工业，为了提升经济水平，大规模开发资源以及粗犷式的产业发展方式导致生态环境压力大，再加上生态环境本底脆弱，导致上游地区环境保护与产业协同发展水平较低。同时，上游地区的资源开发、水土流失等问题会对下游地区的水质、生态等方面产生直接或间接的影响，这种内部因素的相互作用，以及与外界环境的物质交换，也会导致系统失衡并远离平衡态。因此，远离平衡态为黄河流域环境保护与产业协同发展复合系统提供了前提和协同性，各子系统可以协同合作，共同推动资源的合理利用，减少环境污染，提升生态环境质量，同时促进产业的可持续发展。

4.2.3　非线性作用

非线性是系统协同有序的动力。非线性是自然界复杂性的典型性质之一，更接近客观事物性质本身，是量化研究认识复杂知识的重要方法之一（苗东升，2003）。非线性作用指复合系统中各个子系统间的相互作用不是简单的线性相加，是彼此间非均匀的、非对称的立体网格形式影响，从而使系统产生性质上的转化和跳跃。非线性关系可以引发系统内部和系统间的相互作用和反馈，产生协同效应，当各子系统之间存在非线性关系时，它们的相互作用可能导致系统整体出现新的组织形态和稳态，从而促进系统的有序发展。

黄河流域环境保护与产业发展复合系统内的组成部分间存在复杂的相互作

用。首先，产业发展会对环境形成正反馈，也会形成负反馈。一方面，随着现代产业体系形成，产业发展效益增加，就有更多的资金进行环保技术创新；产业结构调整优化区域资源配置，控制资源消耗、再生和污染物的排放；从产业内部来看，企业不断创新技术，提高资源利用率，减少废气废水排放量，不断优化环境指标。另一方面，产业的经济活动都是在一定的生态环境中进行的，生态环境为各种经济活动的进行提供必要的空间和物质条件；产业发展在实现收益增加的同时，也会产生污染物排放，进而破坏生态环境。同时，环境有序发展会对产业形成正反馈，无序发展则会对产业形成负反馈。在有序发展的环境中，产业能够更好地保护和利用资源、保持生态平衡，促进经济发展和社会福利的提升；有序的生态环境通常具备可持续性，通过采取适当的环境保护措施，可以避免环境污染和生态破坏，使产业能够更好地利用资源和开展生产活动，并且消耗的资源能够得到可持续性的更新和利用；相反，在无序发展的环境中，环境污染和生态破坏会对产业形成负面影响，资源和生态环境的破坏会增加企业的生产成本和风险，导致企业的经济效益下降。其次，各子系统内部要素间同样形成相互复杂的作用。由于流域内部的发展差异，以及因遭受外部全球气候变化影响和人为活动的破坏，黄河流域缺水、环境污染严重，对流域经济发展产生了一定的负外部性。黄河复杂难治，黄河流域环境保护与产业协同发展靠的是社会各界的共同努力，需要各种学科的支持以及重要的科技创新，这些作用都无法通过线性方程描述出来。正是这种非线性的相互作用和反馈，系统内的要素可以相互调节和彼此影响，形成一种协同的效应，促进信息传递和资源流动，在系统内部形成复杂的动态平衡和自组织现象。

　　阐明黄河流域环境保护与产业发展复合系统中的大量子系统的非线性相互作用，是将自组织行为清楚阐述所必不可缺的部分。以协同学与复合系统理论为基础，将环境与产业视为复合系统，即将二者作为一个整体，研究在一个整体中二者之间的相互作用与其对整体的影响。该复合系统由不同属性的环境子系统与产业子系统复合而成，二者存在复杂的非线性相互作用，并保持着并行互嵌关系，环境子系统与产业子系统相互作用、相互渗透、相互制约，如图4-4所示。

1. 环境对产业的承载与制约作用

　　环境子系统为产业子系统提供支撑，表现为生态资本由环境子系统流向产业子系统。具体而言，环境子系统为产业子系统提供物质基础、容纳空间。产业子系统需要依托一定的社会基础来进行，产业发展的主体——企业在进行生产生活的过程中需要投入要素资源，并在此过程中产出污染物，这就需要生态环境来提供各种自然生产要素禀赋、吸纳和降解生产生活污染物。产业从环境中获取的生产要素即环境为其提供的物质基础，环境对产业生产生活污染物的吸纳降解即环境以承载力为支撑对产业提供的容纳空间。环境子系统在环境状态、压力、治理的支配下发挥对产业的支撑作用。第一，在稳定有序的环境状态支配下，公园绿地面积、建成区绿化覆盖率以及供水总量都处于较高水平，此时的环境承载力必然处于较高状态，为产业发展提供持久的要素支持和广阔的容纳空间。第二，在产业对环境适量的污染物排放下，即环境尚且能够吸纳和降解产业发展带来的工业废水排放量、工业 SO_2 排放量和工业烟（粉）尘排放量的压力支配下，此时的环境能为产业提供承载力，助推其继续向前发展。第三，在高效治理水平的支配下，污水处理厂集中处理率与生活垃圾无害化处理率等处理率与循环利用率都处于高水平状态，助推环境质量提高，从而保障和支撑产业绿色可持续发展。

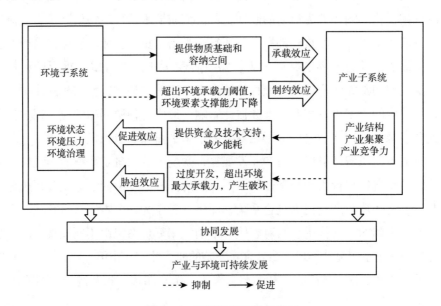

图 4 - 4　环境与产业协同作用

环境子系统对产业子系统的发展有制约作用。环境的承载能力是有限的，一旦产业发展对环境的不良影响超出环境承载力阈值，产业活动将对环境产生极大破坏，而遭受巨大破坏的环境将阻碍产业子系统的发展。环境受到破坏，其环境要素对产业发展的支撑能力下降，会抑制产业的可持续发展。环境子系统对产业子系统的制约作用在环境状态、压力和治理的支配下产生。第一，产业对环境的影响超出了环境承载力，环境状态显著恶化，原有的自然资源受到破坏，绿地面积、供水量等都有所减少，此时环境状态支配下的环境子系统已无法为产业发展提供支撑，反而会限制产业的发展，产业不能再持续地向环境索取资源；同时，环境状态较差不利于吸引人才与资金流入，从而减缓技术创新发展进程。故环境状态恶化会抑制技术创新并进一步阻碍产业高级化合理化进程。第二，超出环境承载力的环境压力处于较差水平，环境无法充分吸纳产业发展中的废气、废水、烟粉尘排放等，环境压力限制产业不能无节制地向环境排放污染物。第三，超出环境承载力下的环境治理将需要付出较大努力，需要长期的人力物力财力投入和较长期的滞后效应才能获得高水平的污水处理厂集中处理率与生活垃圾无害化处理率等，较滞后的环境治理限制产业发展；同时，环境污染加重强势倒逼各地加强环境治理，这种强制性的环境治理加重企业经营负担，使技术创新类项目资金转移出去，阻碍企业的创新历程，影响产业的可持续发展。

2. 产业对环境的促进与胁迫作用

产业子系统对环境子系统的发展具有促进作用。环境子系统在环境状态、压力、治理支配下，会产生大量的资金与技术需求，产业发展的支持是环境的必要条件，可以满足其资金技术需求。一方面，产业发展子系统为其提供资金及技术支持；另一方面，产业的发展会促进产业转型升级，与产业相关的能源、资源等的消耗也会进一步减少，因而有利于保护环境。具体而言，产业子系统在产业结构、产业集聚和产业竞争力的支配下对环境子系统发挥促进作用。第一，产业结构升级将使排污相对较少的第三产业比重上升，耗能排污高的第二产业比重相对下降，最终使污染物排放减少，对环境影响较小；产业结构的合理化与高级化会促进要素的合理配置与流动，从而提高生产效率，创造更多财富，最终为环境保护提供资金、技术支持。生态环境对产业的投入通过产业发展带来的大力投入——环保资金的形式实现资本回流，以保证环境投入的可持续发展性。第二，产业竞争力的提升，表现在产业创新力和技术水平的提高，从而提供环境保护上的技术支持，提升环境保护效率。第三，产业集聚效应的合理发挥，促使集聚起来的企业环保意识增强，减少碳排放；促使集聚区内的技术与知识传播，对环境产生显著正向效益；促使集聚区内产出水平提升，经济效益显著，从而为环境提供保护支持资金。

产业子系统对环境子系统的发展具有胁迫作用。产业发展过程中对环境进行过度开发，会超出环境的最大承载力，从而产生对环境的破坏作用。产业发展中对环境的过度开发通过产业结构、产业集聚与产业竞争力的支配而体现出来。第一，产业结构的不合理导致第二产业比重较大，资源需求多，资源利用效率相对第三产业较低，加剧对生态环境的索取力度，导致环境状态变差、环境压力恶化，从而制约了环境质量的提升。此时产业的继续扩张会加剧产业对环境的破坏，产业结构阻碍了环境子系统的有序发展。第二，产业竞争力较弱时，企业的科技创新力较差，无法为环境子系统的有序发展提供支持。第三，产业集聚效应未得到有效发挥时，会导致即便存在大量工业企业的集聚，但其协同知识创新能力和协同经济效益等缺乏，在加剧环境污染的同时，也无法为环境子系统的有序发展提供资金与技术支撑。

上述环境子系统与产业子系统的相互作用，主要体现在环境对产业承载作用的这一正反馈、环境对产业制约作用的这一负反馈以及产业对环境促进作用的这一正反馈、产业对环境胁迫作用的这一负反馈中。可以看出，环境子系统与产业子系统通过正反馈作用实现螺旋式上升目标，使环境—产业复合系统向更高的有序结构演进。两个子系统的负反馈作用会阻碍各自子系统的良性循环发展，使环境与产业复合系统向更低层次退化。

由环境保护与产业发展协同机理可知，环境与产业协同会相互促进、共同发展。环境子系统的持续运作支撑产业子系统的发展，产业子系统的发展又将促进环境子系统可持续发展。因此，环境子系统与产业子系统是无法割裂、相互作用、相互关联的，二者共同有序发展能够促使整个系统的协同发展，形成"1＋1＞2"的整体效益。

4.2.4 系统的涨落

涨落性是系统协同的诱因。系统的涨落是指系统相对于稳定状态的偏离，是系统发展过程中的一种固有特征。在系统处于远离平衡态的非线性区时，随机涨落通过非线性作用和连锁效应会被迅速放大，从而形成整体上的巨涨落，引发系统突变（苏屹，2013）。涨落性可以打破系统原本的平衡状态，引发子系统之间的相互调节和协同行为，通过相互作用和反馈，在阈值即临界点附近时，被不稳定的系统放大，促使系统内的要素从一个状态到另一个状态的转变，导致系统整体的演化和协同效应，最后促使系统达到新的宏观有序态。

黄河流域环境保护与产业发展复合系统会不断受到来自外部的随机干扰，进而使复合系统偏离理想状态，存在涨落现象。当系统满足远离平衡态的非线性区内条件时，若复合系统的某一状态变量发生变化，微小的涨落可以被系统非线性作用放大，从而导致系统发生突变，从无序向有序演化发展，进而实现自组织。例如，产业高级化发生微小变化时，在非线性区域内可能会引起系统其他组成部分的响应，最终导致整个系统的状态发生突变，出现新的有序结构或模式。在突变之后，系统进入一个新的状态，此时系统内部重新组织和调整，形成新的协同结构和模式，这个阶段可以被看作是再协同的过程，其中系统各个组成部分之间的相互作用重新调整。随着再协同过程的发展，复合系统可能会再次遭遇新的外部或内部扰动，导致系统状态发生变化，出现新的突变。这种再突变过程可以视为复合系统协同发展不断向前推进的一部分，使系统能够不断适应环境变化和提升协同效能以实现更高级的协同效应。

4.2.5　协同发展的前提条件及协同性

复合系统的开放性、失衡性、非线性和涨落性为其协同发展提供了丰富的动力和挑战。复合系统协同发展经历了协同过程、突变过程、再协同过程和再突变过程的非线性螺旋式上升过程，这一过程是一个动态的、复杂的系统演化过程。在这个演化过程中，各组成部分之间的相互作用和影响相互交织，推动着系统的不断发展和演进。本书将从信息共享机制、资源利用效率、技术创新等方面展开，深入探讨如何实现复合系统协同发展，促进环境保护与产业发展的良性循环和持续改进。

首先，有效的信息共享机制是实现复合系统协同发展的基础。在复合系统中，各组成部分之间存在着复杂的信息交换和传递关系。建立起有效的信息共享机制，可以促进环境保护和产业发展之间的信息流通和沟通，使各方能够及时获取到所需的信息资源，从而更好地进行决策和行动。例如，可以通过建立统一的信息平台或数据共享机制，实现环境监测数据、产业发展信息等的共享和交流，提高信息利用效率，促进各方之间的协同合作。其次，技术手段在实现资源高效利用方面发挥着重要作用。资源是复合系统发展的重要基础，其合理利用和配置对于实现环境保护与产业发展的协同发展至关重要。通过技术手段，可以实现资源的高效利用，提高资源利用效率，减少资源的浪费和过度消耗。例如，可以通过智能化生产技术、循环经济模式等手段，实现对资源的有效回收和再利用，降低资源消耗和环境压力，推动产业发展向更加可持续的方向发展。同时，持续推动技术创新是实现复合系统协同发展的重要保障。技术创新不仅可以促进产业结构的转型升级，提高产业发展的质量和效益，还可以为环境保护提供更加有效的技术支撑。通过不断推动技术创新，可以研发出更加环保、节能、高效的生产技术和产品，实现产业发展与环境保护的良性循环。例如，可以加大对清洁能源、节能环保技术等领域的投入，推动产业发展向低碳、环保方向发展，促进复合系统协同发展的良性循环。

为实现复合系统协同发展，促进环境保护与产业发展的良性循环和持续改进，需要建立有效的信息共享机制，提高资源利用效率，持续推动技术创新。这一过程推动了复合系统不断向更高级的协同阶段发展，促进了环境保护与产业发展的协同效应的提升，为实现经济的可持续发展和社会的全面进步提供了有力支撑。

4.3　黄河流域环境保护与产业发展协同动因分析

运用文本分析法，探寻黄河流域环境保护与产业发展协同的影响因素，利用解释结构模型，可以揭示这些因素之间的内在关系与作用机制，深入理解其协同动因。

4.3.1 复合系统影响识别

采用文本分析法分析已有研究成果，筛选并确定黄河流域环境保护与产业协同发展的主要影响因素。考虑到"两山理论"的提出时间，将检索时间范围设定为 2006 年 1 月至 2023 年 9 月，通过中国知网期刊数据库的专业检索方式以"SU = 黄河 × (生态 + 环境) × 产业 × (耦合 + 协调 + 协同)"的期刊文献共计 229 篇，历年数据如图 4 - 5 所示。其中，研究或者提及环境保护与产业协同发展影响因素的论文共计 73 篇。

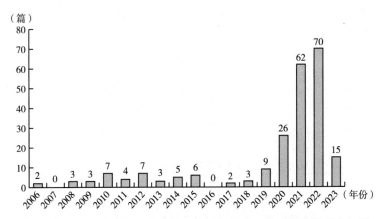

图 4 - 5 2006 ~ 2023 年黄河流域环境保护与产业协同发展的论文数量

资料来源：中国知网期刊数据库。

在统计 73 篇文献中研究或提及黄河流域环境保护与产业协同发展的影响因素时，关键是整理与合并一些同义异名的因素或包含关系的因素。例如，水资源总量、人均耕地面积、人均湿地面积等因素可以将其归纳为资源禀赋因素；工业废水排放、工业废气排放、工业 SO_2 排放、工业烟粉尘以及固体废物排放等可以将其归纳为污染物排放因素；专利申请数量、科研与科学技术支出等可以将其归纳为信息化水平因素；人均生产总值、对外经贸出口额可以归纳为经济发展水平因素；政府工作报告或文件提及"环境规制"的次数统计、污染治理投资占 GDP 的比重等可以归纳为环境规制强度因素。最后获得 29 个黄河流域环境保护与产业协同发展状态变量的影响因素，并将他们分为环境子系统、产业子体系和外部环境共三大类，具体如表 4 - 1 所示。

表 4 - 1   黄河流域环境保护与产业协同发展影响因素统计

分类	状态变量	因素	论文篇数	论文篇数占比（%）
环境子系统	环境状态	资源禀赋	64	87.67
		绿化率	68	93.15
	环境压力	环境质量评价	12	16.44
		污染物排放	70	95.89
		能源消耗	59	80.82
	环境治理	废物处理率	68	93.15
		生态治理	16	21.92
		水土流失率	8	10.96
产业子系统	产业结构	工业化率	52	71.23
		第三产业	57	78.08
		产业结构优化	66	90.41
		产业绿色化	36	49.52
	产业集聚	地理位置	65	89.04
		产业供应链	47	64.38
		市场需求	59	80.82
		产业政策支持	62	84.93
	产业竞争	成本优势	52	71.23
		开放程度	62	84.93
		品牌化影响力	56	76.71
		创新能力	64	87.67
外部环境	政治环境	环境规制强度	68	93.15
		政府间协同治理	30	41.10
	经济环境	经济发展水平	68	93.15
		城镇化水平	58	79.45
	社会环境	人力资本	58	79.45
		基础设施建设	56	76.71
		社会文化	14	19.18
	技术环境	信息化水平	35	47.95

　　选取研究或提及该影响因素的论文篇数占论文总篇数的比例大于50%的因素，作为黄河流域环境保护与产业发展协同的主要影响因素（薛伟贤和刘

骏，2008）。由表5-1可知，超过50%的影响因素共计21个，分别是：资源禀赋、绿化率、污染物排放、能源消耗、废物处理率、工业化率、第三产业、产业结构优化、地理位置、产业供应链、市场需求、产业政策支持、成本优势、开放程度、品牌化影响力、环境规制强度、创新能力、经济发展水平、城镇化水平、人力资本、基础设施建设。

4.3.2 系统因素关联

黄河流域环境保护与产业协同发展是一个多因素影响的复杂系统，这些因素之间互相关联，彼此相互作用，并形成一个复杂的关系因素链。利用解释结构模型（ISM）进行分析，以便从众多影响因素和复杂的关系链中找出影响黄河流域环境保护与产业协同发展的表层直接影响因素、中间层影响因素的深层根本影响因素。根据前文已确定的21个主要影响因素，加上包含这21个主要影响因素的黄河流域环境保护与产业协同发展系统因素，以此建立ISM模型的22个影响因素，将这22个因素分别设置为：资源禀赋（S_1）、绿化率（S_2）、污染物排放（S_3）、能源消耗（S_4）、废物处理率（S_5）、工业化率（S_6）、第三产业（S_7）、产业结构优化（S_8）、地理位置（S_9）、产业供应链（S_{10}）、市场需求（S_{11}）、产业政策支持（S_{12}）、成本优势（S_{13}）、开放程度（S_{14}）、品牌化影响力（S_{15}）、环境规制强度（S_{16}）、创新能力（S_{17}）、经济发展水平（S_{18}）、城镇化水平（S_{19}）、人力资本（S_{20}）、基础设施建设（S_{21}）、黄河流域环境保护与产业协同发展系统（S_0）。

结合已有研究成果对各影响因素间的关联关系进行描述，确定各因素之间的逻辑关系，得到22个因素的邻接矩阵A，如表4-2所示。在邻接矩阵A中，元素定义为$A_{ij}\begin{cases} 1, & S_i 直接影响 S_j \\ 0, & S_i 不直接影响 S_j \end{cases}$，$(i, j = 0, 1, 2, \cdots, 21)$。

利用Matlab软件编程辅助布尔运算法 $M = (A+I)n = (A+I)n+1$，得到15阶可达矩阵R，在此基础上进行层级划分。划分原则为变量S_i是顶层变量当且仅当其满足$C(S_i) = A(S_i) \cap R(S_i)$，其中$R(S_i)$表示变量$S_i$经过一定路径直接或间接达到的所有要素构成的集合，$A(S_i)$表示经过若干路径直接或间接达到变量$S_i$的所有要素构成的集合，$C(S_i)$是$A(S_i)$与$R(S_i)$的交集，称为共同集。这个过程首先计算出可达矩阵R，然后对每个变量进行层级划分。

表 4－2　邻接矩阵

	S1	S2	S3	S4	S5	S6	S7	S8	S9	S10	S11	S12	S13	S14	S15	S16	S17	S18	S19	S20	S21	S0
S1	0	0	0	0	0	0	0	0	0	0	0	0	0	0	0	1	0	0	0	0	0	1
S2	0	0	0	0	0	0	0	0	0	0	0	0	0	0	0	0	0	0	0	0	1	1
S3	0	1	0	0	0	0	0	0	0	0	0	0	0	0	0	0	0	0	0	0	0	1
S4	0	1	0	0	0	0	0	0	0	0	0	0	0	0	0	0	0	0	0	0	0	1
S5	0	1	0	1	0	0	0	0	0	0	0	0	1	0	0	0	0	0	0	0	0	1
S6	0	0	0	1	0	0	0	0	0	0	0	0	0	0	0	0	0	0	0	0	0	1
S7	0	0	0	0	0	1	0	1	0	1	0	0	1	1	1	0	0	0	0	0	0	1
S8	0	0	0	0	0	0	0	0	0	1	0	0	0	0	1	0	0	0	0	0	0	1
S9	0	0	0	0	0	0	0	0	0	0	0	0	1	1	0	1	0	0	0	0	0	1
S10	0	0	0	0	0	0	0	1	0	1	1	0	0	0	0	0	0	0	0	0	0	1
S11	0	0	0	0	0	0	0	0	0	1	0	0	0	0	0	0	0	0	0	0	0	1
S12	0	0	0	0	0	0	0	0	0	0	0	0	1	0	0	0	0	0	0	0	0	1
S13	0	0	0	0	0	0	0	0	0	0	0	0	0	0	0	1	0	0	0	0	0	1
S14	0	0	0	0	0	0	0	0	0	0	0	0	1	0	0	0	0	0	0	0	0	1
S15	0	1	0	0	0	0	0	1	0	0	0	0	0	0	0	0	0	0	0	0	0	1
S16	0	0	0	0	0	0	0	0	0	0	0	0	0	0	0	0	1	0	0	0	1	1
S17	0	0	0	0	0	0	0	1	0	0	0	0	0	0	0	0	0	0	0	0	1	1
S18	0	0	0	0	0	0	0	0	0	0	0	0	0	0	0	0	0	0	1	0	0	1
S19	0	0	0	0	0	0	0	0	0	0	0	0	0	0	0	0	0	1	0	0	0	1
S20	0	0	0	0	0	0	0	0	0	0	0	0	0	0	0	0	0	0	0	0	0	1
S21	0	0	0	0	0	0	0	0	0	0	0	0	0	0	0	0	0	0	0	0	0	1
S0	0	0	0	0	0	0	0	0	0	0	0	0	0	0	0	0	0	0	0	0	0	0

在层级划分过程中，首先抽取最高层级 L_1 的要素集合，这个集合是由所有满足 $C(S_i) = A(S_i) \cap R(S_i)$ 的变量 S_i 组成的。然后在下次算法中，将已确定的高层因素删除，再依据同样的原则确定新的高层 L_i 的要素集合。这样逐层级迭代下去，就可以将所有的变量划分为不同的层级，即找到各层级的变量，最终确定黄河流域环境保护与产业协同发展的影响因素分为 5 层，如表 4 - 3 所示。

表 4 - 3　　　　　黄河流域环境保护与产业协同发展的要素层级划分

序号	可达集	前因集	交集
1	[1, 22]	[1]	[1]
2	[2, 16, 21, 22]	[2, 3, 4, 5, 6, 7, 8, 9, 12, 16, 17, 18, 19, 20]	[2, 16]
3	[2, 3, 16, 21, 22]	[3]	[3]
4	[2, 4, 16, 21, 22]	[4, 7, 8, 12, 18, 19, 20]	[4]
5	[2, 5, 16, 21, 22]	[5]	[5]
6	[2, 6, 16, 21, 22]	[6, 9]	[6]
7	[2, 4, 7, 8, 10, 13, 15, 16, 21, 22]	[7]	[7]
8	[2, 4, 8, 10, 13, 15, 16, 21, 22]	[7, 8, 12, 18, 19, 20]	[8]
9	[2, 6, 9, 10, 11, 13, 14, 15, 16, 21, 22]	[9]	[9]
10	[10, 13, 15, 22]	[7, 8, 9, 10, 11, 12, 14, 18, 19, 20]	[10]
11	[10, 11, 13, 15, 22]	[9, 11, 12, 14]	[11]
12	[2, 4, 8, 10, 11, 12, 13, 14, 15, 16, 21, 22]	[12]	[12]
13	[13, 15, 22]	[7, 8, 9, 10, 11, 12, 13, 14, 15, 17, 18, 19, 20]	[13, 15]
14	[10, 11, 13, 14, 15, 22]	[9, 12, 14]	[14]
15	[13, 15, 22]	[7, 8, 9, 10, 11, 12, 13, 14, 15, 17, 18, 19, 20]	[13, 15]
16	[2, 16, 21, 22]	[2, 3, 4, 5, 6, 7, 8, 9, 12, 16, 17, 18, 19, 20]	[2, 16]
17	[2, 13, 15, 16, 17, 21, 22]	[17, 18, 19]	[17]
18	[2, 4, 8, 10, 13, 15, 16, 17, 18, 19, 21, 22]	[18, 19]	[18, 19]

续表

序号	可达集	前因集	交集
19	[2, 4, 8, 10, 13, 15, 16, 17, 18, 19, 21, 22]	[18, 19]	[18, 19]
20	[2, 4, 8, 10, 13, 15, 16, 20, 21, 22]	[20]	[20]
21	[21, 22]	[2, 3, 4, 5, 6, 7, 8, 9, 12, 16, 17, 18, 19, 20, 21]	[21]
22	[22]	[1, 2, 3, 4, 5, 6, 7, 8, 9, 10, 11, 12, 13, 14, 15, 16, 17, 18, 19, 20, 21, 22]	[22]

根据层级划分结果和分级递阶结构模型图,可以将黄河流域环境保护与产业协同发展分为表层、中层和深层三个层面进行分析。

4.3.3 系统结构分析

由图4-6可知,黄河流域环境保护与产业发展协同的影响因素是一个6层级的递接结构。第一层影响因素是黄河流域环境保护与产业发展协同系统(S_0)。第二层影响因素是资源禀赋(S_1)、成本优势(S_{13})、品牌化影响力(S_{15})、基础设施建设(S_{21})。第三层影响因素是绿化率(S_2)、产业供应链(S_{10})、环境规制强度(S_{16})。第四层影响因素是污染物排放(S_3)、能源消耗(S_4)、废物处理率(S_5)、工业化率(S_6)、市场需求(S_{11})、创新能力(S_{17})。第五层影响因素是产业结构优化(S_8)、开放程度(S_{14})。第六层影响因素是第三产业(S_7)、地理位置(S_9)、产业政策支持(S_{12})、经济发展水平(S_{18})、城镇化水平(S_{19})、人力资本(S_{20})。

(1)第一层和第二层关系分析:资源与生产环境要素因素[资源禀赋(S_1)、成本优势(S_{13})、品牌化影响力(S_{15})、基础设施建设(S_{21})]直接影响黄河流域环境保护与产业发展的协同。资源禀赋(S_1)是指该地区自然资源的分布和丰富程度,对环境保护和产业发展具有直接影响。充足的资源可为产业提供原材料,但若过度开采可能导致环境恶化。成本优势(S_{13})反映了生产过程中的成本效益,对产业选择和发展模式起到决定性作用,对环境影响也有重要意义。品牌化影响力(S_{15})指企业在市场上的知名度和竞争优势,对其环境行为和社会责任承担产生影响。基础设施建设(S_{21})对产业发展和环境保护至关重要，良好的基础设施有助于提高产业效率，但也需要考虑对环境的影响。所以第二层因素是影响黄河流域环境保护与产业发展的表面直接因素。

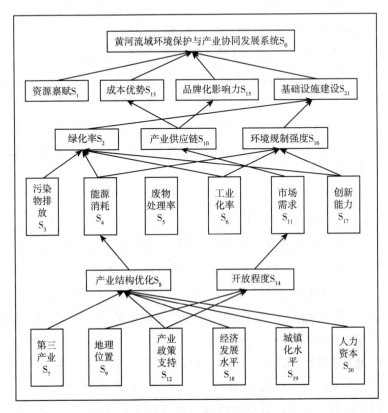

图4-6 黄河流域环境保护与产业协同发展解释结构模型

（2）第二层和第三层关系分析：环境和产业因素［绿化率（S_2）、产业供应链（S_{10}）、环境规制强度（S_{16}）］都会对资源与生产环境要素因素［资源禀赋（S_1）、成本优势（S_{13}）、品牌化影响力（S_{15}）、基础设施建设（S_{21}）］产生直接或间接的影响，并且各因素之间互相影响。绿化率（S_2）是指地区内植被覆盖的比例，对环境质量和生态平衡具有直接影响。高绿化率有助于改善环境质量，提升生态效益，同时也为产业提供了良好的生产环境。产业供应链（S_{10}）指涉及生产、加工、流通和销售的各个环节，对产业的协同发展和资源利用具有重要意义。环境规制强度（S_{16}）则是指政府对环境保护的监管力度和政策支持程度，对产业行为和环境效益产生直接影响。这些环境和产业因素与资源和生产环境要素因素之间存在着复杂的相互作用关系。例如，高绿化率可降低生产环境要素的生产成本，并为品牌化影响力提供生态保障；产业供应链的优化可以提升基础设施建设效率，同时受到环境规制强度的制约。第三层通过第二层对黄河流域环境保护与产业发展的协同产生影响，所以第三层因素是黄河流域环境保护与产业发展的协同系统的中间层直接影响。

（3）第三层和第四层关系分析：社会发展与环境治理因素［污染物排放（S_3）、能源消耗（S_4）、废物处理率（S_5）、工业化率（S_6）、市场需求（S_{11}）、创新能力（S_{17}）］对环境和产业因素［绿化率（S_2）、产业供应链（S_{10}）、环境规制强度（S_{16}）］产生影响。污染物排放和能源消耗的减少有助于提升环境质量，推动绿化率（S_2）的提高，从而改善生态环境，促进可持续发展。废物处理率的提高和工业化率的优化则可以推动产业供应链（S_{10}）的绿色转型，减少对自然资源的过度依赖，优化资源的循环利用。与此同时，市场需求和创新能力的提升，尤其是对绿色产品和技术的需求，能够促进企业在产业链中的绿色转型，进一步加强环境规制强度（S_{16}），从而推动更严格的环保政策和措施的落实。总的来说，社会发展与环境治理因素通过影响污染物排放、能源消耗等方面，进而推动环境和产业因素的变化，促使产业向绿色、低碳方向转型，实现社会和经济的可持续发展。

（4）第四层和第五层关系分析：环境治理与市场环境因素［污染物排放（S_3）、能源消耗（S_4）、废物处理率（S_5）、工业化率（S_6）、市场需求（S_{11}）、创新能力（S_{17}）］对经济转型因素［产业结构优化（S_8）、开放程度（S_{14}）］产生影响。污染物排放的减少和能源消耗的优化，能够促进产业结构的绿色转型，使产业结构优化（S_8）向更加低碳、环保的方向发展。同时，废物处理率的提高和工业化率的调整，有助于推动传统高污染行业的转型升级，促进新兴绿色产业的崛起。市场需求的变化，尤其是对绿色产品和技术的需求激增，推动了创新能力的提升，从而加速了产业技术升级和优化，进一步推动产业结构的高效化和多样化。环境治理政策和市场环境的改善也有助于提高开放程度（S_{14}），吸引外资和技术合作，推动国际化进程和跨国企业合作，加速国内产业融入全球供应链，增强全球竞争力。因此，环境治理与市场环境的改善，能够通过促进产业结构优化和开放程度的提升，推动经济实现绿色转型和高质量发展。故第五层通过第四层对黄河流域环境保护与产业发展的协同产生影响，第五层因素是黄河流域环境保护与产业发展的协同系统深层次的直接影响。

（5）第五层和第六层关系分析：经济转型因素［产业结构优化（S_8）、开放程度（S_{14}）］对社会发展程度、自然区位及人力因素［第三产业（S_7）、地理位置（S_9）、产业政策支持（S_{12}）、经济发展水平（S_{18}）、城镇化水平（S_{19}）、人力资本（S_{20}）］产生影响。产业结构优化（S_8）推动了第三产业（S_7）的蓬勃发展，尤其是服务业和高科技产业的崛起，进一步提升了经济发展水平（S_{18}）和城镇化水平（S_{19}），促进了社会整体的现代化进程。开放程度（S_{14}）的提升则促进了外资和技术的引入，改善了地区经济的竞争力和创新能力，从而加速了人力资本（S_{20}）的积累和提升，增强了劳动力市场的质量和效率。此外，开放程度和产业政策支持（S_{12}）的改善，还能够引导资源向具有比较优势的区域集中，促进不同地理位置（S_9）的区域经济协调发展，推动地区间经济差异的缩小，提升整体社会发展程度。通过优化产业结构和提升开放程度，经济转型不仅促进了社会发展的全面进步，也推动了区域经济的均衡发展和人力资源的有效配置。

因此，社会发展程度、自然区位及人力因素与社会发展与环境治理因素之间存在着复杂的相互作用关系。这些因素共同影响着区域的可持续发展和环境保护，有效的政策和措施应该综合考虑这些因素，促进经济增长与环境保护的协同发展。故第六层通过第五层对黄河流域环境保护与产业发展的协同产生影响，第六层因素是黄河流域环境保护与产业发展的协同系统最深层次的直接影响。

4.3.4　序参量识别

通过对黄河流域环境保护与产业发展协同的影响因素结构分析，发现在第五层和第六层的深层次因素与环境状态、环境压力、环境响应、产业结构、产业集聚和产业聚集这六大状态变量之间存在着错综复杂的相互关系。开放程度（S_{14}）和地理位置（S_9）会对产业集聚产生影响，高度开放的地区可能吸引更多产业聚集，形成产业集聚效应，同时也可能增加环境压力。同时，地理位置因素也会影响产业的空间布局和集聚情况。产业政策支持（S_{12}）可以引导产业发展方向，提升人力资本（S_{20}）可以增强产业创新能力，进而影响产业结构和环境响应水平。经济发展水平（S_{18}）和城镇化水平（S_{19}）对环境状态、环境压力和环境响应也有直接影响。经济发展水平高的地区通常会有更严重的环境压力，城镇化水平的提升也会带来环境挑战，需要采取相应的环境响应措施。因此，研究发现第五层和第六层因素同样可以被纳入六大状态变量之中，对于黄河流域环境保护与产业发展的协同作用具有重要的推动作用，故称这六大状态变量作为黄河流域环境保护与产业发展协同的序参量。

环境子系统的环境状态、环境压力和环境响应三个序参量对黄河流域复合系统协同的影响具体如下：第一，环境状态变量对复合系统的影响。区域经济发展都要利用当地的自然资源以及依赖当下的生态环境，换句话说，一个区域的资源禀赋上限决定了该区域经济发展的高度。黄河流域上中下游在水资源总量、森林覆盖率等方面均存在差异，各区域的生态环境系统差异大，对于推动整个流域的发展所起作用不尽相同，反而是造成流域整体不协同发展的重要原因。黄河流域各地区应尽量克服区位条件带来的资源禀赋差距，促进全流域资源均衡化发展。第二，环境压力变量对复合系统的影响。近几年黄河流域湿地系统、大气环境、水环境等遭到严重破坏与污染，水平持续低下。湿地系统因无节制地开采、旅游活动的人为破坏，逐渐出现沙化、沼泽湿地面积萎缩、湖泊斑驳块数减少等现象。水资源更是因排污量的增加和污染超标准排放，污水从支流向干流和从上游向下游扩散，造成生态系统的破坏，导致水质恶化和水功能的减少或丧失。还有很多氧化铝、电解铝、钢铁、水泥和煤化工等行业、各种露天矿等周围的粉尘、有害气体造成的大气污染。因此，黄河流域迫切需要解决因发展经济对环境造成的破坏与污染问题，这也将成为黄河流域未来持续关注的焦点与目标。第三，环境响应变量对复合系统的影响。环境治理主要是流域生态文明建设，包括自然景观修复、水环境与生态湿地修复、土壤污染治理、矿山修复等。黄河流域的污染源包括工业污水、城市污水、农业面源、排污库等，而环境治理的关键是水滩协同治理。

产业子系统的产业结构、产业聚集和产业竞争三个序参量对黄河流域复合系统协同的影响具体如下：第一，产业结构变量对复合系统的影响。目前的产业依旧是以能源开采和原材料加工的重工业为主，虽然专业化部门与流域资源优势部门基本吻合，但是大规模开发矿产资源势必会加速生态环境恶化，对区域生态功能和安全造成威胁。并且当前产业结构并没有给流域带来经济增长效益，流域的比较优势没有带来相对的比较效益，因此产业转型升级尤为必要。

第二，产业聚集变量对复合系统的影响。产业集聚是产业空间分布的一种表现形式，其内涵是一种在空间上的资源配置。产业集聚可以起到调整产业结构的作用，并且能为产业发展增加新动力，以此来影响区域的高质量发展。黄河流域应着重打造智慧绿色互融的制造业产业集聚发展新生态，推动黄河流域高质量发展。第三，产业竞争变量对复合系统的影响。黄河流域的省份多数位于中西部地区，产业水平低下，新兴产业缺乏竞争力，整个流域产业呈现重工业特征。区域要实现高质量发展的重要支撑是不断提升产业竞争力。因此，黄河流域要立足区位和资源禀赋优势，谋划产业发展时充分考虑区域特色和区域功能，以提升产业竞争力为核心，构筑黄河流域产业链。

资源利用主要考虑资源消耗。黄河流域虽然拥有丰富的资源禀赋，但长期以来主要是开发利用一次能源，开发粗放，生态环境负担严重。近年来虽通过治理、修复，流域生态环境有了很大的改善，但能源结构依旧失衡、产业布局较为单一、工业污染问题依然存在。为此，黄河流域要以生态能源为切入点，提升资源利用率，统筹黄河上中下游能源生产与消费协同发展，实现黄河流域能源产业与环境保护协同发展。

4.4　黄河流域环境保护与产业发展协同效应分析

任何两个或两个以上事物（或子系统之间）通过互动关系，将产生各自独立时所不能产生的结果或整体效应，该效应被称为协同效应，它使整体系统的有效性大于子系统各自单独行动时的有效性的总和。黄河流域环境保护与产业协同发展，必定对产业结构、技术创新、生态环境等产生深远的影响。协同效应主要体现为以下两个方面。

4.4.1　结构效应

在"波特假说"中，结构效应被视为环境政策对企业技术创新的潜在影响，特别是对环保技术创新的影响。通过实施合理的环境政策，政府可以激励企业积极进行技术创新，特别是在环保领域。这样的环保技术创新有望降低企业的生产成本，并且可能抵消环境规制的遵循成本。这一过程预计将推动产业的技术水平和生产率提高，促进技术扩散，并最终实现产业结构的升级（朱东波等，2021）。具体而言，结构效应主要表现为环境政策对企业技术创新的潜在影响，特别是对环保技术创新的促进作用。由于环境规制的实施，企业可能面临更严格的环境排放标准和限制，这迫使它们寻求更加环保的生产技术和方法。在这种压力下，企业被迫加大对环保技术研发和应用的投入，以满足政府对环境保护的要求。因此，环保政策的推动作用使得企业更加倾向于开发和采用环保技术，从而实现环境友好型生产。虽然初期投入可能会增加，但随着技术的成熟和规模效应的发挥，环保技术的生产成本逐渐降低，甚至可能低于传统生产技术的成本。此外，环保技术的应用还可能带来额外的经济效益，例如，节约能源、减少废物排放等，进一步降低企业的生产成本。因此，企业通过引入环保技术，不仅可以满足环境规制的要求，还可以降低生产成本，提高竞争力。环保技术创新的推广和应用预计将推动产业的技术水平和生产率提高，促进技术扩散，并最终实现产业结构的升级。通过不断推进环保技术的研发和应用，产业内部的技术水平将得到提升，生产效率和产品质量将得到改善。同时，企业之间的技术交流和技术扩散也将加强，有助于加速整个产业的技术升级和创新能力的提高。

结构效应的理论基础可以追溯到迈克尔·波特（Michael Porter）关于国际竞争优势的理论。波特认为，企业的竞争优势取决于其所在的产业结构和产业环境。在这一理论框架下，波特假说强调了环境政策对企业行为和产业结构的重要影响，有效的环境政策能够通过激励企业进行技术创新，特别是环保技术创新，来提高产业的竞争力和可持续发展水平。结构效应的实践应用体现在许多国家和地区的环境政策制定和执行过程中。然而，结构效应对经济发展的潜在影响仍存在一定的不确定性和挑战，环境政策的制定和执行需要考虑到产业结构、市场条件和政府能力等多种因素，可能面临政策落实的难度和成本；企业对环境政策的响应可能受到技术水平、市场需求和竞争压力等因素的制约，可能存在技术转移和环保外溢等问题。因此，通过激励环保技术创新，结构效应有望促进产业的技术升级和生产效率提高，推动经济向可持续发展的方向转变。

黄河流域环境保护与产业发展复合系统的结构效应具有深远而复杂的影

响，涉及环境政策、产业结构、技术创新等多个层面，其分析需要从理论框架、实践案例以及潜在挑战等方面展开讨论。首先，波特强调企业竞争优势与所处产业结构和环境密切相关，这为我们理解结构效应在黄河流域环境保护与产业发展中的作用提供了重要理论支撑。结构效应被视为环境政策对企业行为和产业结构的重要影响因素，环境政策的有效实施可以通过激励企业进行技术创新，特别是环保技术创新，来提高产业的竞争力和可持续发展水平。其次，从实践案例的角度来看，黄河流域环境保护与产业发展复合系统的结构效应在许多国家和地区的环境政策制定和执行过程中得到体现。政府通过制定环保法规和标准，鼓励企业投入环保技术研发，以满足环境保护的要求。同时，政府可能提供财政和税收激励，以促进环保技术的市场推广和应用。这些政策措施旨在通过结构效应，推动产业结构向更加环保、高效的方向转变，从而实现经济的可持续发展。最后，结构效应对经济发展的潜在影响仍存在一定的不确定性和挑战。环境政策的制定和执行需要考虑到产业结构、市场条件和政府能力等多种因素，可能面临政策落实的难度和成本。企业对环境政策的响应可能受到技术水平、市场需求和竞争压力等因素的制约，可能存在技术转移和环保外溢等问题。

黄河流域环境保护与产业发展复合系统的结构效应是一个涉及多个层面的复杂问题，只有在政府、企业和社会各方的共同努力下，才能有效应对环境保护与产业发展的挑战，实现经济的可持续发展。

4.4.2　环境效应

当现代产业体系形成与发展时，其结构演变从低级水平向高级水平的转变对环境产生了一系列积极影响。长期以来，传统的重工业和资源型产业在产业结构中占据主导地位，但其高污染、高能耗和低附加值的特征引发了严重的环境问题。随着现代产业结构的转变，重心逐渐从传统的高污染、高能耗产业向清洁技术和环保产业转移，这导致了污染物排放量的有效减少，从而降低了环境污染程度（程钰等，2014）。

现代产业结构的转变带来了环境效益的显著提升。清洁技术的广泛应用和环保产业的快速发展，使污染物排放量得以大幅减少。例如，采用新型清洁能源

替代传统煤炭能源、引入先进的环保设备等举措，有效降低了工业生产过程中
的排放量。这些措施不仅有助于改善空气质量，减少雾霾天气的频率，也有利
于保护水资源和土壤资源，减少环境污染对生态系统的破坏。现代产业结构的
转变对能源资源利用方式产生了深远影响。传统重工业和资源型产业往往依赖
于大量的能源和原材料，而且其生产过程效率低下，资源利用率不高。而现代
产业则更加注重资源的可持续利用和高效利用，通过技术创新和生产方式改
革，实现了能源资源的节约利用和循环利用。这种转变不仅有助于减少对有限
资源的过度开采，还有助于缓解能源供需矛盾，推动经济可持续发展。现代产
业结构的转变还促进了环境意识的提升。随着社会的发展，人们对环境问题的
关注度逐渐提高，环保意识不断增强。现代产业结构中的清洁技术和环保产业
的发展，使环境保护成为社会各界共同关注的焦点。政府、企业和公众纷纷加
大了对环保投入和支持的力度，推动了环境法规和政策的出台和实施，形成了
全社会共同参与环境保护的良好氛围。

　　黄河流域作为中国重要的经济区域之一，其环境保护与产业发展复合系统
的环境效应备受关注。首先，黄河流域的产业发展对环境产生了直接影响。随
着经济的发展和产业结构的调整，该地区的工业化水平不断提升，但同时也伴
随资源消耗和污染排放的增加。传统的重工业和资源型产业在一定程度上导致
了土壤污染、水体污染等环境问题的加剧。例如，大量的工业废水、废气排放
直接排入黄河及其支流，严重影响了当地水环境的质量。其次，环境保护政策
对黄河流域的产业发展产生了重要影响。随着中国政府对环境保护的重视程度
不断提高，一系列环境保护政策和法规相继出台并得到实施。这些政策对黄河
流域的产业发展形成了约束和引导作用。例如，环保税收政策、排污许可制度
等措施限制了高污染、高能耗产业的发展，促进了清洁生产和循环经济的发
展。最后，黄河流域环境保护与产业发展复合系统的环境效应还体现在区域生
态系统的演变上。产业发展过程中的资源开采、土地利用等行为对当地的生态
环境造成了不可逆转的影响。一些工业园区、矿区等区域的开发和利用导致了
生态系统的破坏和生物多样性的丧失。这些不仅影响了当地的生态平衡，也影
响了区域乃至全球的生态安全。黄河流域环境保护与产业发展复合系统的环境
效应是一个综合性的系统工程，涉及经济、环境、政策等多个方面。在未来的
发展中，需要进一步加强环境保护意识，坚定不移地推进绿色发展理念，实施

更加严格的环保政策，促进产业结构的优化和升级，以实现经济增长与环境保护的协调发展。

4.5　黄河流域环境保护与产业发展复合系统运行规律

基于 Logistic 模型描述协同演化规律，分别建立序参量和系统其他状态变量的演化方程，形成协同演化模型。运用线性稳定性分析与绝热消去原理，确定阈值条件和复合系统协同演化的序参量方程，探讨复合系统协同运行的规律。

4.5.1　复合系统演化特征

黄河流域环境保护与产业发展的复合系统作为适应性物流主体和自组织者的典型耗散结构，在其发展过程中受到有限的总体发展空间的制约。这种系统的增长受到其自身生长能力和区域资源环境的双重约束，呈现出非线性增长的 Logistic 曲线。这种曲线是由正反馈力和负反馈力综合作用而形成的，表现为稍微被拉平的"S"型曲线。这种演化趋势符合生物学家韦赫勒斯特（P. F. Verhulst）提出的 Logistic 方程，该方程在研究人口增长等领域有广泛的应用，也适用于社会经济现象的研究。通过引入 Logistic 曲线方程（Volberda et al.，2003；米尔斯切特，2005），对于复合系统的演化过程可以利用以下数学模型进行描述：

$$\begin{cases} \dfrac{dX}{dt} = kX \times \left(1 - \dfrac{X}{N}\right), \\ X_{(0)} = X_0 \end{cases} \tag{4-1}$$

在上述方程中，$\dfrac{dX}{dt}$ 代表复合系统在时间 t 下的发展速度；k 表示复合系统的内在增长率，与内部耦合度相关；N 表示复合系统的最大承载值，与地区环境和产业发展水平相关；每个个体平均所占有资源量为 $\dfrac{1}{N}$；$\dfrac{X}{N}$ 表示消耗总资源的比例；$\left(1 - \dfrac{X}{N}\right)$ 表示剩余资源的比例，即 Logistic 系数；X_0 表示初始时刻系统的总量。通过对这些系数的分析，可以得知以下情况：如果复合系统的总量趋近于 0，则 $\left(1-\dfrac{X}{N}\right)$ 接近 1，表明系统中的资源尚未充分利用，演

化趋势呈现指数增长；如果复合系统的总量 X 趋近于 N，则 $\left(1-\dfrac{X}{N}\right)$ 接近 0，

表明系统中的资源已经充分利用，此时系统的演化趋势呈饱和状态；当复合

系统的总量从 0 逐渐增加到 N 时，$\left(1-\dfrac{X}{N}\right)$ 从 1 逐渐下降到 0，表明剩余资

源逐渐减少。

对式（4-1）进行求解，可得：

$$X = \frac{N}{1 + C \times \exp(-kNt)} \tag{4-2}$$

其中，C 为常数，数值随系统演化阶段的变化而变化。设 $X(0) = \alpha$ 为初始状
态，其中 $0 < \alpha < M$，则：

$$X = \frac{N}{1 + \dfrac{N}{\alpha - 1}\exp(-kNt)} \tag{4-3}$$

式（4-1）描述了复合系统在任一时刻的增长速度，被称为复合系统成长速
度方程。式（4-2）则描绘了复合系统演化动态变化轨迹，即复合系统状态
演化方程。对式（4-1）求导数，可得到：

$$\frac{d^2X}{dt^2} = k^2X\left(1-\frac{X}{N}\right)\left(1-\frac{2X}{N}\right) \tag{4-4}$$

式（4-4）用来表示复合系统任何一时刻的加速度。令 $\dfrac{d^2X}{dt^2}=0$，可以得到复合系

统状态演化曲线拐点：$X_1=0, X_2=\dfrac{N}{2}$ 和 $X_3=N$。由于 $0<X<N$，所以拐点为 $X=$

$\dfrac{N}{2}$。此时，复合系统成长速度曲线达到最大值 $\dfrac{kN}{4}$。对式（4-4）求导，可得：

$$\frac{d^3X}{dt^3} = k^3X\left(1-\frac{X}{N}\right)\left(\frac{6X^2}{N^2}-\frac{6X}{N}+1\right) \tag{4-5}$$

利用其三阶导数等于零，可以得到另两个拐点 $(3-\sqrt{3})N/6$ 和 $(3+\sqrt{3})N/6$，

进而代入复合系统状态演化方程，得复合系统的成长速度曲线数值为 $\dfrac{kN}{6}$。经过推导，复合系统成长速度曲线和状态演化曲线的特征，如图 4-7 所示。

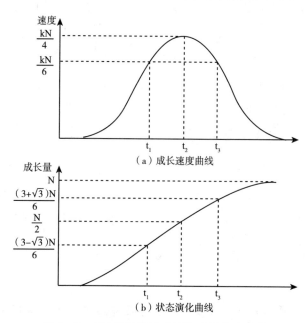

图 4-7　复合系统演化曲线和成长速度曲线

由图 4-7 可得，黄河流域环境保护与产业发展的复合系统随着时间以"S"型曲线增长，并在上界渐近线 $X = N(t, \infty)$ 下逐渐趋于稳定。根据增长情况，可以将演化过程分为四个阶段，其具体演化特征如表 4-4 所示。

表 4-4　　黄河流域环境保护与产业发展的复合系统演化路径特征

阶段	时间	X	dX/dt
1. 初步	$0 < t < t_1$	缓慢上升 $\dfrac{(3-\sqrt{3})N}{6}$	快速上升 $\dfrac{kN}{6}$
2. 成长	$t_1 < t < t_2$	快速上升 $\dfrac{N}{2}$	缓慢上升 $\dfrac{kN}{4}$
3. 成熟	$t_2 < t < t_3$	快速上升 $\dfrac{(3+\sqrt{3})N}{6}$	缓慢下降 $\dfrac{kN}{6}$
4. 衰退	$t_3 < t < +\infty$	趋于平稳	快速下降

（1）第一阶段（$0 < t < t_1$）：尽管复合系统的限制相对较少，总体发展水平较低，但其发展速度逐渐增加。在此阶段，复合系统的增长呈指数形态。在 t_1 处，速度为 $\dfrac{kN}{6}$，此时加速度达到最大值，影响复合系统的各种因素累计最大，系统的增长量达到 $\dfrac{(3 - \sqrt{3})N}{6}$，系统处于发展的初步阶段。

（2）第二阶段（$t_1 < t < t_2$）：黄河流域的环境保护力度增强，产业发展速度提高，导致复合系统的活力增强，发展空间扩大。在此阶段，复合系统的发展速度逐渐增加，加速度减小，呈现准线性增长趋势。在 t_2 处增长速度达到 $\dfrac{kN}{4}$，增长量为 $\dfrac{N}{2}$，增长速度达到最大值，系统处于快速发展阶段。

（3）第三阶段（$t_2 < t < t_3$）：复合系统的增长动力减弱，受到资源和空间的限制。在此阶段，复合系统的增长速度和加速度均减小，但仍呈现准线性增长趋势。在 t_3 处，增长速度为 $\dfrac{kN}{6}$，增长量为 $\dfrac{(3 + \sqrt{3})N}{6}$，系统处于发展的成熟阶段。

（4）第四阶段（$t_3 < t < +\infty$）：复合系统趋于平稳，接近市场需求最大值。在这一阶段，复合系统成长速度递减，加速度递增。在 t_3 处，速度小于 $\dfrac{kN}{6}$，成长量大于 $\dfrac{(3 + \sqrt{3})N}{6}$，逐渐达到极限值 N，系统处于发展的衰退阶段。

4.5.2 复合系统演化过程

1. 演化方程

序参量是协同学的中心概念之一，哈肯用其来阐述系统由无序进化到有序的过程（吴雷，2014）。哈肯提出，复杂系统在演化过程中存在众多参变量，可分为快弛豫变量与慢弛豫变量两大类。哈肯模型是协同理论研究中的重要模型，它能有效揭示驱动系统协同的主控要素——序参量，使系统由无序走向有序、由低协同水平向高协同水平有序演进，并刻画出系统在序参量的作用下远离平衡状态的位置。该模型基于物理热力学的平衡原理构造形成，逐渐被运用于经济学领域，具有跨学科研究的创新性与广泛性。在一个远离平衡状态的系统中，当其中某一参量的变化使系统状态达到临界点时，打破了系统原有的平衡状态，表现为失稳结构。我们将这一参量进一步区分开，分别称为快变量和慢变量，快变量的行为受到慢变量的约束，慢变量决定着系统的演化状态，将这一支配系统演化的慢变量称为序参量。哈肯模型依据序参量的作用原理，对系统参量进行数学处理，提出了绝热消去法，在构建演化方程的基础上进而判断系统中的各项参数是否满足绝热近似假设，再对系统的势函数求解，得到系统的序参量方程及演化方程组，对方程组的演化过程求解可以有效研究复杂系统自组织协同演化过程，具有较强的说服力。哈肯模型旨在通过对驱动系统协同的两两因素分别识别出序参量，进一步通过序参量运算判断系统所处的协同状态。因而，尽管黄河流域环境保护与产业发展复合系统涉及众多系统状态参量，但依据协同学的支配原理与序参量原理可知，明确序参量，对黄河流域环境保护与产业协同发展驱动因素进行分析，就能精准把握黄河流域环境保护与产业发展复合系统的演变态势。

（1）绝热近似原理。

假设系统某一时刻 t 的行为效果 $q(t)$ 受到该时刻来自外力 $F(t)$ 的驱使，并且随时间的演进外力不断衰减，可以将这一过程写作 $F(t) = ae^{-\delta t}$，其中 δ 为阻尼系数，a 为常数，则这种情况下，方程 $\dot{q}(t) = \gamma q + F(t)$ 的解为：

$$q(t) = \frac{a}{\gamma - \delta}(e^{-\delta t} - e^{-\gamma t}) \qquad (4-6)$$

由于系统对外力的作用具有瞬时性特征，作用过程非常短暂，在这一过程中系统与外力之间未能及时发生能量的交换传递，我们将系统的这一响应过程称为"绝热"过程。假设随着时间的演进，系统行为的衰减速度远大于外力随时间的衰减速度，即随时间演进外力的衰减近似地可以看作为零，则有：

$$q(t) = \frac{a}{\gamma}e^{-\delta t} = \frac{1}{\gamma}F(t) \qquad (4-7)$$

可见，使用绝热消去法消除快变量的前提假设是 $\gamma \gg \delta$，这一原理称为绝热近似原理。

（2）序参量演化方程。

假设 q_1 和 q_2 分别为某子系统的内力及其参量的控制力，则系统所满足的运动方程为：

$$\dot{q}_1 = -\gamma_1 q_1 - aq_1 q_2 \qquad (4-8)$$

$$\dot{q}_2 = -\gamma_2 q_2 + bq_1^2 \qquad (4-9)$$

式（4-8）和式（4-9）中，q_1 和 q_2 表示状态变量，a、b、γ_1、γ_2 为控制变量，其中 γ_1 和 γ_2 分别代表两个子系统的阻尼系数，a 和 b 反映 q_1 和 q_2 的相互作用强度。当系统达到一个定态解，即 $q_1 = q_2 = 0$ 时，$|\gamma_2| \gg |\gamma_1|$，且 $\gamma_2 > 0$，则表明系统的状态变量 q_2 是迅速衰减的快变量，状态变量 q_1 为系统的序参量；相反，若 $|\gamma_2| \ll |\gamma_1|$，且 $\gamma_1 > 0$，则表明系统的状态变量 q_1 是迅速衰减的快变量，状态变量 q_2 为系统的序参量。这一实现过程被称为该运动系统的"绝热近似假设"，在实际的运用过程中要求 γ_1 和 γ_2 相差至少需要大于一个数量级，才能判断方程成立。

若"绝热近似假设"成立，设 q_1 为序参量，突然撤去外力 q_2，则 q_1 来不及变化。

即令 $q_2 = 0$，求得：

$$q_2 = \frac{b}{\gamma_2}q_1^2 \qquad (4-10)$$

q_1 即为系统的序参量，进而求解得到序参量演化方程，亦即系统演化方程：

$$\dot{q}_1 = -\gamma_1 q_1 - \frac{ab}{\gamma_2}q_1^3 \qquad (4-11)$$

系统演化方程表示 q_1 决定了 q_2，q_2 随 q_1 的变化而发生相应的变化，因此 q_1 是系统的序参量，支配并主宰着系统的协同演化过程。

（3）势函数。

在物理学中，物体因系统的位移产生势能是物理学的普遍规律，势能体现为系统对外界做功，因此通过构建势函数并对其求解，即可有效判断系统是否处于相对稳定状态。哈肯则依据系统的运动方程以及序参量求解判断系统的演进状态。

对 $\dot{q}_1$ 的相反数进行积分可求得系统势函数，进而有效地判断系统所处的状态：

$$\nu = \frac{1}{2}\gamma_1 q_1^2 + \frac{ab}{4\gamma_2}q_1^4 \qquad (4-12)$$

由于物理学方程的设定是针对连续型随机变量,将其运用到对经济现象的分析,为了便于应用通常要对方程进行离散化处理,即:

$$q_1(t) = (1-\gamma_1)q_1(t-1) - aq_1(t-1)q_2(t-1) \qquad (4-13)$$

$$q_2(t) = (1-\gamma_2)q_2(t-1) + b\,q_1^2(t-1) \qquad (4-14)$$

基于上述分析,哈肯模型通过确定系统中主要作用的参量构造两两参量的运动方程,进而识别序参量,然后依据序参量对系统状态的影响评估系统的协同水平。系统所呈现的多状态演化行为,表现为以下几种情形:

第一,a 和 b 分别反映了 q_2 对 q_1 的协同影响与 q_1 对 q_2 的协同影响。当 a 为正值时,q_2 对 q_1 起阻碍作用,a 的绝对值越大,阻碍作用力越强;反之,当 a 为负值时,q_2 对 q_1 起助推作用,其绝对值越大,推动力则越大;b 反映了 q_1 对 q_2 的协同影响。当 b 为正值时,q_1 促进 q_2 的增长;反之,当 b 为负值时,q_1 阻碍 q_2 的增长。

第二,γ_1 和 γ_2 分别反映了系统所建立起的有序状态。当 γ_1 为负值时,表明 q_1 子系统已建立起正反馈机制促进系统的有序演化,γ_1 的绝对值越大,有序度也越高;当 γ_1 为正值时,表明 q_1 子系统呈现负反馈机制,γ_1 的绝对值越大,系统无序度也越高,系统的涨落得以放大;当 γ_2 为负值时,表明 q_2 子系统呈现正反馈机制,能够促使系统有序度增强;当 γ_2 为正值时,表明 q_2 子系统已建起有序度增强的负反馈机制。

2. 协同过程

黄河流域环境保护与产业发展复合系统中,子系统相互协作、有机整合,共同发挥协同效应,继而在序参量的驱动下复合系统形成有序演变的状态。黄河流域环境保护与产业发展复合系统交互作用与反馈所形成的正向作用与负向作用在序参量的役使下,相互协同,共同发挥正向作用,以减少系统及要素之间形成的负效应,进而形成协同效应,驱动黄河流域环境保护与产业发展复合系统协同演进。依据对复合系统的分析,具体指标体系如表 4-5 所示。

表 4 – 5　　　　　　　　　环境保护与产业发展复合系统序参量指标

子系统	状态变量	指标	指标单位及属性
环境子系统	环境状态（E_1）	人均公园绿地面积（E_{11}）	平方米（+）
		建成区绿化覆盖率（E_{12}）	%（+）
		供水总量（E_{13}）	万立方米（+）
	环境压力（E_2）	工业废水排放量（E_{21}）	万吨（-）
		工业 SO_2 排放量（E_{22}）	吨（-）
		工业烟（粉）尘排放量（E_{23}）	吨（-）
		CO_2 排放量（E_{24}）	万吨（-）
	环境治理（E_3）	污水处理厂集中处理率（E_{31}）	%（+）
		生活垃圾无害化处理率（E_{32}）	%（+）
产业子系统	产业结构（S_1）	产业结构高级化指数（S_{11}）	（+）
		产业结构合理化指数（S_{12}）	（-）
	产业集聚（S_2）	区位熵（S_{21}）	（+）
	产业竞争（S_3）	高等学校在校生数（S_{31}）	人（+）
		规模以上工业企业利润总额（S_{32}）	万元（+）
		进出口总额（S_{33}）	万美元（+）

　　为了识别黄河流域环境保护与产业发展复合系统协同演进驱动机制的核心序参量，利用 Stata16.0 软件进行回归分析，将 6 个序参量分别两两分析，可得黄河流域环境保护与产业发展协同演化方程，具体如表 4 – 6 所示。

表 4 – 6　　　　　　　　　两两分析结果

序号	模型假设	运动方程	方程参数	结论
1	$q_1 = E_1$ $q_2 = E_2$	$q_1 = 0.7431^{**} q_{1(t-1)} + 0.1407^{***} q_{1(t-1)} q_{2(t-1)}$ $q_2 = 0.0558^* q_{2(t-1)} + 0.4977^{***} q_{1(t-1)}^2$	$\gamma_1 = 0.2569$ $\gamma_2 = 0.9442$ $a = -0.1407$ $b = 0.4977$	（1）运动方程成立；（2）不满足绝热近似假设
2	$q_1 = E_1$ $q_2 = E_3$	$q_1 = 0.9522^{**} q_{1(t-1)} - 0.5691^{**} q_{1(t-1)} q_{2(t-1)}$ $q_2 = 0.6751^{**} q_{2(t-1)} + 0.1720^{**} q_{1(t-1)}^2$	$\gamma_1 = 0.0478$ $\gamma_2 = 0.3249$ $a = 0.5691$ $b = 0.1720$	（1）运动方程成立；（2）满足绝热近似假设；（3）E_1 是系统序参量

续表

序号	模型假设	运动方程	方程参数	结论
3	$q_1 = E_1$ $q_2 = S_1$	$q_1 = 0.8303^{**} q_{1(t-1)} + 1.7180^{***} q_{1(t-1)} q_{2(t-1)}$ $q_2 = 0.9614^{*} q_{2(t-1)} + 1.4441^{***} q_{1(t-1)}^2$	$\gamma_1 = 0.1697$ $\gamma_2 = 0.0386$ $a = -1.7180$ $b = 1.4441$	(1) 运动方程成立； (2) 不满足绝热近似假设
4	$q_1 = E_1$ $q_2 = S_2$	$q_1 = 1.1061^{**} q_{1(t-1)} + 0.0151^{**} q_{1(t-1)} q_{2(t-1)}$ $q_2 = -0.0550^{**} q_{2(t-1)} + 2.8282^{**} q_{1(t-1)}^2$	$\gamma_1 = -0.1061$ $\gamma_2 = 1.0550$ $a = -0.0151$ $b = 2.8282$	(1) 运动方程成立； (2) 不满足绝热近似假设
5	$q_1 = E_1$ $q_2 = S_3$	$q_1 = -0.0233^{*} q_{1(t-1)} - 0.2431 q_{1(t-1)} q_{2(t-1)}$ $q_2 = 0.1171 q_{2(t-1)} - 0.0222^{**} q_{1(t-1)}^2$		(1) 运动方程不成立； (2) 不满足绝热近似假设
6	$q_1 = E_2$ $q_2 = E_3$	$q_1 = 0.2329^{**} q_{1(t-1)} - 1.1910^{***} q_{1(t-1)} q_{2(t-1)}$ $q_2 = 0.8910^{***} q_{2(t-1)} - 0.016^{**} q_{1(t-1)}^2$	$\gamma_1 = 0.7671$ $\gamma_2 = 0.1090$ $a = 1.1910$ $b = -0.016$	(1) 运动方程成立； (2) 不满足绝热近似假设
7	$q_1 = E_2$ $q_2 = S_1$	$q_1 = 0.1469^{*} q_{1(t-1)} + 0.1132^{*} q_{1(t-1)} q_{2(t-1)}$ $q_2 = 1.1562^{***} q_{2(t-1)} + 0.0513 q_{1(t-1)}^2$		(1) 运动方程不成立； (2) 不满足绝热近似假设
8	$q_1 = E_2$ $q_2 = S_2$	$q_1 = 1.1113^{***} q_{1(t-1)} - 0.1472^{*} q_{1(t-1)} q_{2(t-1)}$ $q_2 = 0.8744^{***} q_{2(t-1)} - 0.0812^{**} q_{1(t-1)}^2$	$\gamma_1 = -0.1113$ $\gamma_2 = 0.1256$ $a = 0.1472$ $b = -0.0812$	(1) 运动方程成立； (2) 不满足绝热近似假设
9	$q_1 = E_2$ $q_2 = S_3$	$q_1 = 1.1814^{***} q_{1(t-1)} - 1.2901^{**} q_{1(t-1)} q_{2(t-1)}$ $q_2 = 0.1368^{**} q_{2(t-1)} - 0.0625^{*} q_{1(t-1)}^2$	$\gamma_1 = -0.1814$ $\gamma_2 = 0.8632$ $a = 1.2901$ $b = -0.0165$	(1) 运动方程成立； (2) 不满足绝热近似假设
10	$q_1 = E_3$ $q_2 = S_1$	$q_1 = 0.7217^{***} q_{1(t-1)} + 0.0273^{**} q_{1(t-1)} q_{2(t-1)}$ $q_2 = 0.8117^{***} q_{2(t-1)} - 0.3610 q_{1(t-1)}^2$	$\gamma_1 = 0.2783$ $\gamma_2 = 0.1883$ $a = -0.0273$ $b = -0.3610$	(1) 运动方程成立； (2) 不满足绝热近似假设
11	$q_1 = E_3$ $q_2 = S_2$	$q_1 = 0.3638^{***} q_{1(t-1)} + 0.0562^{**} q_{1(t-1)} q_{2(t-1)}$ $q_2 = 0.4564^{***} q_{2(t-1)} + 0.0803 q_{1(t-1)}^2$		(1) 运动方程不成立； (2) 不满足绝热近似假设

续表

序号	模型假设	运动方程	方程参数	结论
12	$q_1 = E_3$ $q_2 = S_3$	$q_1 = 0.7317^{***}\, q_{1(t-1)} - 0.0312^{**}\, q_{1(t-1)}q_{2(t-1)}$ $q_2 = 0.7036^{***}\, q_{2(t-1)} - 0.5306^{**}\, q^2_{1(t-1)}$	$\gamma_1 = 0.2683$ $\gamma_2 = 0.2964$ $a = 0.0312$ $b = 0.5306$	（1）运动方程成立； （2）不满足绝热近似假设
13	$q_1 = S_1$ $q_2 = S_2$	$q_1 = 0.5943\, q_{1(t-1)} - 0.0517^{**}\, q_{1(t-1)}q_{2(t-1)}$ $q_2 = 0.9455^{***}\, q_{2(t-1)} - 0.0117\, q^2_{1(t-1)}$		（1）运动方程不成立； （2）不满足绝热近似假设
14	$q_1 = S_1$ $q_2 = S_3$	$q_1 = 0.3307^{***}\, q_{1(t-1)} - 0.4417^{**}\, q_{1(t-1)}q_{2(t-1)}$ $q_2 = 0.9204^{***}\, q_{2(t-1)} - 0.1227^{*}\, q^2_{1(t-1)}$	$\gamma_1 = 0.6693$ $\gamma_2 = 0.0796$ $a = 0.4417$ $b = -0.1227$	（1）运动方程成立； （2）不满足绝热近似假设
15	$q_1 = S_2$ $q_2 = S_3$	$q_1 = 0.9754^{***}\, q_{1(t-1)} - 0.1436^{**}\, q_{1(t-1)}q_{2(t-1)}$ $q_2 = 0.9388^{***}\, q_{2(t-1)} - 0.0776^{*}\, q^2_{1(t-1)}$	$\gamma_1 = 0.0246$ $\gamma_2 = 0.0612$ $a = 0.1436$ $b = -0.0776$	（1）运动方程成立； （2）不满足绝热近似假设
16	$q_1 = E_2$ $q_2 = E_1$	$q_1 = 0.2131^{**}\, q_{1(t-1)} + 0.0856^{**}\, q_{1(t-1)}q_{2(t-1)}$ $q_2 = 0.6158^{*}\, q_{2(t-1)} + 0.5623^{***}\, q^2_{1(t-1)}$	$\gamma_1 = 0.7569$ $\gamma_2 = 0.3842$ $a = -0.8560$ $b = 0.5623$	（1）运动方程成立； （2）不满足绝热近似假设
17	$q_1 = E_3$ $q_2 = E_1$	$q_1 = 0.2322^{**}\, q_{1(t-1)} - 0.4587^{**}\, q_{1(t-1)}q_{2(t-1)}$ $q_2 = 0.7832^{**}\, q_{2(t-1)} + 0.4520\, q^2_{1(t-1)}$		（1）运动方程不成立； （2）不满足绝热近似假设
18	$q_1 = S_1$ $q_2 = E_1$	$q_1 = 0.4355^{**}\, q_{1(t-1)} + 1.0123^{***}\, q_{1(t-1)}q_{2(t-1)}$ $q_2 = 0.7644^{*}\, q_{2(t-1)} + 0.4231^{***}\, q^2_{1(t-1)}$	$\gamma_1 = 0.5645$ $\gamma_2 = 0.2356$ $a = -1.0123$ $b = 0.4231$	（1）运动方程成立； （2）不满足绝热近似假设
19	$q_1 = E_1$ $q_2 = S_2$	$q_1 = 0.6755^{**}\, q_{1(t-1)} + 0.0153^{**}\, q_{1(t-1)}q_{2(t-1)}$ $q_2 = -0.2108^{**}\, q_{2(t-1)} + 0.8281^{**}\, q^2_{1(t-1)}$	$\gamma_1 = 0.3245$ $\gamma_2 = 1.2108$ $a = 0.0153$ $b = 0.8281$	（1）运动方程成立； （2）不满足绝热近似假设
20	$q_1 = S_1$ $q_2 = E_3$	$q_1 = -1.0123^{*}\, q_{1(t-1)} - 0.2375\, q_{1(t-1)}q_{2(t-1)}$ $q_2 = -0.1175\, q_{2(t-1)} - 0.2354^{**}\, q^2_{1(t-1)}$		（1）运动方程不成立； （2）不满足绝热近似假设

续表

序号	模型假设	运动方程	方程参数	结论
21	$q_1 = E_3$ $q_2 = E_2$	$q_1 = 0.2355^{**}\, q_{1(t-1)} - 1.0734^{***}\, q_{1(t-1)} q_{2(t-1)}$ $q_2 = 0.7644^{***}\, q_{2(t-1)} + 0.2675^{**}\, q_{1(t-1)}^2$	$\gamma_1 = 0.7645$ $\gamma_2 = 0.2356$ $a = 1.0734$ $b = 0.2675$	(1) 运动方程成立; (2) 不满足绝热近似假设
22	$q_1 = S_2$ $q_2 = E_1$	$q_1 = 1.0645^{*}\, q_{1(t-1)} - 0.0734^{*}\, q_{1(t-1)} q_{2(t-1)}$ $q_2 = 0.9644^{***}\, q_{2(t-1)} + 0.3215^{*}\, q_{1(t-1)}^2$	$\gamma_1 = -0.0645$ $\gamma_2 = 0.0356$ $a = 0.0734$ $b = 0.3215$	(1) 运动方程成立; (2) 不满足绝热近似假设
23	$q_1 = E_2$ $q_2 = S_2$	$q_1 = 1.9766^{*}\, q_{1(t-1)} - 0.2376^{*}\, q_{1(t-1)} q_{2(t-1)}$ $q_2 = 0.2466^{***}\, q_{2(t-1)} - 1.1267^{**}\, q_{1(t-1)}^2$	$\gamma_1 = 0.0234$ $\gamma_2 = 0.7534$ $a = 0.2376$ $b = -1.1267$	(1) 运动方程成立; (2) 满足绝热近似假设; (3) E_2 为系统序量
24	$q_1 = S_2$ $q_2 = E_3$	$q_1 = 0.2367\, q_{1(t-1)} - 0.8967^{**}\, q_{1(t-1)} q_{2(t-1)}$ $q_2 = -0.3167^{**}\, q_{2(t-1)} + 0.2365^{*}\, q_{1(t-1)}^2$		(1) 运动方程不成立; (2) 不满足绝热近似假设
25	$q_1 = S_3$ $q_2 = E_1$	$q_1 = 0.2365^{***}\, q_{1(t-1)} - 0.1278^{**}\, q_{1(t-1)} q_{2(t-1)}$ $q_2 = 0.2379^{***}\, q_{2(t-1)} - 0.2378\, q_{1(t-1)}^2$		(1) 运动方程不成立; (2) 不满足绝热近似假设
26	$q_1 = S_3$ $q_2 = E_2$	$q_1 = -0.7564^{***}\, q_{1(t-1)} + 0.3487^{**}\, q_{1(t-1)} q_{2(t-1)}$ $q_2 = 0.3256^{***}\, q_{2(t-1)} + 0.5645\, q_{1(t-1)}^2$		(1) 运动方程不成立; (2) 不满足绝热近似假设
27	$q_1 = S_3$ $q_2 = E_3$	$q_1 = 0.2468^{***}\, q_{1(t-1)} - 0.4562^{**}\, q_{1(t-1)} q_{2(t-1)}$ $q_2 = 0.7644^{***}\, q_{2(t-1)} - 0.5303^{**}\, q_{1(t-1)}^2$	$\gamma_1 = 0.7532$ $\gamma_2 = 0.2356$ $a = 0.4562$ $b = 0.5303$	(1) 运动方程成立; (2) 不满足绝热近似假设
28	$q_1 = S_2$ $q_2 = S_1$	$q_1 = 0.3476\, q_{1(t-1)} + 1.3421^{**}\, q_{1(t-1)} q_{2(t-1)}$ $q_2 = 0.5624^{***}\, q_{2(t-1)} - 0.2356\, q_{1(t-1)}^2$		(1) 运动方程不成立; (2) 不满足绝热近似假设
29	$q_1 = S_3$ $q_2 = S_1$	$q_1 = 1.2463^{***}\, q_{1(t-1)} - 0.3256^{**}\, q_{1(t-1)} q_{2(t-1)}$ $q_2 = 0.2577^{***}\, q_{2(t-1)} - 0.5624^{*}\, q_{1(t-1)}^2$	$\gamma_1 = -0.2463$ $\gamma_2 = 0.7423$ $a = 0.3256$ $b = -0.5624$	(1) 运动方程成立; (2) 不满足绝热近似假设
30	$q_1 = S_2$ $q_2 = S_3$	$q_1 = 0.2464^{***}\, q_{1(t-1)} - 0.2356^{**}\, q_{1(t-1)} q_{2(t-1)}$ $q_2 = 0.8755^{***}\, q_{2(t-1)} - 0.2378^{*}\, q_{1(t-1)}^2$	$\gamma_1 = 0.7536$ $\gamma_2 = 0.1245$ $a = -0.2356$ $b = -0.2378$	(1) 运动方程成立; (2) 满足不绝热近似假设

表 4 - 6 状态变量的两两分析结果显示，驱动黄河流域环境保护与产业发展复合系统协同的核心序参量是环境状态（E_1）和环境压力（E_2）。在运动方程 2 中，常数 b 为正，表明环境状态（E_1）对环境治理存在积极影响。当环境状态良好时，环境治理可以更有效地实施和维持，该地区往往会有更多的资源和机会用于技术创新和研发，以解决环境问题。例如，开发和采用清洁能源技术、减排技术等，可以帮助改善环境质量并减少污染。同时，好的环境状态通常会吸引更多的投资和资源用于环境治理。在运动方程 23 中，常数 b 为负数，表明环境压力（E_2）会对产业集聚产生阻碍作用。环境压力导致土地资源受限，限制了产业的扩张和集聚，引起环境治理和合规成本的增加。同时，环境压力可能导致政府加强环保监管和减排要求。政府可能限制污染产业的发展或推动转型，这对产业集聚造成一定的阻碍。

4.5.3 复合系统协同形成过程

1. 环境保护推动协同形成

考虑到环境状态变量对复合系统的协同起到积极的作用，故环境质量的改善对于有效的环境治理至关重要。在环境保护与产业发展协同过程中呈现的系统结构，本质是复合系统各主体之间相互作用关系及由关系构成的网络，这些关系受到区域市场和政府调节、产业择优合作的驱动，不同系统主体相互整合，呈现出系统不同模式与状态的交替与重构，使系统整体形成相对稳定的自增益循环。黄河流域环境保护和产业发展的各系统主体在协同过程中，通过居民需求驱动、自然资源和能源流动、产业资本转移等建立关联关系，但受到外部环保规制和生态环境变化、内部污染物循环利用和能源稀缺的影响，这种关系不断解除、新建或再造，推动环境变化下环境保护系统格局调整和污染物循环利用下产业结构升级，促使复合系统的整体结构由非平衡到相对平衡的不断演进，系统状态也由非平衡态转变为更为稳定、更为适宜的平衡状态，进而使黄河流域环境保护和产业发展协同产生自增益效应。

黄河流域脆弱的生态环境本底要求产业发展实现"资源产品—废弃物—资源"的闭合式循环，形成一种符合可持续发展理念的新型发展模式。黄河流域长期以来以煤化工、石油化工、机械制造为主的污染产业发展，大量消耗地下资源、能源和地表水，并排放大量的工业"三废"，如果不加以控制，污染物不断累积势必恶化黄河流域乃至全国的生态环境。控制污染产业排放污染物的关键是"节转"，"节"是升级污染产业的资源利用技术水平，从源头上减少污染物排放规模，但现存于生态环境中的过量污染物就需要依靠自然环境缓慢净化，而黄河流域的生态环境本地脆弱决定了生态环境恢复的周期较长；"转"是通过发展能够资源化开发"三废"的清洁产业，针对污染累积过程中产业生产不可避免产生和自然环境中已存的污染物，发展变废为宝、化害为利的绿色技术（Lee et al.，2018），做到最有效地利用自然资源，尽可能多地减少污染物排放，保护环境，最后出现零排放或者近零排放。此外，随着黄河流域居民生活水平的不断提升，生活污染物的排放量也越来越大，清洁产业如果能够有效利用，那么居民生活环境和自然环境质量均会越来越好，从而有效解决自然资源代际可持续开发问题。污染物循环利用实质上是提高产业利用资源的效率，解决资源永续利用和资源浪费造成的环境污染问题。

从环境保护角度来看，黄河流域污染物循环利用带来的产业结构演变只是表象，根源依然在于黄河流域内企业和政府固有的大开发、大发展的传统发展思路。地方政府以 GDP 为核心的考核激励方式使得地方政策服务于地区总产值增加，而财政分权让地方政府承担了更多的民生、公共服务等任务，导致地方政府财政压力巨大，依赖黄河流域丰富自然资源发展能源化工、钢铁、装备制造、基础设施等污染产业，成为完成 GDP 目标和增加财政收入的重要途径，而这些污染产业往往排放大量污染物破坏生态环境。为解决地方经济增长和节能减排之间的矛盾，要以污染物循环利用作为指导，力争在生产的各个环节利用原材料拉长产业链，即一个企业排放的废弃物可能就是另外一个企业的原材料，做到首尾相接，实现整个园区水、气、渣的零排放，实现环境保护与产业发展协同。

2. 环境保护需求拉动协同形成

黄河流域环境保护与产业发展协同系统，是面向区域环境保护、产业发展和相关环境服务机构的一整套解决方案。黄河中游地区地下资源丰富，地表环境本底脆弱，城市中的产业集中于原材料开发和传统农业，居民收入水平低，当地政府首要关注的是经济发展，环境规制强度相比下游低。"两山理论"提出以来，黄河中游地区将环境保护需求纳入环境保护与产业发展协同的研究范畴，以重工业和重化工为主的传统产业逐步向环境友好型产业转型，以实现黄河流域环境保护与产业发展协同。

根据黄河流域环境保护与产业发展协同支配原理和中游地区的协同实践可知，利益驱动是黄河中游环境保护与产业发展协同形成的动力。黄河中游地区以产业成本最优、绿色技术攻关和资源配置方式为战略导向，发展环境友好型产业，逐步实现环境保护与产业发展协同演进。环境友好型产业发展作为协同系统的快参量，对环境保护与产业发展协同的影响有限，需要结合系统整合思维和动态演化逻辑加以实现。环境友好型产业可以保持中游地区得到环境保护现状，同时增加区域产出，以增加区域内的居民和政府收入；当区域内的居民和政府收入达到一定水平后，居民消费偏好和政府支出反向增加对环境保护供给，支撑区域形成更高的环境保护水平，以实现环境保护与产业发展的更高协同水平。

环境保护需求拉动下环境保护与产业发展协同，是外部协同与内部协同共同作用的结果，在环境保护与产业发展的沟通、协调、合作过程中，环境友好型产业作为环境保护与产业发展协同的供给者，居民、政府和产业作为环境保护的需求者，二者之间的相互作用对绿色技术增值、环保需求整合交流起到重要的传播与促进作用，具有择优发展特点。

在黄河中游环境保护与产业发展协同系统协同演化的过程中，环境友好型产业更倾向迁移，在原有产业链的基础上，该主体能够继续从中获取利益，则该关系及所对应结构，能够实现复制式增长；若受到技术更高需求驱动或环境规制扰动等影响，原有协同的状态会逐渐破裂，环境友好型产业为使自身利益不受影响或实现更高的价值创造，会择优挑选更为适宜清洁产业或环境成本更低的区域，重新建立协同关系，更新其协同结构，使黄河流域环境保护与产业发展协同系统适应性更强、内部联系更稳定。

3. 局部与整体利益权衡形成

黄河流域环境保护与产业发展协同的局部与整体利益动态调整，以资源基础观为理论依据，是协同系统感知内外部资源，从而快速适应动态复杂变化的黄河流域环境保护与产业发展协同系统环境的过程。例如，黄河上游地表生态环境资源丰富但受到人为破坏修复周期长，是国家环境保护重点区域；同时，地下矿产资源和能源丰富，是黄河流域乃至全国产业链的上游，但资源开采未能给上游居民带来高收入，导致当地依然以畜牧业为主，对地表环境的破坏较大。

在协同演化过程中，功能不断增强，进入的产业数量不断增多，且围绕资源共享、价值共创，产业间竞争、合作关系不断深入，彼此制约、协调或支撑，也使黄河流域环境保护与产业发展协同系统由混沌、无序的非平衡态转变为稳定、有序的相对平衡态。在平衡态下，产业处于收益较优的适宜状态，异质性程度较高，而所集约的资源种类、数量与质量也处在适于发展、各主体有效交互的最佳范围，产业结构及交互关系趋于稳定。

总之，黄河流域环境保护与产业发展协同从初始环境保护与产业发展权衡控制协同到产业发展累进支配协同再到自增益涨落协同，系统内外部环境的冲击与协同系统自组织、自适应作用均对黄河流域环境保护与产业发展协同演化产生巨大影响。即黄河流域环境保护与产业发展协同系统形成有序结构，只要内外部环境发生改变，有序结构与协同状态也将随之被打破。在黄河流域环境保护与产业发展协同演化过程中，围绕协同战略、协同目的，使系统整体呈现出高度的稳定、有序，能够及时应对内部环境改变的扰动作出响应、调节与适应，保障主体间、与内部环境间信息交换、资源流动、价值增益的顺畅，使黄河流域环境保护与产业发展协同系统恢复至新的相对平衡态。

4.6　小结

本章在构建黄河流域环境保护与产业发展复合系统的基础上，分析复合系统协同发展条件及协同性，识别复合系统序参量，并探讨复合系统运行规律，进而全面揭示黄河流域环境保护与产业协同发展机理，主要研究结论如下所示。

第一，黄河流域环境保护与产业发展复合系统结构分析。（1）黄河流域环境保护与产业发展复合系统边界有内外之分，系统边界内为包含环境子系统与产业子系统的复合系统，边界外为包含政治环境、经济环境、社会环境、技术环境的外部环境。（2）内部要素中的环境和产业两个子系统与外部环境中的政治环境、经济环境、社会环境和技术环境之间进行物质、能量和信息交换，彼此之间相互共同作用于整个复杂系统之中。

第二，黄河流域环境保护与产业发展复合系统协同条件、动因及效应分析。（1）黄河流域环境保护与产业发展复合系统是一个典型的复杂系统，具有从无序向有序协同演化的条件和许多复杂的性质，借助耗散结构理论分析复合系统的开放性特征、远离平衡态、非线性相互作用和系统的涨落作用四个协同条件。同时，信息共享机制、资源利用效率、技术创新等都是促进环境保护与产业发展的良性循环和持续改进的前提条件。（2）黄河流域环境保护与产业发展动因分析中，环境基础主要考虑生态环境禀赋、环境污染和环境治理，产业基础主要考虑产业结构、产业竞争和产业集聚，资源利用主要考虑资源消耗。（3）黄河流域环境保护与产业协同发展必定对产业结构、技术创新、生态环境等产生深远的影响，协同效应主要体现为结构效应和环境效应两个方面。

第三，黄河流域环境保护与产业发展复合系统运行规律。（1）驱动黄河流域环境保护与产业发展复合系统协同的序参量是环境状态和环境压力。环境状态对环境治理存在积极影响，环境压力可能导致政府加强环保监管和减排要求，从而对产业集聚造成一定的阻碍。（2）黄河流域环境保护与产业发展复合系统协同的形成过程是由环境保护的推动和需求共同作用形成的，围绕协同战略和协同目的可使系统整体呈现出高度的稳定、有序，及时对内部环境改变的扰动作出响应、调节与适应，从而使协同系统较快恢复至新的相对平衡态。

第 5 章

黄河流域环境保护与产业
发展的协同度评价

　　科学量化分析黄河流域环境保护与产业发展的协同度及其特征，是提升二者协同的基础性工作。鲜有研究完全针对环境保护与产业发展的协同度模型构建与计算。本章构建黄河流域环境保护与产业发展协同度测度模型，测度2010～2021 年黄河流域的环境子系统有序度、产业子系统有序度以及复合系统协同度，并分析复合系统协同度的时空特征，为实现黄河流域环境保护与产业发展的更高阶协同提供相关对策建议。

5.1　协同度测度模型

　　复合系统由各种不同属性的子系统相互作用构成，具有一定结构和功能，兼顾自然与人造系统的双重特点，即既有内部的自组织特点，又有他组织的特点。在这种复合机制中，存在着若干本质确定的稳定因素（如复合系统空间维数等），无论是系统的自组织还是外部环境对系统发生作用时均不会影响这类因素，使得此类因素在系统演化过程中保持恒定，且不对系统演化进程产生影响。因此，在探索系统演化规律时，可将这类因素视为常量，同时将整体系统的状态、结构和功能效应的波动变化视为由本质不确定的非稳定因素所决定，即由于系统的自组织或外部环境对系统的作用引起非稳定因素的变化，从而导致了整体系统的状态、结构和功能效应的波动变化。白华和韩文秀（2000）对复合系统进行了定量描述，使复合系统的内涵数理化、清晰化，可以将其内涵表示为：

$$C_s(t) \in \{S_1(t), \cdots, S_n(t), R_a\}, n \geqslant 2 \qquad (5-1)$$

$$S_i(t) \in \{E_i(t), C_i(t), F_i(t)\} \qquad (5-2)$$

其中，$S_i(t)$ 表示 t 时刻的第 i 个子系统，$E_i(t)$、$C_i(t)$、$F_i(t)$ 分别表示 t 时刻第 i 个子系统的要素、结构和功能。复合系统的每一个子系统都具有多因素、多结构、多变量，包含众多具备复杂关联关系的要素，这些构成要素间存在相互作用。R_a 是关联系统，作为复合系统中关联关系的集合，既包括子系统间的关联关系，又包含子系统内部各要素间的关联关系。孟庆松和韩文秀（2000）提出复合系统又可以进一步抽象表示为：

$$S = f(S_1, S_2, \cdots, S_j, \cdots, S_n) \qquad (5-3)$$

其中，S 为复合系统，S_j 为子系统，f 为复合因子。如果 f 能够用精确的数学结构表达，则复合因子相当于"算子"的概念。对于复合系统而言，此种情况下的 f 一般为非线性算子。

对复合系统施加协调作用的实质在于寻找一种外部作用 F，使在 F 的作用影响下，按照某一评价准则，使复合系统的总体效能 E(S) 大于各子系统的效能之和 $\sum_{j=1}^{k} E(s_j)$，即：

$$E(S) = E\{F[f(S_1, S_2, \cdots, S_k)]\} = E[g(S_1, S_2, \cdots, S_k)] = E^g(S) > \sum_{j=1}^{k} E(s_j)$$

$$(5-4)$$

其中，F 为复合系统 S 的协同作用，对于给定的复合系统 S，使其从现状走向协同的作用一般不止一个，即使式（5-4）成立的 F 不止一个。广义地讲，凡是能够使系统的状态、结构、功能得以改善的外部作用都可视为系统的协同作用，协同作用 F 的集合称为"协同机制"，记为 Γ，表明协同作用 F 的形成规则与作用程度。式（5-4）表明，在系统协同作用的驱动下，系统形成的正向效能大于在非协同状态下相关要素、相关系统的效能之和，这正是协同学所表述的协同反应状态。但是在协同机制中，不同的协同作用的效果一般也不相同，因此，如果 ∃F⁰ ∈ Γ，使在一定的评价准则下，式（5-5）成立，则称 F⁰ 为最优协同作用。

$$E\{F^0[f(S_1,S_2,\cdots,S_k)]\}=E\{g^0(S_1,S_2,\cdots,S_k)\}=optE^g(S) \quad (5-5)$$

其中，$optE^g(S)$ 表示系统协同，$g^0=F^0\circ f$，$g=F\circ f$，$F\in\Gamma$。

在对系统协同进行定义后，将针对式（5-3）定义的复合系统，以协同学的序参量原理和役使原理为基础，建立其整体协同度模型。

5.1.1　子系统序参量分量有序度模型

复合系统可以按照子系统间的相互作用关系，分为正作用关系系统与负作用关系系统两类。设 S_a、S_b 为构成复合系统的两个子系统，正作用指子系统 S_a 对子系统 S_b 的发展起促进作用；负作用指子系统 S_a 对子系统 S_b 的发展起制约作用。通常正负作用同时存在于复合系统，但因作用强弱存在差异，复合系统表现出的整体特性也大有不同（王振宇等，2003）。

基于上述的复合系统定量描述，将黄河流域环境与产业整体视为复合系统 $S=\{S_1,S_2\}$，其中 S_1 为环境子系统，S_2 为产业子系统。考虑子系统 S_j，$j\in[1,2]$，设子系统发展过程中的序参量为 $e_j=(e_{j1},e_{j2},\cdots,e_{jn})$，其中 $n\geqslant1$，$U_{ji}\leqslant e_{ji}\leqslant T_{ji}$，$i=1,2,\cdots,n$，$T_{ji}$、$U_{ji}$ 分别代表序参量分量 e_{ji} 的最大值与最小值。假定 e_{j1}，e_{j2}，$\cdots$，e_{jl_1} 为正向指标，取值越大，序参量分量的有序程度就越高；假定 e_{jl_1+1}，e_{jl_1+2}，$\cdots$，e_{jn} 为逆向指标，取值越大，序参量分量的有序程度就越低。序参量分量 e_{ji} 的有序度计算如下：

$$u_j(e_{ji})=\begin{cases}\dfrac{e_{ji}-U_{ji}}{T_{ji}-U_{ji}},i\in[1,l_1]\\[3mm]\dfrac{T_{ji}-e_{ji}}{T_{ji}-U_{ji}},i\in[l_{1+1},n]\end{cases} \quad (5-6)$$

其中，$u_j(e_{ji})\in[0,1]$，$u_j(e_{ji})$ 值越大，代表序参量分量 e_{ji} 对子系统有序的"贡献"越大。

5.1.2　子系统有序度模型

各序参量分量 e_{ji} 对子系统 S_j 有序度的"总贡献"可通过对 $u_j(e_{ji})$ 的集成

来实现。从理论上讲系统的总体性能不仅取决于各序参量数值的大小，而且更重要的还取决于它们之间的组合形式。不同的系统具体结构具有不同的组合形式，组合形式又决定了"集成"法则。$u_j(e_{ji})$ 的集成为序参量 e_j 的系统有序度，常用的集成方法有几何平均法式（5 – 7a）和线性加权求和法式（5 – 7b），其子系统有序度的具体计算公式分别为：

$$u_j(e_j) = \sqrt[n]{\prod_{i=1}^{n} u_j(e_{ji})} \tag{5 – 7a}$$

$$u_j(e_j) = \sum_{i=1}^{n} \lambda_i u_j(e_{ji}), \lambda_i \geq 0, \sum_{i=1}^{n} \lambda_i = 1 \tag{5 – 7b}$$

其中，$u_j(e_j) \in [0, 1]$，$u_j(e_j)$ 越大，说明 e_j 对子系统有序起着越大的贡献作用，子系统的有序度越高，反之则越低。权系数 λ_i 的确定既考虑到系统的现实运行状态，又能够反映系统在一定时期内的发展目标。

本研究以线性加权求和的方式对子系统有序度进行集成计算，其原因在于各个子系统之间的评价指标单位或量纲不一致时，几何平均法相对不容易处理，而线性加权求和法通过调整权重，可以有效地将不同指标纳入考虑，实现对整体系统性能的综合评价。

权系数 λ_i 通过 CRITIC 赋权法计算得到。该方法综合考虑指标间冲突性及指标变化对权重带来的影响，计算方法如下：

$$C_j = S_j \sum_{i=1}^{n} (1 - r_{ij}), i = 1,2,\cdots,n \tag{5 – 8}$$

$$\lambda_i = \frac{C_j}{\sum_{j=1}^{n} C_j}, i = 1,2,\cdots,n \tag{5 – 9}$$

其中，C_j 是 j 指标对系统的影响大小；S_j 是第 j 个指标所对应变量的标准差；$(1 - r_{ij})$ 是 i 指标同其他指标的冲突强度，指标间的相关系数 r_{ij} 越大说明冲突强度越小。式（5 – 9）中，λ_i 是第 i 个指标的权重，它是 C_j 与 $\sum_{j=1}^{n} C_j$ 的比值。

5.1.3 复合系统协同度模型

给定初始时刻 t_0，设各子系统序参量的系统有序度为 $u_j^0(e_j)$，j = 1, 2, …,

k。在整个系统的演变过程中，时刻 t_1 各系统序参量的系统有序度为 $u_j^1(e_j)$，$j=1,2,\cdots,k$。那么，复合系统的协同度 cm 表示为：

$$cm = \theta \cdot \sqrt[n]{\prod_{j=1}^{n}\left[u_j^1(e_j) - u_j^0(e_j)\right]}$$

$$\theta = \frac{\min\left[u_j^1(e_j) - u_j^0(e_j)\right]}{\left|\min\left[u_j^1(e_j) - u_j^0(e_j)\right]\right|}, j = 1,2,\cdots,k; u_j^0(e_j) \neq 0 \quad (5-10)$$

其中，$cm \in [-1, 1]$，cm 越大表示复合系统协同发展的程度越高，反之则越低。参数 θ 是衡量子系统协调方向的参数，当且仅当式 $u_j^1(e_j) - u_j^0(e_j) > 0$，$\forall j \in [1, k]$ 成立时，复合系统才有正的协同度。应用上式可判断复合系统相对于考察期和基期，协同度的特征与变动情况。若一个子系统的有序度实现了较大幅度的提升，而另一些子系统的有序度提高幅度却较小或者下降，则整个系统不能处于较好的协同状态或者根本不协同。

利用几何平均值对复合系统协同度的划分，可以将其划分为上述6个不同的协同水平（邬彩霞，2021），具体如表5-1所示。

表5-1　　　　　　　　　　**复合系统协同水平划分标准**

协同度	协同水平
$cm \in [-1, -0.666)$	高度不协同
$cm \in [-0.666, -0.333)$	中度不协同
$cm \in [-0.333, 0)$	轻度不协同
$cm \in [0, 0.333)$	轻度协同
$cm \in [0.333, 0.666)$	中度协同
$cm \in [0.666, 1]$	高度协同

5.1.4　环境保护与产业发展复合系统协同度测度指标体系

基于前面环境保护与产业发展的协同机理研究中复合系统的序参量，序参量分量即各序参量的表征指标。首先，将环境子系统中的序参量确定为环境状态、环境压力与环境响应；将产业子系统中的序参量确定为产业结构、

产业集聚与产业竞争力。其次，结合现有研究（张国俊等，2020；任保平和
杜宇翔，2021；桑瑞聪和王洪亮，2011；陆小莉等，2021；杜德林等，
2020；张颖和汪飞燕，2013；管豪，2018），确定指标体系具体如表 5 - 2
所示。

表 5 - 2　　　　环境保护与产业发展复合系统协同度测度指标体系

子系统	序参量	序参量分量	指标单位及属性	权重系数 λ_i
环境子系统（S_1）	环境状态（e_1）	人均公园绿地面积（e_{11}）	平方米（+）	0.113
		建成区绿化覆盖率（e_{12}）	%（+）	0.105
		供水总量（e_{13}）	万立方米（+）	0.101
	环境压力（e_2）	工业废水排放量（e_{21}）	万吨（-）	0.105
		工业 SO_2 排放量（e_{22}）	吨（-）	0.122
		工业烟（粉）尘排放量（e_{23}）	吨（-）	0.126
		CO_2 排放量（e_{24}）	万吨（-）	0.103
	环境治理（e_3）	污水处理厂集中处理率（e_{31}）	%（+）	0.112
		生活垃圾无害化处理率（e_{32}）	%（+）	0.113
产业子系统（S_2）	产业结构（e_4）	产业结构高级化指数（e_{41}）	（+）	0.171
		产业结构合理化指数（e_{42}）	（-）	0.204
	产业集聚（e_5）	区位熵（e_{51}）	（+）	0.183
	产业竞争（e_6）	高等学校在校生数（e_{61}）	人（+）	0.145
		规模以上工业企业利润总额（e_{62}）	万元（+）	0.155
		进出口总额（e_{63}）	万美元（+）	0.142

　　利用人均公园绿地面积、建成区绿化覆盖率、供水总量这三个指标作为环
境状态序参量的分量，环境状态变量是用来描述环境特征、状况和变化的各种
参数，直接影响到经济发展和社会福祉，其改善可以促进环境市场的发展和生
态产业的兴起；借助工业废水排放量、工业 SO_2 排放量、工业烟（粉）尘排
放量和 CO_2 排放量这四个指标作为环境压力序参量的分量，环境压力状态变
量可以反映出环境承受的压力程度，环境压力过大将可能导致生态系统的破坏
或生态服务的减少，甚至导致资源的过度消耗或破坏；通过污水处理厂集中处
理率、生活垃圾无害化处理率这两个指标作为环境治理序参量的分量，环境治

理状态变量是用来评估和监测环境治理工作的效果、进展和影响，其有助于量
化环境治理活动对经济的影响，促进经济的可持续发展，实现经济增长与环境
保护的协调发展；通过产业结构高级化指数与合理化指数这两个指标作为产业
结构序参量的分量，产业结构的变化常常伴随着经济增长和结构调整，其决定
了不同产业对就业的需求和贡献，影响着就业结构和收入分配，产业结构的调
整导致经济结构的转型和升级，对经济增长速度、质量和可持续性具有重要影
响；通过区位熵作为产业集聚序参量的分量，产业集聚促进生产要素的集中利
用和规模经济效应的发挥，有助于提高产业竞争力、促进技术创新和知识共
享，并在一定程度上推动经济增长和就业机会的创造（韩海彬和杨冬燕，
2023）；通过高等学校在校生数、规模以上工业企业利润总额、进出口总额这
三个指标作为产业竞争序参量的分量，产业竞争反映了一个产业的生产者在市
场上相对于其他竞争者的优势程度，以及产业在全球市场中的地位和影响力，
其推动了经济的发展和增长，提高了资源配置效率，促进了创新和技术进步，
增加了就业机会和收入水平（樊宇等，2015）。

　　在环境状态序参量分量中，人均公园绿地面积反映了城市居民的休闲空间
和生活质量，其增加可以提高城市居民的生活满意度，吸引人才和促进城市经
济发展；建成区绿化覆盖率代表了城市绿化程度和生态环境质量，较高的建成
区绿化覆盖率可以改善城市环境，提升居民生活品质，增加城市吸引力，有利
于促进城市产业发展和吸引投资；供水总量反映了城市的用水需求和水资源利
用状况，其增加可以支持城市工商业和居民生活用水需求（樊宇等，2015；李
雪红等，2023）。在环境压力序参量分量中，工业废水排放量反映了工业对水
资源环境造成的压力，增加的工业废水排放量可能导致水资源污染，增加环境
治理成本，影响周边生态系统和居民生活，从而对当地经济产生负面影响；工
业 SO_2 排放量代表了工业对大气环境的影响程度，增加的工业 SO_2 排放量可能
导致大气污染，加剧健康问题，增加环境治理成本；工业烟（粉）尘排放量
反映了工业对大气环境的颗粒物污染情况，其排放量增加可能导致空气质量下
降，影响居民健康，增加环境治理成本，同时也可能受到环保法规的限制，影
响企业的生产和发展；CO_2 排放量代表了工业对全球气候变化的贡献，增加的
工业 CO_2 排放量可能导致气候变暖和环境变化，增加环境治理成本，影响可
持续发展和国际形象，可能受到国际排放限制和碳交易的影响（安敏等，

2022；邱纪翔等，2022）。在环境响应序参量分量中，污水处理厂集中处理率反映了城市污水处理设施的覆盖范围和运行效率，较高的污水处理厂集中处理率可以减少水体污染、改善环境质量、降低环境治理成本、提升城市形象；生活垃圾无害化处理率代表了城市垃圾处理设施的处理水平和能力，较高的生活垃圾无害化处理率可以减少环境污染，改善居民生活环境，降低环境治理成本，同时也有利于资源回收利用和再生资源产业的发展，促进经济可持续发展（向敬伟等，2015）。

在产业结构序参量分量中，产业结构高级化与合理化指数反映了该地区产业结构的优化程度和产业升级的水平，产业结构高级化与合理化指数表明该地区产业更加现代化、高效和适应市场需求，有利于提升经济竞争力，促进技术创新和增强产业链的附加值，推动地区经济持续健康发展。在产业集聚序参量分量中，区位熵反映了该地区产业空间布局的离散程度，较高的区位熵意味着该地区产业集聚程度较高，存在产业链和产业带，有利于提高生产和创新效率，实现规模经济，促进产业升级和转型，同时也有助于推动区域经济多元化和可持续发展。在产业竞争序参量分量中，高等学校在校生数量反映了该地区的人才培养水平和知识经济发展基础，较高的高等学校在校生数量表明该地区人才储备丰富，有利于提升产业技术水平、创新能力和竞争力，推动产业结构优化和转型升级；规模以上工业企业利润总额反映了该地区工业经济的盈利水平和发展活力，较高的规模以上工业企业利润总额表明该地区工业产业效益较好，有利于吸引投资、促进技术创新和产业升级，推动经济结构优化和增强地区经济的核心竞争力；进出口总额反映了该地区与国际市场的贸易活动水平和开放程度，较高的进出口总额表明该地区对外贸易活跃，有利于拓展市场、引进先进技术和管理经验，促进产业国际竞争力提升和经济发展的全球融合。

5.2 样本选取与数据处理

5.2.1 样本选取

研究样本涵盖黄河流域9个省份的69个地级及以上城市，具体如表2-4

所示。为保证统计口径的一致性，不考虑 2019 年并入济南市的莱芜区。

1. 数据来源

研究的时间跨度为 2010 ~ 2021 年。基础数据来自《中国城市统计年鉴》《中国城市建设统计年鉴》、各省份统计年鉴、各省份国民经济和社会发展统计公报以及各省份统计局资料。对于个别城市一些指标存在缺失的情况，使用插值法进行补充。

环境子系统中，人均公园绿地面积、供水总量、污水处理厂集中处理率数据源自《中国城市建设统计年鉴》；建成区绿化覆盖率、工业废水排放量、工业 SO_2 排放量、工业烟（粉）尘排放量、CO_2 排放量、生活垃圾无害化处理率数据源自《中国城市统计年鉴》。

产业子系统中，产业结构高级化指数和产业结构合理化指数借鉴干春晖等（2011）的研究计算得出，区位熵借鉴桑瑞聪等（2011）的研究计算得出，其中 GDP 和从业人数数据均源自城市统计年鉴、各省份年鉴及各省市统计局资料；高等学校在校生数源自《中国城市统计年鉴》；规模以上工业企业利润总额源自《中国城市统计年鉴》、各省份统计年鉴；进出口总额源自《中国区域经济统计年鉴》、各省份统计年鉴，部分年份货币计量单位不一致，其汇率参考中国统计年鉴附录进行单位的统一。

2. 数据处理

对原始数据进行标准化处理，消除量纲影响。标准化方法众多，如离差标准化、log 函数转换、均值 – 标准差法（Z-Score）等，这里参考王宏起和徐玉莲（2012）的研究，采用均值 – 标准差法进行量纲消除处理。

$$X_{ij}' = \frac{X_{ij} - \bar{X}_j}{S_j}(i = 1, 2, \cdots, n; j = 1, 2, \cdots, p) \tag{5 – 11}$$

其中，X_{ij}' 为标准化处理后的数据，X_{ij} 为原始数据，$\bar{X}_j$ 为变量 X_{ij} 的均值，S_j 为变量 X_{ij} 的标准差。

5.3 黄河流域环境保护与产业发展的协同度测度结果

5.3.1 权重确定

将标准化处理过的数据代入式（5－8）、式（5－9）中，得到环境子系统与产业子系统中对序参量分量进行衡量的指标权重，并以指标权重大小作为衡量指标相对重要性的依据，具体如表5－2所示。

环境子系统中各指标权重平均分布在0.10~0.13。其中，权重最小的指标为供水总量，权重最大的指标为工业烟（粉）尘排放量。产业子系统中各指标权重呈现出一定的差异，基本分布在0.14~0.21。其中，权重最小的指标为进出口总额，权重最大的指标为产业结构合理化指数，表明产业结构合理化这一指标相对较为重要。

5.3.2 子系统有序度

将标准化数据代入式（5－6）计算，得到序参量分量有序度；同时结合指标权重系数计算结果，代入式（5－7b）进行加权求和，可得子系统有序度。2010~2021年黄河流域各城市的环境子系统有序度与产业子系统有序度计算结果分别如表5－3、表5－4所示。

黄河流域各城市环境子系统有序度整体呈增长态势，但城市间环境子系统有序度差异明显。其一，多数城市环境子系统有序度呈波动上升趋势，部分城市如菏泽、鹤壁和运城等环境子系统有序度存在下降态势，这说明黄河流域各城市环境子系统有序度整体得到了优化，但有序度水平仍需进一步提升。其二，全流域环境子系统有序度最大值和最小值差距较大，这说明黄河流域城市间环境子系统有序度差距较大，想要实现环境子系统有序度全面提升还存在一定困难。

黄河流域各城市产业子系统有序度变化幅度并不明显，部分城市产业有序

表 5-3　　2010～2021 年黄河流域各城市环境子系统有序度计算结果

城市	2010 年	2011 年	2012 年	2013 年	2014 年	2015 年	2016 年	2017 年	2018 年	2019 年	2020 年	2021 年
西宁	0.267	0.301	0.313	0.325	0.329	0.328	0.340	0.312	0.361	0.374	0.344	0.341
兰州	0.284	0.331	0.343	0.264	0.274	0.268	0.387	0.292	0.396	0.393	0.387	0.395
白银	0.195	0.202	0.213	0.227	0.239	0.255	0.306	0.313	0.311	0.317	0.319	0.357
天水	0.247	0.240	0.207	0.173	0.221	0.265	0.317	0.273	0.317	0.311	0.323	0.336
武威	0.267	0.246	0.285	0.332	0.316	0.305	0.322	0.313	0.306	0.309	0.310	0.327
平凉	0.224	0.213	0.260	0.250	0.251	0.227	0.308	0.303	0.322	0.323	0.323	0.341
庆阳	0.179	0.202	0.245	0.267	0.296	0.285	0.243	0.237	0.308	0.307	0.314	0.337
定西	0.169	0.178	0.272	0.287	0.239	0.260	0.303	0.261	0.311	0.313	0.321	0.321
陇南	0.251	0.253	0.245	0.176	0.186	0.212	0.180	0.177	0.240	0.313	0.316	0.321
银川	0.366	0.391	0.302	0.418	0.404	0.396	0.383	0.388	0.397	0.400	0.418	0.415
石嘴山	0.332	0.349	0.293	0.398	0.364	0.335	0.344	0.384	0.417	0.425	0.421	0.355
吴忠	0.384	0.378	0.361	0.362	0.398	0.400	0.405	0.347	0.370	0.368	0.364	0.354
固原	0.253	0.247	0.244	0.228	0.243	0.269	0.307	0.292	0.326	0.350	0.380	0.305
中卫	0.272	0.306	0.304	0.377	0.368	0.360	0.366	0.357	0.372	0.384	0.380	0.319
呼和浩特	0.347	0.361	0.350	0.358	0.376	0.394	0.390	0.390	0.392	0.391	0.383	0.371
包头	0.406	0.444	0.444	0.448	0.434	0.448	0.434	0.409	0.427	0.434	0.395	0.387
乌海	0.336	0.371	0.368	0.357	0.384	0.367	0.384	0.378	0.373	0.370	0.374	0.339
鄂尔多斯	0.440	0.483	0.480	0.460	0.475	0.459	0.479	0.470	0.474	0.474	0.415	0.334
巴彦淖尔	0.293	0.348	0.323	0.350	0.357	0.375	0.334	0.337	0.338	0.334	0.363	0.306
乌兰察布	0.321	0.395	0.399	0.407	0.457	0.400	0.411	0.427	0.424	0.401	0.395	0.305

续表

城市	2010 年	2011 年	2012 年	2013 年	2014 年	2015 年	2016 年	2017 年	2018 年	2019 年	2020 年	2021 年
西安	0.425	0.449	0.446	0.450	0.439	0.429	0.460	0.416	0.462	0.447	0.453	0.450
铜川	0.259	0.282	0.295	0.302	0.302	0.296	0.302	0.306	0.308	0.309	0.318	0.344
宝鸡	0.387	0.353	0.360	0.355	0.342	0.334	0.376	0.338	0.334	0.334	0.341	0.349
咸阳	0.256	0.282	0.361	0.341	0.351	0.363	0.350	0.351	0.354	0.367	0.384	0.382
渭南	0.378	0.397	0.334	0.339	0.354	0.354	0.336	0.342	0.382	0.387	0.355	0.357
延安	0.262	0.269	0.257	0.297	0.303	0.312	0.314	0.310	0.322	0.332	0.338	0.328
榆林	0.292	0.370	0.354	0.372	0.451	0.408	0.390	0.361	0.381	0.387	0.389	0.383
商洛	0.266	0.296	0.298	0.297	0.297	0.294	0.297	0.251	0.305	0.311	0.322	0.321
太原	0.372	0.383	0.397	0.407	0.395	0.387	0.395	0.390	0.410	0.398	0.381	0.338
大同	0.235	0.267	0.285	0.284	0.305	0.334	0.291	0.324	0.348	0.356	0.348	0.358
阳泉	0.343	0.346	0.347	0.300	0.290	0.325	0.330	0.285	0.295	0.304	0.297	0.327
长治	0.382	0.354	0.369	0.371	0.386	0.367	0.373	0.305	0.360	0.359	0.299	0.360
晋城	0.370	0.362	0.375	0.368	0.372	0.372	0.367	0.355	0.354	0.357	0.367	0.338
朔州	0.374	0.318	0.344	0.353	0.365	0.343	0.327	0.340	0.335	0.340	0.338	0.324
晋中	0.257	0.305	0.318	0.406	0.379	0.374	0.350	0.334	0.335	0.346	0.346	0.325
运城	0.264	0.351	0.367	0.267	0.284	0.281	0.375	0.370	0.369	0.366	0.368	0.343
忻州	0.251	0.225	0.242	0.366	0.387	0.381	0.345	0.334	0.337	0.339	0.360	0.320
临汾	0.285	0.279	0.427	0.298	0.341	0.342	0.352	0.332	0.340	0.342	0.332	0.325
吕梁	0.251	0.252	0.236	0.308	0.335	0.331	0.358	0.341	0.350	0.356	0.345	0.333
郑州	0.456	0.491	0.474	0.437	0.485	0.505	0.426	0.453	0.460	0.450	0.433	0.403

续表

城市	2010 年	2011 年	2012 年	2013 年	2014 年	2015 年	2016 年	2017 年	2018 年	2019 年	2020 年	2021 年
开封	0.262	0.273	0.286	0.249	0.304	0.356	0.345	0.322	0.331	0.341	0.319	0.363
洛阳	0.401	0.401	0.402	0.398	0.400	0.387	0.360	0.390	0.396	0.400	0.373	0.367
安阳	0.408	0.414	0.391	0.379	0.394	0.399	0.412	0.364	0.361	0.360	0.357	0.341
鹤壁	0.333	0.325	0.314	0.319	0.300	0.336	0.347	0.335	0.340	0.342	0.327	0.330
新乡	0.393	0.402	0.388	0.390	0.393	0.394	0.365	0.379	0.380	0.377	0.363	0.363
焦作	0.422	0.366	0.373	0.382	0.421	0.405	0.377	0.379	0.378	0.373	0.366	0.330
濮阳	0.293	0.278	0.282	0.311	0.310	0.342	0.346	0.332	0.344	0.344	0.320	0.333
三门峡	0.390	0.389	0.391	0.384	0.395	0.324	0.345	0.335	0.331	0.329	0.344	0.329
济南	0.388	0.430	0.424	0.436	0.436	0.441	0.435	0.428	0.438	0.439	0.428	0.443
淄博	0.536	0.553	0.546	0.536	0.533	0.521	0.444	0.480	0.483	0.459	0.514	0.434
东营	0.405	0.407	0.414	0.426	0.428	0.428	0.437	0.448	0.446	0.438	0.427	0.389
济宁	0.446	0.401	0.451	0.456	0.395	0.399	0.381	0.443	0.444	0.440	0.425	0.427
泰安	0.371	0.400	0.411	0.406	0.408	0.412	0.400	0.402	0.401	0.397	0.397	0.374
德州	0.412	0.406	0.423	0.423	0.429	0.434	0.410	0.422	0.423	0.423	0.425	0.375
聊城	0.445	0.387	0.397	0.376	0.408	0.395	0.376	0.390	0.390	0.400	0.392	0.367
滨州	0.406	0.426	0.454	0.461	0.488	0.496	0.538	0.539	0.573	0.549	0.503	0.458
菏泽	0.327	0.377	0.361	0.379	0.453	0.452	0.442	0.378	0.380	0.381	0.374	0.374
最大值	0.536	0.553	0.546	0.536	0.533	0.521	0.444	0.480	0.483	0.459	0.514	0.434
最小值	0.169	0.178	0.272	0.287	0.239	0.260	0.303	0.261	0.311	0.313	0.321	0.321
均值	0.272	0.342	0.348	0.353	0.363	0.362	0.365	0.356	0.371	0.373	0.369	0.356

表5-4　2010~2021年黄河流域各城市产业子系统有序度计算结果

城市	2010年	2011年	2012年	2013年	2014年	2015年	2016年	2017年	2018年	2019年	2020年	2021年
西宁	0.140	0.159	0.177	0.104	0.252	0.102	0.102	0.143	0.126	0.124	0.253	0.102
兰州	0.200	0.102	0.116	0.110	0.152	0.132	0.114	0.092	0.094	0.079	0.100	0.255
白银	0.196	0.144	0.111	0.132	0.103	0.141	0.168	0.127	0.132	0.122	0.169	0.160
天水	0.190	0.116	0.137	0.131	0.129	0.135	0.112	0.121	0.159	0.220	0.109	0.189
武威	0.170	0.163	0.181	0.121	0.085	0.138	0.102	0.119	0.107	0.120	0.115	0.100
平凉	0.092	0.094	0.089	0.147	0.187	0.178	0.114	0.114	0.117	0.109	0.154	0.090
庆阳	0.122	0.145	0.134	0.211	0.109	0.068	0.117	0.083	0.116	0.162	0.099	0.111
定西	0.147	0.132	0.135	0.125	0.154	0.174	0.256	0.127	0.215	0.138	0.153	0.155
陇南	0.203	0.110	0.069	0.235	0.111	0.116	0.156	0.103	0.113	0.145	0.097	0.143
银川	0.159	0.253	0.147	0.118	0.192	0.121	0.204	0.132	0.113	0.152	0.100	0.104
石嘴山	0.086	0.126	0.094	0.091	0.090	0.087	0.124	0.171	0.144	0.104	0.113	0.114
吴忠	0.179	0.111	0.100	0.194	0.111	0.143	0.125	0.115	0.119	0.109	0.117	0.127
固原	0.168	0.115	0.112	0.095	0.149	0.143	0.122	0.141	0.127	0.143	0.160	0.179
中卫	0.101	0.120	0.105	0.111	0.106	0.102	0.135	0.100	0.096	0.197	0.107	0.129
呼和浩特	0.297	0.123	0.126	0.136	0.129	0.096	0.125	0.140	0.156	0.323	0.162	0.186
包头	0.120	0.150	0.169	0.268	0.140	0.190	0.184	0.139	0.169	0.187	0.142	0.120
乌海	0.123	0.082	0.118	0.132	0.113	0.089	0.093	0.132	0.128	0.081	0.113	0.107
鄂尔多斯	0.095	0.138	0.129	0.103	0.122	0.115	0.174	0.180	0.108	0.159	0.143	0.117
巴彦淖尔	0.134	0.149	0.137	0.135	0.152	0.165	0.112	0.249	0.137	0.124	0.136	0.143
乌兰察布	0.212	0.115	0.167	0.151	0.136	0.156	0.159	0.140	0.139	0.197	0.133	0.077

续表

城市	2010 年	2011 年	2012 年	2013 年	2014 年	2015 年	2016 年	2017 年	2018 年	2019 年	2020 年	2021 年
西安	0.159	0.122	0.156	0.251	0.129	0.154	0.150	0.157	0.145	0.134	0.142	0.200
铜川	0.117	0.102	0.110	0.093	0.136	0.095	0.105	0.104	0.103	0.146	0.109	0.106
宝鸡	0.138	0.130	0.144	0.159	0.124	0.153	0.251	0.134	0.152	0.157	0.129	0.141
咸阳	0.083	0.111	0.104	0.120	0.118	0.147	0.084	0.132	0.084	0.095	0.091	0.088
渭南	0.121	0.119	0.150	0.083	0.134	0.088	0.093	0.090	0.084	0.128	0.173	0.114
延安	0.119	0.106	0.101	0.139	0.100	0.090	0.187	0.108	0.137	0.112	0.113	0.119
榆林	0.099	0.128	0.116	0.082	0.112	0.105	0.118	0.118	0.150	0.083	0.124	0.082
商洛	0.100	0.141	0.090	0.119	0.097	0.103	0.147	0.102	0.106	0.203	0.123	0.142
太原	0.258	0.130	0.209	0.163	0.154	0.151	0.173	0.140	0.145	0.218	0.112	0.073
大同	0.098	0.153	0.153	0.137	0.152	0.133	0.141	0.171	0.156	0.102	0.236	0.108
阳泉	0.093	0.100	0.084	0.117	0.166	0.217	0.103	0.082	0.106	0.106	0.114	0.102
长治	0.110	0.114	0.118	0.101	0.116	0.125	0.183	0.127	0.161	0.142	0.122	0.138
晋城	0.130	0.093	0.143	0.176	0.124	0.132	0.119	0.164	0.162	0.135	0.151	0.137
朔州	0.139	0.095	0.110	0.128	0.094	0.125	0.089	0.117	0.110	0.121	0.122	0.149
晋中	0.279	0.178	0.195	0.186	0.149	0.188	0.137	0.141	0.127	0.214	0.148	0.146
运城	0.158	0.127	0.135	0.193	0.105	0.068	0.110	0.087	0.114	0.134	0.108	0.096
忻州	0.187	0.100	0.069	0.117	0.082	0.114	0.191	0.108	0.095	0.093	0.124	0.117
临汾	0.104	0.128	0.123	0.132	0.132	0.191	0.088	0.136	0.103	0.090	0.108	0.141
吕梁	0.106	0.100	0.104	0.148	0.104	0.112	0.226	0.125	0.151	0.159	0.164	0.145
郑州	0.184	0.150	0.162	0.179	0.231	0.168	0.328	0.129	0.158	0.278	0.143	0.167

续表

城市	2010年	2011年	2012年	2013年	2014年	2015年	2016年	2017年	2018年	2019年	2020年	2021年
开封	0.136	0.111	0.119	0.230	0.133	0.171	0.134	0.166	0.153	0.137	0.123	0.186
洛阳	0.139	0.127	0.174	0.248	0.165	0.195	0.158	0.150	0.153	0.125	0.137	0.140
安阳	0.178	0.248	0.123	0.205	0.247	0.192	0.152	0.168	0.139	0.138	0.138	0.156
鹤壁	0.233	0.126	0.149	0.159	0.151	0.143	0.119	0.141	0.191	0.270	0.134	0.202
新乡	0.099	0.116	0.124	0.192	0.119	0.161	0.147	0.117	0.130	0.155	0.139	0.137
焦作	0.134	0.160	0.195	0.092	0.144	0.087	0.101	0.102	0.091	0.138	0.179	0.117
濮阳	0.133	0.093	0.136	0.092	0.121	0.114	0.120	0.141	0.181	0.089	0.134	0.098
三门峡	0.134	0.136	0.138	0.129	0.118	0.158	0.234	0.164	0.189	0.150	0.144	0.155
济南	0.119	0.091	0.123	0.163	0.115	0.108	0.098	0.151	0.147	0.108	0.135	0.125
淄博	0.086	0.152	0.088	0.090	0.104	0.090	0.123	0.157	0.186	0.112	0.082	0.109
东营	0.120	0.146	0.083	0.141	0.128	0.128	0.135	0.114	0.140	0.233	0.129	0.144
济宁	0.201	0.113	0.121	0.122	0.163	0.085	0.106	0.107	0.110	0.148	0.107	0.119
泰安	0.152	0.145	0.156	0.159	0.143	0.136	0.206	0.106	0.071	0.123	0.081	0.115
德州	0.190	0.129	0.133	0.196	0.131	0.106	0.127	0.108	0.137	0.171	0.122	0.117
聊城	0.152	0.167	0.103	0.154	0.131	0.118	0.126	0.155	0.083	0.119	0.107	0.109
滨州	0.110	0.130	0.140	0.182	0.259	0.111	0.179	0.273	0.189	0.150	0.158	0.111
菏泽	0.152	0.157	0.145	0.182	0.132	0.137	0.194	0.112	0.082	0.127	0.091	0.118
最大值	0.297	0.123	0.209	0.268	0.231	0.217	0.328	0.140	0.156	0.323	0.169	0.186
最小值	0.083	0.111	0.104	0.120	0.118	0.096	0.084	0.132	0.084	0.095	0.091	0.088
均值	0.109	0.130	0.129	0.148	0.137	0.131	0.145	0.133	0.132	0.146	0.131	0.131

度发展态势并不明朗且城市间产业子系统有序度同样存在较大差距。其一，流域内多数城市 2021 年与 2010 年产业子系统有序度差距较小，特别是滨州产业有序度仅相差 0.001，延安有序度没有变化；其二，聊城、濮阳、忻州、运城等产业子系统有序度表现出先减再增，最终低于初始有序度的现象；其三，由最大值与最小值间的差距可以看出，历年城市间产业子系统有序度的差异整体在 0.2 左右浮动，最高达到 0.28 左右，流域内呈现分异特征。原因是该流域整体的产业结构合理化有待进一步优化，且第二产业在地区生产总值中仍占比较大，第三产业发展较为缓慢；从流域内城市间产业子系统有序度存在巨大差异方面来看，流域上游产业较少，经济支撑力较弱，且因为地理位置等原因人才资源稀缺，产业发展缓慢；流域中游依靠较多传统重化工企业发展经济与产业，且部分企业在进行产业转型升级，战略性新兴产业也在不断蓬勃发展，产业发展水平居中；下游具备良好的经济条件与较强的城市吸引力，产业活力高，产业子系统发展水平较高。

5.3.3　复合系统协同度

以 2010 年为基期，将环境、产业子系统有序度结果代入式（5-10）计算黄河流域各城市复合系统协同度，具体结果如表 5-5 所示。

可以看出，黄河流域各城市环境保护与产业发展复合系统协同度有所优化，大多城市协同水平从轻度不协同转变为轻度协同，但各城市间的协同度仍存在一定差异。其一，多数城市的协同度水平从一开始的负值转变为正值，但部分城市如呼和浩特、天水和平凉等的协同度大多处于负值；其二，历年的协同度最大值与最小值间的差异明显；其三，全流域的协同度均值呈现出先减后增的态势，表明全流域的环境与产业间愈发协同，向着更高级方向协同演化，但整体的协同水平仍较低，处于轻度协同的水平。黄河流域相对较高的环境子系统有序度与相对较低的产业子系统有序度共同使二者的协同度处于较低水平，这与黄河流域生态环境与产业协同发展面临现实之困的现实背景相对应。

黄河流域环境保护与产业协同发展研究

表 5-5　2011～2021 年黄河流域各城市复合系统协同度计算结果

城市	2011 年	2012 年	2013 年	2014 年	2015 年	2016 年	2017 年	2018 年	2019 年	2020 年	2021 年
西宁	0.026	0.015	-0.030	0.024	0.008	-0.001	-0.030	-0.030	-0.010	-0.060	0.019
兰州	-0.070	0.013	0.023	0.020	0.011	-0.050	0.045	0.012	0.006	-0.010	0.036
白银	-0.020	-0.020	0.017	-0.020	0.025	0.037	-0.020	-0.001	-0.010	0.008	-0.020
天水	0.023	-0.030	0.015	-0.010	0.016	-0.030	-0.020	0.041	-0.020	-0.040	0.032
武威	0.012	0.026	-0.050	0.024	-0.020	-0.020	-0.010	0.010	0.007	-0.001	-0.020
平凉	-0.001	-0.010	-0.020	0.006	0.014	-0.070	-0.001	0.008	-0.001	-0.001	-0.030
庆阳	0.023	-0.020	0.041	-0.05	0.022	-0.050	0.014	0.048	-0.010	-0.020	0.017
定西	-0.010	0.017	-0.010	-0.040	0.021	0.059	0.074	0.066	-0.010	0.010	0.001
陇南	-0.010	0.018	-0.110	-0.040	0.011	-0.040	0.012	0.025	0.049	-0.010	0.015
银川	0.048	0.097	-0.060	-0.030	0.024	-0.030	-0.020	-0.010	0.011	-0.030	-0.001
石嘴山	0.026	0.042	-0.020	0.005	0.010	0.018	0.044	-0.030	-0.020	-0.010	-0.010
吴忠	0.019	0.014	0.011	-0.050	0.009	-0.010	0.024	0.009	0.005	-0.010	-0.010
固原	0.018	0.003	0.017	0.028	-0.010	-0.030	-0.020	-0.020	0.019	0.023	-0.040
中卫	0.026	0.006	0.022	0.007	0.005	0.014	0.018	-0.010	0.034	0.018	-0.040
呼和浩特	-0.060	-0.010	0.009	-0.010	-0.020	-0.010	0.001	0.005	-0.010	0.037	-0.020
包头	0.034	0.001	0.019	0.042	0.026	0.009	0.034	0.023	0.011	0.042	0.013
乌海	-0.040	-0.010	-0.010	-0.020	0.020	0.008	-0.010	0.005	0.013	0.012	0.014
鄂尔多斯	0.043	0.005	0.023	0.017	0.010	0.034	-0.010	-0.020	-0.001	0.030	0.046
巴彦淖尔	0.029	0.017	-0.010	0.011	0.015	0.047	0.020	-0.010	0.007	0.019	-0.020
乌兰察布	-0.080	0.014	-0.010	-0.030	-0.030	0.006	-0.020	0.002	-0.040	0.021	0.071

续表

城市	2011 年	2012 年	2013 年	2014 年	2015 年	2016 年	2017 年	2018 年	2019 年	2020 年	2021 年
西安	-0.030	-0.010	0.021	0.037	-0.020	-0.010	-0.020	-0.020	0.013	0.007	-0.010
铜川	-0.020	0.010	-0.010	0.000	0.016	0.007	0.000	0.000	0.008	-0.020	-0.010
宝鸡	0.017	0.010	-0.010	0.022	-0.010	0.064	0.067	-0.010	0.000	-0.010	0.010
咸阳	0.027	-0.020	-0.020	0.000	0.019	0.029	0.006	-0.010	0.012	-0.010	0.003
渭南	-0.010	-0.040	-0.020	0.028	0.000	-0.010	0.000	-0.010	0.015	-0.040	-0.010
延安	-0.010	0.008	0.039	-0.020	-0.010	0.013	0.018	0.019	-0.020	0.002	-0.010
榆林	0.048	0.014	-0.030	0.048	0.016	-0.020	0.005	0.026	-0.020	0.011	0.017
商洛	0.035	-0.010	-0.010	0.000	0.000	0.012	0.045	0.015	0.024	-0.030	0.000
太原	-0.040	0.033	-0.020	0.010	0.004	0.013	0.013	0.010	-0.030	0.043	0.041
大同	0.042	0.000	0.003	0.017	-0.020	-0.020	0.031	-0.020	-0.020	-0.030	-0.040
阳泉	0.005	0.000	-0.040	-0.020	0.042	-0.020	0.030	0.015	0.002	-0.010	-0.020
长治	-0.010	0.007	-0.010	0.015	-0.010	0.019	0.062	0.044	0.006	0.034	0.031
晋城	0.017	0.026	-0.020	-0.010	0.002	0.008	-0.020	0.001	-0.010	0.013	0.020
朔州	0.049	0.020	0.012	-0.020	-0.030	0.024	0.019	0.006	0.007	0.000	-0.020
晋中	-0.070	0.015	-0.030	0.031	-0.010	0.036	-0.010	0.000	0.030	0.000	0.007
运城	0.019	0.011	-0.080	-0.040	0.010	0.062	0.010	-0.010	-0.010	-0.010	0.017
忻州	0.047	-0.020	0.077	-0.030	-0.010	-0.050	0.031	-0.010	0.000	0.025	0.017
临汾	-0.010	-0.030	-0.030	0.000	0.008	-0.030	-0.030	-0.020	-0.010	-0.010	-0.020
吕梁	0.000	-0.010	0.056	-0.030	-0.010	0.055	0.041	0.015	0.007	-0.010	0.015
郑州	-0.030	-0.010	-0.030	0.050	-0.040	-0.110	-0.070	0.014	-0.030	0.048	-0.030

续表

城市	2011 年	2012 年	2013 年	2014 年	2015 年	2016 年	2017 年	2018 年	2019 年	2020 年	2021 年
开封	-0.020	0.010	-0.060	-0.070	0.044	0.019	-0.030	-0.010	-0.010	0.017	0.052
洛阳	0.000	0.007	-0.020	-0.010	-0.020	0.031	-0.020	0.005	-0.010	-0.020	0.000
安阳	0.020	0.053	-0.030	0.026	-0.020	-0.020	-0.030	0.011	0.001	0.000	-0.020
鹤壁	0.029	-0.020	0.007	0.013	-0.020	-0.020	-0.020	0.015	0.013	0.045	0.014
新乡	0.012	-0.010	0.010	-0.020	0.006	0.020	-0.020	0.004	-0.010	0.015	0.000
焦作	-0.040	0.016	-0.030	0.045	0.030	-0.020	0.001	0.002	-0.020	-0.020	0.047
濮阳	0.024	0.012	-0.040	0.000	-0.010	0.005	-0.020	0.022	0.000	-0.030	-0.020
三门峡	0.000	0.002	0.008	-0.010	-0.050	0.040	0.027	-0.010	0.008	-0.010	-0.010
济南	-0.030	-0.010	0.022	0.005	-0.010	0.007	-0.020	-0.010	-0.010	-0.020	-0.010
淄博	0.033	0.020	0.000	-0.010	0.013	-0.050	0.035	0.009	0.041	-0.040	-0.050
东营	0.006	-0.020	0.026	-0.010	0.000	0.008	-0.020	-0.010	-0.030	0.034	-0.020
济宁	0.063	0.020	0.003	-0.050	-0.020	-0.020	0.009	0.002	-0.010	0.025	0.005
泰安	-0.010	0.011	0.000	-0.010	0.000	-0.030	-0.010	0.006	-0.010	0.000	-0.030
德州	0.020	0.009	0.002	-0.020	-0.010	-0.020	-0.010	0.007	0.001	-0.010	0.016
聊城	-0.030	-0.020	-0.030	-0.030	0.013	-0.010	0.020	0.000	0.019	0.010	-0.010
滨州	0.020	0.016	0.016	0.046	-0.040	0.053	0.008	-0.050	0.031	-0.020	0.046
菏泽	0.015	0.014	0.026	-0.060	0.000	-0.020	0.072	-0.010	0.007	0.016	0.002
最大值	0.063	0.097	0.077	0.050	0.044	0.064	0.074	0.066	0.049	0.048	0.071
最小值	-0.080	-0.040	-0.110	-0.070	-0.050	-0.110	-0.070	-0.050	-0.040	-0.060	-0.050
均值	0.004	-0.015	-0.006	0.006	0.001	-0.021	0.023	0.032	0.038	0.041	0.045

5.4 黄河流域环境保护与产业发展协同度特征分析

基于子系统和复合系统的协同度数值,通过对协同度的时间趋势、空间分异以及空间相关性分析,进一步对黄河流域环境保护与产业发展的协同度特征进行研究。

5.4.1 时间趋势分析

1. 全流域协同度时序特征分析

如图5-1所示,2010~2021年黄河流域整体的环境子系统有序度呈平稳上升趋势,从0.27左右平稳增长到0.35左右,保持着较高的有序水平。然而,产业子系统有序度在2012年、2014年和2015年有所下降,这直接造成了2012年和2015年复合系统协同度的下降。究其原因,一方面,市场需求下滑,由于全球经济形势不佳和国内市场结构调整等因素,导致产业子系统中的企业发展受阻,利润下降;另一方面,企业面临激烈的市场竞争,产品价格下降,利润减少,导致企业减少投资,降低生产规模,从而影响了产业子系统的有序度。

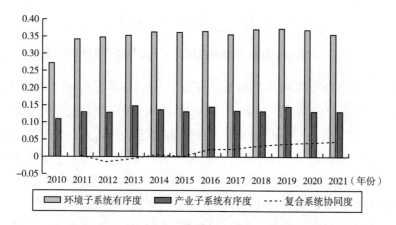

图5-1 2010~2021年黄河流域环境子系统有序度、
产业子系统有序度及复合系统协同度

2. 分地区协同度时序特征分析

如图 5-2 所示，黄河流域环境子系统有序度水平基本呈 "下游 > 中游 >
上游" 的分布格局，这说明在实施绿色发展战略背景下黄河流域下游在公园
绿地面积、建成区绿化覆盖率等环境方面取得了较大成效，较好地实现了绿色
发展。值得一提的是，这可能与下游地区在环境治理和绿色发展方面取得了较
大成效有关。在实施绿色发展战略的背景下，下游地区可能通过加大投入，改
善公园绿地面积、提高建成区绿化覆盖率等指标，有效地提升了生态环境质
量，实现了绿色发展目标。此外，这也可能受到地区经济发展水平、自然资源
分布以及生态环境承载能力等因素的影响。因此，对下游地区在绿色发展方面
取得的成效进行深入研究，可以为其他地区制定相关政策和实践提供借鉴，同
时也有助于推动整个黄河流域环境保护和产业协同发展的进程。

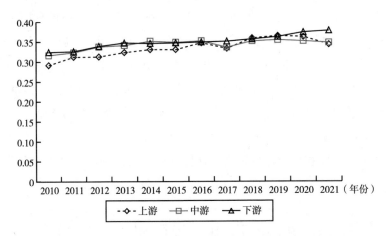

图 5-2　2010~2021 年黄河流域上中下游环境子系统有序度

黄河流域产业子系统有序度呈 "下游 > 上游 > 中游" 的空间分布格局，
如图 5-3 所示。下游产业发展水平相对较高的，但总体均处于较低水平，存
在一定的发展空间；上游产业子系统有序度在赶超中游，2019 年有序度较高
的原因在于大多城市的产业结构有所优化升级，规模以上工业企业的利润也有
所提升；2021 年有序度较高的原因在于流域多数城市的进出口额有较大增长、
黄河流域高质量发展的提出使得中游产业分工更加专业化。相比之下，中游产
业子系统有序度较低可能是由于该地区的产业结构相对较为复杂，涵盖了较多
的中间产业和资源型产业，这些产业的协调和整合可能相对较难，导致整体产

业有序度较低。另外，中游地区可能也存在着一些基础设施和技术水平相对滞后的情况，这也可能影响了产业的有序发展。然而，在2013年中游产业子系统有序度赶超下游，2013年有序度较高的原因在于大多城市的产业结构有所优化升级，规模以上工业企业的利润也有所提升。

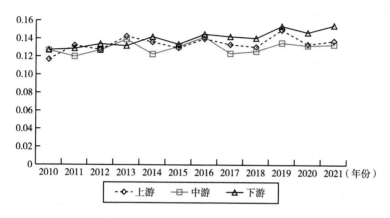

图5-3 2010～2021年黄河流域上中下游产业子系统有序度

环境保护与产业发展协同度整体呈波动上升趋势，但处于轻度协同阶段，具体如图5-4所示。首先，中游协同度从一开始的-0.0001上升至最终的0.007左右，整体呈现先下降后上升的趋势。主要原因在于随着时间的增长，中游增加了公园绿地面积、提高了污水处理厂集中处理率和生活垃圾无害化处理率、减少了产业废弃物排放、提升了生产专业化水平，使产业与环境保持着较为协同一致的发展步伐。其次，下游协同度处于流域内较高水平，但在规模以上工业企业利润大幅减少和专业化分工变弱的影响下，协同度在2014年、2019年缓慢下降。其中，河南省可能因其各市部分重点行业的利润下降，如郑州的计算机、通信和其他电子设备制造业、电力、热力生产和供应业以及有色金属冶炼和压延加工业利润同比下降较多，故规上工业企业利润减少。山东省各市规上工业企业利润减少和专业化分工变弱的原因主要在于2018年、2019年是山东省新旧动能转换的起始年份，且面临第四次经济普查，新动能培育与旧动能淘汰压力大。但山东制造业经过前些年的转型升级和技术进步，2020年核心竞争力有了明显增强；随着国内低端产能出清和市场秩序的整顿，拼成本、价格战的市场环境也有所改变，制造业的盈利能力正在逐步提升，故下游协同度在2021年有所提升。上游产业的有序度较低。上游产业通常依赖于原材料和资源的供给，如果资源供给不稳定或受到限制，可能导致上游产业的生产和供应链发生不可预测的波动，进而影响整个产业链的协同度；政策和法规对上游产业的影响也可能造成协同度的问题。例如，环保法规或资源管理政策的变化可能会对上游产业的生产方式和供应链产生重大影响，进而影响整个产业链的协同度。

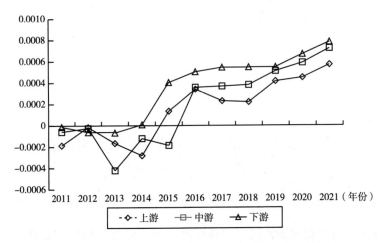

图 5 - 4　2011～2021 年黄河流域上中下游复合系统协同度

3. 分城市协同度时序特征分析

选取代表性年份 2011 年、2016 年和 2021 年，绘制协同度雷达图分析黄河流域各城市环境保护与产业发展协同度，具体如图 5 - 5 所示。首先，每年各城市的协同度均存在从负值到正值的较大波动，且差距逐渐拉大，具体表现为雷达图波及范围的逐渐扩大。例如，各城市协同度从 2011 年 - 0.1～0.006 的区间（即轻度不协同）逐渐扩大到 - 0.008～0.008 的区间（即轻度不协同到轻度协同）。其次，雷达图在不同年份的变动方向较为一致，2011 年协同度较低的城市在 2016 年、2021 年也多处于较低协同度水平。具体从个体来看，定西、宝鸡等城市的环境保护与产业发展协同度在 2021 年显著高于其他城市。定西虽然产业发展程度较低，但其产业发展结构较为合理，产业子系统有序度与基期相比几乎均为上升态势，且其工业污染物排放量极少，污水处理厂集中处理率也较高，因而环境保护与产业发展的协同度相对较高。

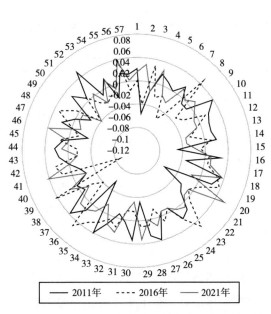

图 5 - 5　代表性年份黄河流域环境保护与产业发展协同度雷达图

注：图中数字与黄河流域地级市的对应关系为：1 - 西宁，2 - 兰州，3 - 白银，4 - 天水，5 - 武威，6 - 平凉，7 - 庆阳，8 - 定西，9 - 陇南，10 - 银川，11 - 石嘴山，12 - 吴忠，13 - 固原，14 - 中卫，15 - 呼和浩特，16 - 包头，17 - 乌海，18 - 鄂尔多斯，19 - 巴彦淖尔，20 - 乌兰察布，21 - 西安，22 - 铜川，23 - 宝鸡，24 - 咸阳，25 - 渭南，26 - 延安，27 - 榆林，28 - 商洛，29 - 太原，30 - 大同，31 - 阳泉，32 - 长治，33 - 晋城，34 - 朔州，35 - 晋中，36 - 运城，37 - 忻州，38 - 临汾，39 - 吕梁，40 - 郑州，41 - 开封，42 - 洛阳，43 - 安阳，44 - 鹤壁，45 - 新乡，46 - 焦作，47 - 濮阳，48 - 三门峡，49 - 济南，50 - 淄博，51 - 东营，52 - 济宁，53 - 泰安，54 - 德州，55 - 聊城，56 - 滨州，57 - 菏泽。

5.4.2　空间分异特征

为了更全面地剖析黄河流域各城市的环境保护与产业发展协同度空间分异情况，选取 2011 年、2016 年和 2021 年的环境保护与产业发展协同度为评价对象，使用 ArcGIS 10.7 软件，绘制各市的复合系统协同度空间格局分布情况（图略）。

第一，总体而言，随着时间推移，黄河流域环境保护与产业发展协同度处于轻度协同的城市数量越来越多。2011 年，多城市的环境保护与产业发展处于轻度不协同状态。其中，轻度协同的城市有 27 个，轻度不协同的城市有 30

个。2016 年，处于轻度协同的城市增多。其中，轻度协同的城市有 29 个，轻度不协同的城市仅剩 28 个。2021 年，仅有 25 个城市处于轻度不协同状态，其余城市均处于轻度协同状态。黄河流域环境保护与产业发展的协同度随时间变化而逐渐上升，流域整体朝着有序方向演进。

第二，从不同流域来看，黄河流域上中下游环境保护与产业发展轻度协同城市数量起初呈现不同发展特征，随后轻度协同城市数量趋于均等。2011 年，上游轻度协同的城市有 7 个，中游有 11 个，下游有 9 个；2016 年，上游轻度协同的城市有 9 个，中游有 11 个，下游有 10 个；2021 年，上游轻度协同城市数为 12 个，中游为 10 个，下游为 13 个。仅从轻度协同的城市数量来看，协同的城市逐渐增多。原因在于上游虽然在产业发展上较为缓慢，但其环境子系统一直处于相对较高的有序水平；中游随时间的变动，产业带来的环境破坏在逐渐减少，且其采取积极措施对环境进行治理；下游环境与产业都一直处于相对较高的水平，轻度协同城市数量被上中游赶上。总而言之，随着时间的递推和各种政策的实施，各流域的产业与环境的发展都在缓慢向前推进。

第三，从局部城市来看，随着时间的递推，中下游的地级市协同度处于相对较高的水平。原因在于黄河流域中下游区域的产业发展水平在黄河流域内一直处于较高水平，且其产业发展带来的环境污染较少，环境保护与产业发展协同度水平较高。

5.4.3 空间相关性

对黄河流域协同度空间分布特征的分析仅能了解各城市所处协同水平，无法反映各城市间的关联性，即空间相关性情况，因而需通过 Moran's I 指数揭露其空间自相关情况，包括全局空间自相关与局部空间自相关。

1. 全局空间自相关

通过构建邻接空间权重矩阵，并计算全局 Moran's I 指数来判断协同度的全局空间自相关情况。该指数可以从整体上表明黄河流域环境保护与产业发展协同度的空间集聚情况，说明协同度是否存在着空间自相关。其计算公式为：

$$I = \frac{n \sum_{i=1}^{n} \sum_{j=1}^{n} w_{ij}(x_i - \bar{x})(x_j - \bar{x})}{S^2 \sum_{i=1}^{n} \sum_{j=1}^{n} w_{ij}} \tag{5-12}$$

其中，n 为地区的数量；w_{ij} 为空间权重矩阵；x_i 与 x_j 分别为地区 i 与地区 j 的属性值，即各城市的环境保护与产业发展协同度；$\bar{x}$ 为样本均值；S^2 为样本方差；I 即 Moran's I 指数，取值范围为 [-1, 1]，值为正数则表明协同度具有正向空间相关性，值为负数表示协同度具有负向空间自相关，值为 0 则表示协同度不具备空间相关性。

使用 Geoda1.20 软件计算黄河流域 2011~2021 年环境保护与产业发展协同度的全局 Moran's I 指数，结果具体如表 5-6 所示。

表 5-6 　　2011~2021 年黄河流域环境保护与产业发展协同度全局 Moran's I 指数

年份	Moran's I	P 值	Z 检验值	标准差
2011	0.0228	0.108	0.4852	0.0766
2012	0.0841	0.194	1.2765	0.0808
2013	0.1291	0.068	1.5774	0.0971
2014	0.0678	0.126	1.6582	0.0892
2015	0.1224	0.214	0.5428	0.0886
2016	0.1597	0.014	2.0485	0.0984
2017	0.1302	0.123	1.3461	0.0828
2018	0.1071	0.187	0.9906	0.0825
2019	0.0950	0.217	1.3468	0.0782
2020	0.1435	0.145	1.3334	0.0998
2021	0.1365	0.078	0.7893	0.0894

黄河流域 2011~2021 年环境保护与产业发展协同度的全局 Moran's I 指数均大于 0，但 2011 年、2012 年、2014 年、2015 年、2017 年、2018 年、2019 年、2020 年的全局 Moran's I 指数没有通过显著性检验，表明这几年协同度总体为分散分布。其余年份均能通过 10% 的显著性水平检验，说明其余年份的协同度总体具有较为显著的空间关联特征。具体观察 2011~2021 年通过显著性检验的 Moran's I 指数值大小，可以看出黄河流域的协同度的空间关联性呈现先升后降再升的趋势，但最终指数值要远大于初始值，总体而言为波动上升的态势，即空间集聚性随时间变化而增强。这与各城市的经济发展水平、产业发展差距以及环境治理措施等息息相关。

2. 局部空间自相关

表 5 - 6 中全局 Moran's I 指数结果表明，黄河流域环境保护与产业发展协同度在整体上存在较显著空间正相关，但全局 Moran's I 指数无法表明具体在哪个或哪些城市出现协同度值高（或低）的地理集聚，无法表明局域地理集聚和局域空间自相关的具体特征，因而，通过展示 Moran's I 散点图以及 LISA 集聚图揭示局部特征，分析不同类型集聚区。

选取 2011 年、2016 年、2021 年为研究节点，利用 Geoda1. 20 软件绘制时间节点的 Moran's I 散点图、LISA 集聚图，以了解局域空间相关情况。首先，绘制 Moran's I 散点图，具体如图 5 - 6 所示。

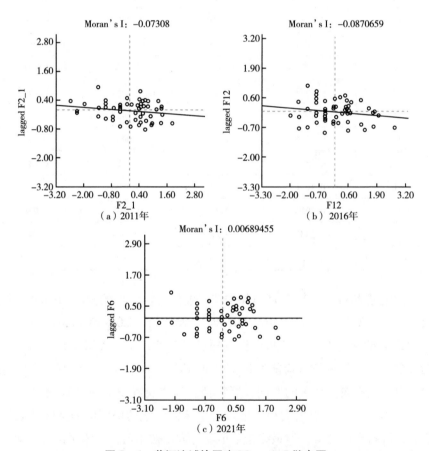

图 5 - 6 黄河流域协同度 Moran's I 散点图

其次，Moran's I 散点图一共可分为四个象限。其中，高—高位于第一象限，表示城市自身协同度高且周边城市协同度也高；低—高位于第二象限，表示城市自身协同度低但周边城市协同度高；低—低位于第三象限，表示城市自身协同度低且周边城市协同度也低；高—低位于第四象限，表示城市自身协同度高但周边城市协同度低。根据 Moran's I 散点图，对局部空间关联类型进行划分，分类结果如表 5 - 7 所示。

表 5 - 7　代表性年份黄河流域环境保护与产业发展协同度空间变化分类

空间关联类型	2011 年	2016 年	2021 年
高—高	菏泽、东营、濮阳、巴彦淖尔、鹤壁、商洛、新乡、淄博、大同、陇南、天水、阳泉、吴忠	郑州、阳泉、大同、濮阳、咸阳、菏泽、乌兰察布、呼和浩特、朔州、聊城、太原、延安、济宁、鹤壁、包头、晋中、巴彦淖尔、石嘴山	郑州、洛阳、开封、焦作、榆林、吕梁、大同、朔州、太原、长治、忻州、晋中、晋城、阳泉、运城、菏泽、天水、陇南
低—高	济宁、济南、榆林、石嘴山、安阳、定西、银川、泰安、忻州、开封、长治、呼和浩特、德州、郑州、乌海	忻州、西安、吴忠、泰安、新乡、洛阳、榆林、晋城、滨州、兰州、渭南、陇南	商洛、安阳、咸阳、延安、渭南、临汾、乌兰察布、新乡
低—低	三门峡、兰州、朔州、武威、西宁、滨州、吕梁、西安、铜川、中卫、咸阳、临汾、运城、固原、庆阳	铜川、三门峡、天水、德州、东营、济南、乌海、固原、中卫、商洛、银川、淄博、武威、石嘴山、白银	白银、淄博、泰安、石嘴山、聊城、固原、鄂尔多斯、银川、济宁、包头、巴彦淖尔、武威、乌海、东营、宝鸡、吴忠
高—低	焦作、鄂尔多斯、乌兰察布、宝鸡、洛阳、晋中、包头、延安、太原、聊城、晋城、平凉、白银、渭南	运城、宝鸡、平凉、定西、长治、临汾、西宁、石嘴山、开封、鄂尔多斯、庆阳、安阳	平凉、滨州、三门峡、德州、鹤壁、西宁、铜川、济南、兰州、濮阳、定西、庆阳、西安、呼和浩特、中卫

从 Moran's I 散点图及表 5 - 7 中可看出，随着时间的递推，空间相关类型由四个象限较为平均的分布转变为主要在第一象限和第三象限的分布，正向的集聚相关效应越来越强。2011 年，处于高—高集聚区的城市有 13 个，处于低—高集聚区的城市有 15 个，处于低—低集聚区的城市有 15 个，处于高—低集聚区的城市有 14 个，较为平均的分布证实了上述对于 2011 年的全局 Moran's I 指数未通过显著性检验、协同度呈分散分布的结论；2016 年，处于

高—高集聚区的城市有 18 个，处于低—高集聚区的城市有 12 个，处于低—低集聚区的城市有 15 个，处于高—低集聚区的城市有 12 个。2021 年，处于高—高集聚区的城市有 18 个，处于低—高集聚区的城市有 8 个，处于低—低集聚区的城市有 16 个，处于高—低集聚区的城市有 15 个。可以看出，城市更多地向高—高集聚区与低—低集聚区分布。

进一步分析发现，处于高—高集聚区的城市中，起初以山西和山东的城市为主，因为其经济发展环境较好，因而有着较好的产业发展条件和环境保护条件，处于相对较高的协同度水平，且因此产生了集聚效应；随着时间的递推，集聚区内城市不断增加，中游的山西大部分城市和陕西部分城市也逐渐进入高—高集聚区，而山东多数城市则退出高—高集聚区。处于低—低集聚区的城市中，由 2011 年的以陕西、山西、甘肃的城市为主转变为 2020 年的以宁夏、甘肃、内蒙古、山东的城市为主。其中，2011 年的陕西与山西城市协同度水平较低的原因可能为当年大多数城市排放的 SO_2 较多，第二产业生产总值较高，产业较低级。而 2021 年宁夏、甘肃、内蒙古的城市协同度水平较低的原因则在于：宁夏、甘肃、内蒙古的环境水平相对较高，但其水平与其他省份城市差距不大，而产业发展水平低且与其他城市差距较大，因而协同度低，整个省份的多数城市协同度低，故处于低—低集聚区。山东省的城市因规模以上工业企业利润大幅下降而经济下行，产业发展水平下降，产生低—低集聚效应，2021 年多位于低—低集聚区。处于低—高集聚区与高—低集聚区的城市较为分散，几乎各省份城市都有所涉及，其协同度与周边城市协同度相差较大，有明显差异。

最后，构建以 Moran's I 散点图为基础的 LISA 集聚图。Moran's I 散点图只是初步对各样本点所处象限进行了判断，尚未能判断各局部集聚区域是否在统计意义上显著，即是否能通过 5% 的显著性检验。因此，需利用 LISA 集聚图做进一步分析（图略）。

2011 年，不存在显著的高—高、低—高和低—低集聚区域，包头处于显著的高—低集聚区域，与上述低—高类型集聚区内的城市相对应。原因是包头具有独特的区位优势和丰富的资源禀赋，吸引了大量投资和人才集聚，其得到了政府的重点支持和投资，发展了特定产业或战略性新兴产业，从而带动了城市的高集聚发展。而其他城市可能受制于政策支持力度或产业结构调整不力，表现为低集聚状态。2016 年，不存在显著的高—高集聚区域，西宁、定西、宝鸡和开封存在显著的高—低聚类，兰州、榆林、西安和临汾存在明显的低—高聚类，商洛存在明显的低—低聚类。商洛地区的地理环境如地形、气候、土壤等因素，可能导致某些地区资源分布不均，由于产业发展相对滞后或其他经济因素导致低值区域的聚集。2021 年在庆阳和滨州存在明显的高—低聚类，临汾存在明显的低—高聚类。临汾拥有"南通秦蜀，北达幽并"的区位优势，其形成了以传统产业为主的产业结构，例如，特色农产品、传统工艺等，由于历史原因，这导致了该地区在现代产业发展方面的相对滞后。

5.5　提升对策

从研究对象来看，环境本身作为一种公共产品，要实现对环境的保护，并进一步达到发展产业的协同目标，必须使政府发挥带头作用；从整体来看，黄河流域的环境保护与产业发展协同度处于较低水平，说明流域环境保护与产业发展的良性协同还需要各主体努力推动第二产业绿色循环发展；从流域来看，各流域的协同情况有区别，需要因地制宜地实现各流域环境保护与产业发展的协同，且流域间的协同差别要求建立流域内的协同发展机制以实现全流域协同联动发展；从空间相关性来看，协同度的全局空间正相关表明各城市存在紧密联系，可以发挥重要城市的带动作用。故为了实现流域环境保护与产业发展的协同，最终达到黄河流域的高质量发展与可持续发展，提出以下四点建议。

5.5.1　发挥政府统筹引导作用

政府统筹引导作用的发挥，不仅需要其在战略上协同推进，还需要在法律法规制定上明确发展目标。具体而言，包括规划引导、政策支持以及法律保障三点。

第一，建立环境保护与产业发展协同的战略规划。首先，依据协同的发展水平将该区域的环境保护与产业发展协同设定为阶段性战略目标。其次，着重于城市绿化工作，秉持习近平总书记对城市发展的指导思想，将打造宜居环境作为核心目标，科学推进城市绿化规划，通过科学复绿城市受损山体、水体和废弃地，完善绿地系统和功能。同时，强调黄河流域绿色发展在规划中的重要性，认识到推动工业绿色发展的重要意义，强化标准和技术支持，推动绿色发展标准化，贯彻经济政策，确保优惠税收政策和产融合作专项政策得以实施。最后，确保计划可行并有效执行，健全责任体系，细化工作方案，逐项贯彻责任，确保目标的实现。

第二，加强城市基础设施建设和人才培养引进。基础设施建设是环境保护与产业发展协同的重要支持，而人才则是实现协同发展的不竭动力。在基础设施建设方面，各城市应将信息基础设施作为核心发展点，通过新基建促进信息流通，推动科技创新；同时注重建设便捷的现代交通，特别是加大对甘肃、宁夏等落后地区城市基础设施建设的支持，包括高速公路、机场和地铁等，提供资金和技术支持，提升资源流通效率。在人才培养和引进方面，一方面，增加对落后地区教育投入，培养优秀人才；另一方面，通过税收优惠、住房津贴、人才落户补贴等方式，吸引高素质人才到落后地区，加强网络和数字交通建设，以软实力吸引人才涌入。同时，在黄河流域尤其是大城市设立合理的人才激励机制，吸收发达地区的知识产权保护和科技成果转化经验，完善相关机制，激发人才活力，使创新人才能够真正实现"名利双收"。

第三，推动执法司法联动。当前《中华人民共和国黄河保护法》在促进高质量发展方面较为系统全面，但缺乏具体区域间联合共治的细化规定，因此优化该法律显得尤为重要。强调协同治理理念，推动从局部治理向流域整体治理转变；明晰权责，解决具体行动与其他法律之间的冲突，明确责任主体，以确保各项规定得到切实贯彻。另外，法律执行至关重要，应充分发挥检察机关的司法职能，规范执法机关和检察机关的执行标准，实现二者的联动，提高执法效率和司法公正性。

5.5.2　推进第二产业绿色发展

黄河流域第二产业的大量三废排放对环境产生较大不利影响，故推进第二产业绿色发展将有助于产业与环境的可持续发展。这离不开政府对第二产业的约束以及企业自身现代产业体系的构建和社会层面环保意识的形成。

推进第二产业可持续发展，强化企业制度约束。其一，建立负面清单。黄河流域水沙不协调、生态环境脆弱等问题突出，以问题为导向，提出管控要求与措施。明确列明禁止投资建设的项目类别；明确列明禁止、淘汰产业清单；严控废水、废气、固废排放量大且产能严重过剩的产业；严控新增煤电以及煤化工产业，最终倒逼企业进行绿色转型升级，实现绿色工业生产。其二，强化环保约束。通过严格执行节能环保法律法规，提升环境规制水平，引导黄河流域各地市企业重视绿色生产；对流域内耗水型企业、高排放高污染企业设置科学合理的节能减排转型时间表。

发展现代农业、现代制造业、现代服务业，促使产业高级化与合理化，构建现代产业体系。第一，发展现代农业。发展循环高效的现代化农业，推动农业向节水化、科技化发展，以此达到更多效益；打造黄河地理标志产品，在形成黄河流域农业特色的同时，切实加强黄河流域粮食主产区的重要地位。第二，发展现代制造业。推动流域内产业向绿色低碳转型。流域内企业应持续引入并研发绿色技术且将其应用推广，实现生产方式绿色化，如引入技术提升废弃物处理率，争取使流域的经济增长方式由资源高投入的粗放型发展转变为集约型发展、由污染产业主导向清洁产业主导转变；上下游企业应形成良好的分工协作，根据流域特色，共同构建完善的绿色产业链。此外，流域各河段企业应培育发展如新能源产业、高端装备制造业、新一代信息技术和软件等战略性新兴产业。第三，发展现代服务业。具备一定经济实力的城市，相关企业尽量做到金融业、旅游业等多方位发展；经济水平较低的城市，在享受政策红利的同时，结合区域特色发展旅游业。此外，注重互联网、人工智能、大数据等对服务业的赋能，将这些技术应用在服务业中。

黄河流域环境保护与产业协同发展不仅是环保部门等政府部门、企业的职责，更是全社会应尽的义务。目前社会公众对于环保意识与知识尚有缺乏，参与环境保护的人数较少，提高公众环保意识是改善黄河流域生态环境压力的重要措施。一方面，社会公众应提升环保意识与环保知识储备。积极响应网络、社区、学校等平台的环保宣传教育，将环保思想融入日常生活中；有组织地参与环保法律法规学习，提升环保知识储备。另一方面，社会公众应将环境保护意识落实在实践中。第一，应在日常生活中秉持节能理念，形成节能低碳、绿色生活的风尚；第二，保护周边绿地，遵守公园等绿地的规章制度；第三，参与流域内环境治理的听证会、座谈会、协商会等，并积极建言献策，由流域内环境治理的旁观者、成果享受者向流域环境治理参与者、建设者转变。

5.5.3 建立流域协同策略与机制

黄河流域上中下游的环境保护情况与产业发展水平存在差异，故各河段的环境与产业协同发展策略也有所不同。而黄河流域整体要实现全面发展，需要建立系统性的协同机制来保障。故一方面需因地制宜地制定流域上中下游环境与产业协同发展的策略，另一方面要建立流域内相互作用、相互关联、权责明确的协同发展机制。打破流域内的高—高集聚以及低—低集聚的空间相关情况，实现全流域协同联动发展。

其一，因地制宜制定流域环境与产业协同策略。上游的源头区应以涵养水源、加强保护为主，但也需要发展产业，通过创造生态产品等措施，使环境保护与产业发展协同起来。具体而言，在环境上，要将黄河上游的水源涵养区作为重要把握点，加强对水源的保护力度。在产业发展上，一方面，可以以本地特色产业为契机，如利用敦煌莫高窟发展甘肃旅游产业，利用青海湖发展青海特色旅游产业等，降低产业相似度。另一方面，上游各城市应积极打造具备西部优势与特色的数字基建，努力缩小与中下游之间存在的数字鸿沟，并利用数字技术推动水资源集约利用与产业的转型升级。在外部环境上，通过政策支持等途径提高城市的公共服务水平、基础设施建设水平，着重改善民生，形成吸引人才的软实力，以增强城市竞争力。中游环境与产业协同度水平虽然达到了流域内的较高水平，但其环境污染较大的现实情况还要求其保持开发与保护并重，发展产业时也要制定同流域生态环境相匹配的环境保护规划。在环境上，一方面，需充分利用水利工程设施调控水沙，缓解中游水土流失问题。另一方面，应将汾河等重点污染区的环境保护作为关键，增加环境治理支出、出台环境规制政策。在产业发展上，以"一带一路"倡议为基石，延伸产业链，实现产业国际合作。在外部环境上，学习借鉴下游先进城市的高技术与管理上的经验方法，提升创新水平，培育优秀人才。下游城市经济水平较高，需发挥辐射带动作用，持续转换发展新动能，并加速消化新动能转换带来的改变，还要加强对洪水的预测监控，防治水患。应当继续聚焦科学技术前沿，通过譬如产业的数字化升级转型、智能化升级优化以及产业之间的融合来辐射带动上游及中游的数字化水平。同时，数字化发展为下游环境治理提供新思路，通过构建面向全国的"互联网＋"、人工智能、云计算、大数据以及区块链等数字技术的投融资支撑体系，从而推进下游数字核心技术的突破，最终为治理黄河手段由传统方式转变为现代方式提供强有力支撑。此外，利用数字化技术加快吸收新动能转换成果，不断借之修复经济变换过程中的裂缝。

其二，建立流域内协同发展机制。第一，参照先进城市与其他地区的合作方案，制定黄河流域中游与下游的较发达地区同黄河流域中游与上游欠发达地区的协同合作机制。具体而言，可以通过企业之间市场化行为的合作来促使要素资源配置更加优化、园区合作共建更加顺畅；通过开展企业高层干部间的交流培训，来支撑黄河流域中游、上游地区的观念转变，拓展创新性思维与竞争性意识，激起发展的内生动力，促进黄河流域中下游城市与中上游城市在合作中实现优势互补、互利共赢，最终形成可持续的高质量发展格局。第二，通过培育水权交易市场、区域间财政转移支付等途径，建立区域间合作补偿机制。一是鼓励水权交易，即在界定好初始水权的前提下，鼓励黄河流域内不同产业和不同城市间水权交易；通过完善流域水资源确权的登记制度来明晰水资源产权，通过建立全面的水资源管理体系来保障水权交易的监管有效。二是黄河流域上游在保护流域源头、防止污染"顺流而下"方面付出了较大成本，流域中游及下游地区可以通过如财政转移支付"逆流而上"之类的手段，来鼓励流域内协同实现大治理。第三，打破区域与行政边界，构建利益协同机制。一是形成系统全面的利益协商机制。流域上中下游各城市的相关部门需转变工作理念与工作方式，在黄河流域环境保护与产业发展的大逻辑下，形成以流域生态环境为纽带的利益协调机制。二是提升政府工作部门的协调效率。黄河流域涉及多个城市，需要多主体部门间协调合作，共同参与流域的环境保护与产业协同发展，故应健全流域环境保护信息披露机制，以便实现黄河流域环境治理与资源管理的透明化。三是形成权责明确的追责制度。将具体的行政责任落实到河段所涉及城市，建立河长制，明确多元主体的具体责任，以便环境保护能够切实贯彻落实。

5.5.4 释放中心城市示范活力

加强黄河流域城市群建设，引领中心城市发挥辐射作用。黄河流域各城市环境与产业协同度测度结果表明，中心城市在流域内往往有着较高的协同度水平，且流域协同度存在全局空间自相关性。故要加快构建以流域内中心城市为核心的城市群建设模式，培育重要经济增长极。

首先，加快建设黄河流域的中心城市，助力黄河流域环境保护与产业发展的协同。中心城市是并且持续是区域可持续发展的动力之源，对于流域内协同效应强的省会城市，如西安、郑州和济南等，要使其最大化发挥出环境保护与产业发展上的联动效应与示范作用。当前，流域内国家级中心城市的数量仍较少，需加快中心城市的发展建设，以便体现其引领带头作用。同时，也要注重副中心城市的建设及其与中心城市的互补配合，以防"大城市病"的发生，如西安与咸阳的配合——西咸新区的打造等。

其次，打造以中心城市为核心的城市群，充分释放辐射作用。黄河流域城市群具备多中心特征，因此，以核心城市为切入点，建立城市群的发展增长极，如经济中心、科技中心、综合交通运输枢纽，使这些增长极与周边其他城市形成都市圈，扩大辐射范围，最终带动中小城市发展。具体而言，需持续发展以西安为中心的关中平原城市群、以郑州为中心的中原城市群以及以青岛和济南为中心的山东半岛城市群，助推实力较强的大城市发挥引领作用，使其技术、人才等发挥溢出效应，最后形成网络化发展。

最后，加强中心城市间的沟通交流，进一步提升区域整体的协同发展。一方面，西安高校众多、人才荟萃，故具备较强的基础创新能力；郑州国家创新高地、国家先进制造业高地、国家开放高地、国家人才高地等的建设，使其应用创新能力独具优势，西安与郑州可在基础创新与应用创新上实现优势互补，探索实现黄河流域双核创新。另一方面，下游济南等山东较核心城市具备较大的市场规模优势，与西安、郑州的对接合作有助于创新成果与市场接轨，使创新体系落地，有效提升创新能力。此外，中下游的城市应发挥其对上游地区的带动作用，加强对上游地区的人才、管理经验及技术输入，加大对上游地区的基础设施建设投资力度，提升其交通运输效率，加快高速公路、地铁的建设。

5.6 小结

本章建立复合系统协同度测评模型，选取序参量分量指标，测度黄河流域环境保护与产业发展协同度并分析其时空演变特征，并深入探讨提升黄河流域环境保护与产业协同发展的对策建议。主要研究结论如下：

第一，黄河流域环境保护与产业发展协同度测度。（1）子系统有序度。黄河流域各城市环境子系统有序度整体呈增长态势，部分城市如菏泽、鹤壁和运城等环境子系统有序度存在下降态势，且城市间环境子系统有序度差异明显。产业子系统有序度变化幅度并不明显，部分城市产业有序度发展态势并不明朗且城市间产业子系统有序度同样存在较大差距。（2）复合系统有序度。黄河流域各城市环境保护与产业发展复合系统协同度有所优化，协同度均值呈现出先减后增的态势，大多城市协同水平从轻度不协同转变为轻度协同，但各城市间的协同度仍存在一定差异。从局部城市来看，多数城市的协同度水平从一开始的负值转变为正值，但仍有部分城市协同度基本保持在负值。

第二，黄河流域环境保护与产业发展协同度的时空特征分析。（1）从时间趋势来看，全流域范围内环境子系统、产业子系统有序度和复合系统协同度整体呈稳步增长趋势，多数城市的协同水平由轻度不协同逐渐转变为轻度协同，但城市间仍存在显著的差异。从流域来看，上游城市的环境子系统有序度基本优于中下游城市，下游城市的产业子系统有序度高于上中游城市。从局部城市来看，各城市协同度均存在从负值到正值的较大波动，且差距逐渐拉大。（2）从空间分异特征来看，全流域环境保护与产业发展协同度处于轻度协同的城市数量越来越多。分流域来看，黄河流域上中下游环境保护与产业发展轻度协同城市数量起初呈现不同发展特征，随后轻度协同城市数量趋于均等，上中下游协同城市数量均逐渐增多。从局部城市来看，随着时间的递推，中下游的地级市协同度处于相对较高的水平。（3）从空间相关性来看，全流域 2011～2020 年的协同度均呈现出分散分布的趋势。而局部空间自相关分析则表明，正向的集聚相关效应逐渐增强，不同时间点通过显著统计意义检验的局部集聚区域逐渐显现。

第三，提升黄河流域环境保护与产业协同发展的对策。（1）发挥政府统筹引导作用。政府引导层面应设立黄河流域环境保护与产业发展协同的战略规划，给予城市基础设施建设、人才培养引进以政策支持，优化《中华人民共和国黄河保护法》并推进执法司法联动。（2）推动第二产业绿色发展。产业绿色发展离不开政府对第二产业的约束、企业自身现代产业体系的构建以及社会公众环保意识的形成。（3）建立流域协同策略与机制。流域协同策略与机制层面具体策略为：上游的源头区应以涵养水源、加强保护为主，但也需要通过创造生态产品等措施发展产业。中游保持开发与保护并重，发展产业时也要制定与流域生态相适宜的环境保护规划。下游需发挥辐射带动作用，持续转换发展新动能，并加速消化新动能转换带来的改变，还要加强对洪水的预测监控，防治水患。机制可参照先进城市与其他地区的合作方案，建立区域间合作补偿机制、构建利益协同机制。（4）释放中心城市示范活力。在中心城市示范活力释放上，需加快建设黄河流域的中心城市、打造以中心城市为核心的城市群、加强中心城市间的沟通交流。

第6章

黄河流域环境保护与产业
协同发展路径

黄河流域环境保护与产业协同发展任重道远。开展黄河流域环境保护与产业协同发展路径研究，可以更加有序地进行规划准备，从而提高生态效率和实现高质量发展。现有研究对环境保护与产业协同发展路径策略过于泛化，较少基于不同潜在演化情景，提出相应的协同路径。由于未来发展具有不确定性，本章在分析黄河流域环境保护与产业协同发展的短、中、长期目标的基础上，运用情景分析方法模拟基准情景、环境优先情景、产业优先情景下 2025～2050 年黄河流域环境保护与产业发展协同度，并据此提出协同发展路径。

6.1 黄河流域环境保护与产业协同发展目标分析

制定明确的环境保护与产业协同发展目标，是黄河流域环境保护与产业协同发展情景分析的前提。以《黄河流域生态保护和高质量发展规划纲要》、"十四五"规划、各省份发展规划以及环境和产业政策为依托，结合黄河流域实际情况发展，从短期、中期和远期分别分析黄河流域环境保护与产业协同发展的目标。

6.1.1 短期目标（2025 年）

1. 加速环境综合治理

环境治理主要指江河流域生态文明建设，包括自然景观修复、水环境与生态湿地修复、土壤污染治理、矿山修复等。基于目前发展现状，黄河流域在环境综合治理方面仍旧有很大的进步空间，也是短期黄河流域环境保护与产业协同发展的主要目标之一。

第一，以河湖长制为核心，管理河湖岸线自然资源。按照"人水和谐、统筹兼顾、改革创新、因地制宜、分步实施"的原则，提升河湖岸线资源的管理力度，完善河湖岸线资源的保护规划体系，建立土地使用补偿制度，确保黄河面积不缩小。同时，开展河道岸线整治，落实河道采砂管理责任，禁止非法侵占河道、采砂和填湖，清理和控制过度占用滥用、过度占用不充分、占用不使用的现象，进一步恢复河湖水域岸线生态功能。

第二，以干流为主线，重视源头治理工作。首先，全面系统查明工业、农业和生活用水的污染源，针对不同污染源采取不同的治理措施，特别是严治工业企业的水污染，严格检查企业工厂是否安装污水处理设施及其运行情况，确保污水排入黄河达标。其次，要大力调查土壤污染的情况，必要时建立翔实、共享的土质数据库，与此同时改善农业要素和技术结构，推广纯绿色无害化农产品，进一步宣传、扩大现代农业技术的应用。

第三，在"保护"中治理，确保生态循环平衡。以保护生态环境系统为前提，以水资源为最大硬性牵制。坚持山、河、林、田、湖、草、沙的系统治理，以自然修复为重点，打造优质生态工程，有效保障生态循环的高效平衡。最重要的是加强监管能力，完善相关法律制度，制定水生态环境保护补偿方案。

第四，"节水优先"，打造建设节水型社会。黄河流域水资源一直处于短缺的状态，必须走节约利用之路，坚持把节约用水作为新时代治水的指导思想。一是推动煤炭加工等高耗水的行业用水方式转型，同时发展节水型产业，剔除落后企业；二是提升农业节水力度，加大农田现代农业相关设备和技术的推广；三是公众在日常生活和工作中要养成节约用水的习惯，各个社区定期也可以组织开展有关节约用水的活动。

2. 推进重大项目实施

重大项目的实施不仅可以整合黄河流域的自然资源和科技资源、集结科技人才共同研究解决协同发展事项，还可以在此过程中促进区域环境、资源、经济和科创系统的协同发展。中共中央、国务院及各地政府已印发多个有关黄河流域生态保护和高质量发展的规划纲要，围绕黄河流域产业结构转型升级和高质量发展，聚焦绿色技术升级、产业基地强化、新产业基地建设、新旧动能转换等重要内容，以城镇化为驱动力，建设新型基础设施，培育黄河旅游带，促进工业提质增效，提升工业软环境。各项目主要内容及其具体含义如表6-1所示。

表6-1　　　　　　　　　　各项目主要内容及其具体含义

主要内容	具体含义
绿色技术提升工程	建立多个绿色产业技术创新联盟，积极探索"企业主导、高校和科研院所主力、政府支持、开放合作"的组织模式
工业强基工程	解决影响核心部件性能和稳定性的关键通用技术问题；加大基础特种材料的研发力度；完善黄河流域工业基础设施数据库
新工业基地建设工程	在经济发展和环境承载均高的城市中，打造以创新驱动、智能高效、绿色低碳为主题的国家新型产业基地
新旧动能转换工程	推动和复制山东新旧动能转换举措；推动制造业向研发、设计、中高端制造、营销等价值链高端环节延伸
新基建工程	建设信息网络基础设施、智能应用场景、工业互联网平台、新能源汽车充电桩、智能交通基础设施、生物种质资源库等基础设施
沿黄旅游带培育工程	打造黄河流域旅游带，拉动物流、餐饮、旅游商品制造等相关产业发展；培育黄河沿线独有品牌
以城带乡产业提质增效工程	鼓励城乡企业加强产业链联动；引导城镇居民扩大特色农产品本地化消费，共同搭建城乡农产品公共营销平台
产业软环境提升工程	营造公平公正的市场环境；建立适应技术变革和产业转型要求的调整响应机制；建立企业家培训和友谊平台

上游，甘肃省在生态环保方面，成立黄河流域兰西城市群——兰州生态创新城生态产业孵化园建设项目，在产业转型升级及科技创新方面，建立各种零碳基地以及新能源开发项目等。中游，陕西省重点优化"两高"行业规划布局、产业结构，持续推进生态环境分区管控，为重点项目的落地实施保驾护航。下游，山东省建立了济南科技创新城、黄河战略研究院、国家生态环境大数据超级计算中心等重大支撑平台。黄河流域各省份具体项目如表6-2所示。

表6-2　　　　黄河流域各省份关于环境保护和产业协同发展重大项目

省份	项目名称
青海	黑土滩治理、污水处理厂扩容改造、退化草原综合治理、河流水土保持生态护岸治理、湿地生态修复和水污染防治等项目
内蒙古	黄河流域乌贺原地区局部生态综合治理项目、黄河流域乌兰布和沙漠生态修复与治理项目、黄河流域内蒙古段湖泊底泥污染控制与生态化利用项目
宁夏	宁夏石嘴山市百里黄河生态保护和修复项目（红柳湾—天河湾段）
甘肃	黄河干流（兰州段）防洪治理工程
四川	若尔盖县黄河流域湿地保护与修复工程、若尔盖县湿地水源涵养能力提升工程（红原县部分）、若尔盖县建制镇污水处理一体化设施建设项目
山西	废弃露天矿山生态修复工程、汾河中上游山水林田湖草生态保护修复工程试点项目等
陕西	黄河流域淤地坝建设重要生态项目、黄河粗泥沙集中来源区拦沙工程等
河南	湖滨区黄河流域生态保护和高质量发展示范区山水林田湖草项目等
山东	黄河下游绿色生态走廊暨生态保护项目、滨州市黄河淤背区生态修复工程等

3. 实现跨区域合作

跨区域合作是通过共享区域资源，扩大企业获取资源的途径，继而提高企业内部以及区域的科技创新能力，促进区域经济高质量发展。黄河流域在环境保护与产业协同发展方面实现跨区域合作，一来可以推动要素流动，二来可以推进协同发展模式。首先，省际间跨区域合作方面。2022年，《陕西省黄河流域生态保护和高质量发展规划》中提出，推动苏陕扶贫协作向区域经济合作升级，联合河南、山西做好《郑洛西高质量发展合作带规划》编制工作、与长江流域开展生态保护合作等重点生态功能区域等重点任务，强化流域全方位合作，促进全流域高质量发展。2021年，在济南召开的黄河流域协同科技创新大会上，特别强调要实现资源共享、合作发展。借助黄河科技创新联盟，共同推动黄河流域技术交易市场互联互通，技术、人才、平台等创新要素共享共用。其次，省内间跨区域合作方面。河南省签署《黄河流域生态保护和高质量发展核心示范区跨区域水污染联防联控合作协议》，协议实施范围包括郑州市、洛阳市、焦作市、新乡市、开封市。按照"区域联动、联防共治、互利共赢、协同发展"的原则，主要明确了跨区域联防联控组织架构、联席会议制度、信息交换制度和横向生态补偿等内容，确保核心示范区实现黄河流域水生态环境稳步提升，这也是一大省内跨区域合作成果。

在实现跨区域合作方面，黄河流域沿线省份还有很大的进步空间，可以从以下几个方面促进各省份共抓黄河大保护，协同推进大治理。

第一，构建黄河流域跨区域合作共享平台。借助跨区域合作共享发展平台，黄河流域城市群之间可实现快速精准对接，共建黄河流域科技创新走廊和现代产业合作带。山东省可深化省会经济圈与郑州都市圈在产业发展、科技创新、市场开发等方面的合作，支持菏泽、辽东等城市与河南商丘、濮阳共建产业转移示范区，打造两省合作桥头堡，推动山东半岛城市群与中原城市群融合发展。同时，推动济南、郑州和西安的数字融合，建立黄河流域区域合作的互联网共享服务平台。搭建以西安都市圈为核心的黄河流域对接平台，促进兰州-西宁城市群与关中平原城市群互补、高效、协同发展。

第二，深化黄河流域综合补偿机制。到 2025 年，基本建成与经济社会发展相适应的生态保护补偿制度。各地要加快重点流域和上下游省份生态保护横向补偿机制建设，开展跨区域联防联控。通过结对合作、产业转移、人才培养、共建园区、购买生态产品和服务等方式，推进受益区和生态保护区建设。

6.1.2　中期目标（2030 年）

1. 健全完善绿色生态产业体系

根据黄河流域生态保护和高质量发展的总体要求，黄河流域环境保护和产业协同发展 2030 年的目标应为健全完善绿色生态产业体系，形成极具特色的绿色生态品牌和绿色产业品牌，因地制宜发展重点产业、联动发展上中下游产业和夯实产业转型升级基础，具体如图 6-1 所示。

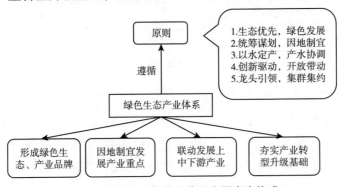

图 6-1　绿色生态产业体系主要内容构成

（1）形成绿色生态品牌和绿色产业品牌。

要形成绿色生态品牌和绿色产业品牌，必须强化绿色发展导向，具体表现在实施负面清单管理制度、强化节水减排和环保约束。第一，实施负面清单管理制度。清晰列出不允许投资的项目类别名单，重点监控单位产量污染物排放量大、导致环境问题突出的企业，严格控制新型煤化工产业，提高相关产业的准入门槛和技术壁垒，间接推动企业技术创新和产品升级。重点通过研发和引进新技术，以此提高企业的绿色制造技术能力。第二，强化节水减排意识。针对黄河流域各省份企业建立一套绿色发展评价指标体系，从环境质量、产业发展、资源利用、绿色生活、公众满意度等方面定期进行评价，指导黄河流域各省份聚焦"绿色发展"。科学制定用水行业和高排放行业节水减排时间表，坚决抵制部分行业不合理用水行为。

（2）因地制宜发展产业重点。

自然地理、经济发展、历史文化等因素致使黄河流域上中下游地区发展各异，尤其在产业发展现状、机遇以及面临的挑战方面存在显著差异。在黄河流域生态保护和高质量发展总体要求的指导下，注重分类施策，因地制宜发展重点产业，加快黄河流域产业绿色优化升级。不同类型产业的发展重点具体如图6-2所示。

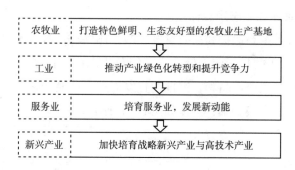

图6-2　不同类型产业的发展重点

（3）联动发展上中下游产业。

黄河流域各段应做好全面长远的产业发展规划，充分利用自身优势，减少区域间的差异，实现均衡化发展。统筹黄河流域重点产业设施建设和布局，尽量避免沿线产业恶性竞争，加快形成"协同均衡"的发展格局。探索发展新模式，鼓励下游经济发达的省份地区与上中游欠发达的地区或相邻省份合建园区，发展"飞地经济"，鼓励支持产业间和产业链分工协作。第一，共享黄河流域信息、资源、技术等平台。建立信息、资源、基础设施共享机制，注重对科教资源、信息技术等平台的公开、共享。第二，构建黄河流域区域产学研创新体系。通过黄河流域企业与高校科研机构合作搭建技术研发平台，促进科技成果落地并流入市场，形成独特的产业技术优势。第三，建立上中下游地区分工合作和利益协调机制。政府要成立相关区域协调发展委员会，担任引导者角色。中介组织为跨区域合作提供资金、技术和管理服务，担任服务者角色。根据上下游地区资源禀赋、发展基础和外部条件的差异，构建承载上游产业转移的平台，培育特色产业基地。

（4）夯实产业转型升级基础。

产业转型升级已是黄河流域的必经之路，在此之前必须打好基础，聚焦科技创新、现代金融、人力资源三个方面。第一，加快科技创新要素培育。重点研究资源循环利用技术、新能源新材料等绿色发展共性和关键技术；建设一批国家级创新平台，实现跨机构、跨区域的开放合作和信息共享；探索设立产业技术研究所，进而促进企业科技成果的转化落地，同时加强对企业知识产权和专利的申请与保护。第二，推动现代金融要素培育。形成中小组合、国营外资多元化的银行体系，表现在国内银行向中小企业提供多种融资贷款服务，以及设立外资金融机构并促进与国有金融机构的合作；大力发展风险投资，通过提高投资和创新机构与基金经理的投资自主权，增加对高科技产业、战略性新兴产业和发展期企业的投资。第三，加大人力资源要素培育力度。在人才培养方面，要培养一批复合型、创新型的高技能和职业技术人才；在人才引进方面，改进高层次人才引进方式，提供广阔多元化的学习平台，以及透明合理的晋升机制，如此可激励高层次人才投入黄河流域相关领域的研究。

2. 构建环境协同治理长效机制

新时代要实现黄河流域长治久安，强化保障机制和长效治理机制建设必不可少。要构建环境协同治理长效机制，主要包括加强法制工作、完善考核机制、建立奖惩机制和健全市场化、多元化生态补偿机制，具体如图6-3所示。

（1）加强法制工作。

从国家相关法律法规层面出发，结合黄河流域自身特点和实际发展情况，保证制度的有效供给。首先，建立"金字塔"问责制度，即省、市、县三级自上而下分解责任，严格落实三级机构治理效果考核和问责，避免只由基层环保部门承担责任；其次，构建数字化大平台，建立信息共享制度，促进信息共享。各级检察官、河长办、同级水务部门例行报告沟通交流情况，对案件实施双保险管理，及时掌握已经处理过和正在处理的案件，在数字化监管大平台的推动下，做到全面、动态监管各级政府部门对所属区域黄河河段的生态环境治理工作，并对其效果定期进行评价。

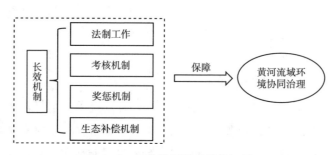

图 6 - 3　环境协同治理长效机制

（2）完善考核机制。

黄河流域目前发展的考核体系主要还是考虑 GDP、财政收入，缺乏以绿色循环为核心的生态文明考核体系。此外，各地政府在决策过程中，将自身利益放在第一位，往往不考虑整体利益。因此，在黄河流域协同管理中，有必要在借鉴国内外一体化管理理论和实践的基础上，建立系统、协同、高效的黄河流域一体化管理体系，如黄河流域各级党委和政府保护黄河的目标责任制、考核评价制度等，从而最大限度地减少竞争和不合作给地方政府带来的不利影响（陈耀等，2020）。

（3）建立奖惩机制。

现在的奖惩依据依旧以区间为范围，诸如"明显改善、基本稳定、明显恶化"等生态环境程度去设立，容易造成考核与激励约束效果大打折扣。因此，有必要加强对黄河流域生态环境问题的追责惩罚，重点关注流域生态薄弱环节的管理。例如，借助社会组织设立黄河生态保护基金、补偿基金、治理基金等，观测黄河流域上下游水质量是否达到要求，对其进行一定的奖励和惩罚。以中国环境监测总站发布的黄河流域重点断面水质监测数据为准，对水质达到Ⅰ类、Ⅱ类或Ⅲ类时给予奖励，对水质为Ⅳ、Ⅴ类或劣Ⅴ类时给予惩罚，并且可根据流域水质变好或变坏的程度，对奖惩的金额设置上下浮动比例，提高企业保护环境的积极性。

（4）健全市场化、多元化生态补偿机制。

生态补偿机制是实现黄河流域大保护、大治理的重要手段，也是黄河流域生态保护和高质量发展的重要保障。通过黄河流域资源开发、污染物减排、水资源节约、生态产业发展等，实施生态补偿机制。推进排污权交易、生态建设配额交易等市场化生态补偿方式，补偿因保护黄河中上游生态环境在环保设施、水利设施等方面相关的机会成本。同时，通过对黄河流域不同生态系统服务价值进行评估，以便为实施多样化、市场化的生态补偿机制提供标准和依据。

6.1.3　长期目标（21 世纪中叶）

1. 形成协调联动发展格局

黄河流域不同区域具有不同的资源禀赋、区位条件、政策环境和发展基础。一些城市群的城市规模、经济水平、城镇化水平、工业化水平、开放性等方面发展不协调，城乡发展差距更大。城市群与城镇不能形成互联互通的网络格局，缺乏整体性、系统性和协同性，城市规划也就失去了意义。因此，黄河流域要形成长期协调联动发展格局，实现环境保护与产业协同发展，必须从城市群和乡镇出发，促进二者之间以及内部的协调发展和成果分享，是有效落实党的二十大报告中提出的全面推进乡村振兴、促进区域协调发展、推进生态环境综合治理的要求。黄河流域协调联动发展格局的具体构成如图 6 - 4 所示。

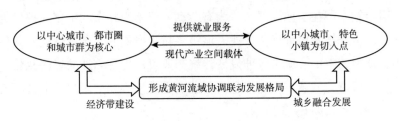

图 6 - 4　黄河流域协调联动发展格局构成

（1）以中心城市、都市圈和城市群为核心加强经济带建设。

第一，重点建设流域内国家中心城市。依托环境承载能力，大力推进西安、郑州等国家中心城市的建设。在一定程度上，可以利用产业聚集效应、交通等基础设施的联通效应、公共服务均等化效应等促进中小城市的发展。进一步形成环境保护、技术驱动、功能多样、体系完备、协调发展的新格局。第二，以现有都市圈为主，发展新的增长极。在充分发挥现有西安都市圈辐射效应的基础上，同时加快青岛、济南、太原、兰州、包头和呼和浩特等城市的都市圈建设，为黄河流域经济发展提供新引擎，从而做到都市圈—中心城市—中小城市经济发展新空间的拓展。第三，实现城市群协调发展。为实现流域一体化和城市群高效、高质量协同发展的目标，需要利用流域城市群多中心发展的特点，以核心城市和都市圈为切入点，充分发挥比较优势，优化空间布局。通过建设金融中心、科技中心、信息中心等，形成城市群增长极。中心城市增长极将与周边城市形成城市发展圈，并进一步与周边节点城市形成辐射圈，最终带动周边中小城市繁荣发展。

（2）以中小城市、特色小镇为切入点加快城乡融合发展。

在国务院出台的各项有关乡村振兴文件中，核心思想是加快推进以县城为主要抓手的新型城镇化，形成以人为本、市场融合、协同发展、交通互联的高质量发展格局。黄河流域环境保护与产业协同发展离不开城市群和乡镇之间内部的协调和成果分享，因此该流域应以中小城市、特色小镇为突破点，加快城乡融合发展。第一，根据其发展特点，将乡村划分为集聚升级、城郊融合、特色保护、搬迁合并四类，推动乡村振兴步伐稳步前进。第二，成立黄河流域城乡一体化发展基金。在城镇乡村设立物流站点，给村民提供便利，同时继续加大对小镇乡村公路的建设以及配备大巴汽车等，打通偏僻小镇乡村与城市的联通。第三，政府通过优惠政策支持小微企业扎根城镇。着力通过产业集聚效应，吸引年轻人留在当地发展，并为有劳动力但不愿外出的中年人提供就业机会。第四，引进技术培育优势产业。城镇乡村为产业的发展提供空间载体以及大量的劳动力，由中心城市延伸发展传统产业可以提高当地的经济总量，如此可实现中心城市与城镇乡村之间生产与消费的对接。新型城镇化下黄河流域城乡融合发展路径如图 6-5 所示。

2. 基本建成现代产业体系

党的二十大报告中提到在下一个百年计划中，要基本建成现代产业体系。对于现代产业体系的要求，主要从目标、重点方向、投入产出和生产方式四个方面进行解读。现代产业体系以实体经济的高质量发展为目标；以构建现代化和体系化的产业发展新方式为重点方向；聚焦对科技、金融等高级要素的投入，同时不仅关注产出的经济效益，而且关注产出的社会效益；以多种生产模式的混合配合作为现代产业体系的生产方式。

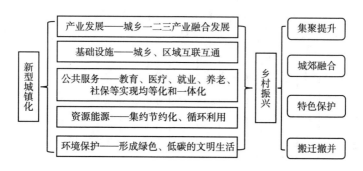

图6-5 新型城镇化下黄河流域城乡融合发展路径

因地理条件、发展目的都不尽相同，各区域对现代产业体系构建有着不同的要求。对于黄河流域而言，建设现代产业体系具体包括：第一，以现代制造业为核心，助推现代农业、现代工业、现代服务业等实体经济实现高质量发展。第二，围绕西安、郑州等中心城市，利用中心城市的虹吸效应，促进科教、金融等要素的聚集，进而推动中高端产业的集聚。第三，实现资源型产业的现代化转型升级。以生态环保产业和当地特色农牧业为核心，大力提升新材料、智能制造等产业，促进产业高效国际化发展。第四，根据流域各省份实际拥有的生态资源禀赋以及经济发展情况，采取有针对性的措施，推出符合当地的生产消费方式。同时注重产业发展的就业效应和绿色效应，提高人民生活水平，改善收入格局。

体系化建设是现代产业体系的核心（赵瑞和申玉铭，2020）。基于高质量建设、创新驱动、绿色发展、现代工业化、区域分类构建原则，黄河流域现代产业体系核心构建内容应包括六大方面，具体如图6-6所示。

（1）构建高质量要素体系。

在空间载体的选择方面着重考虑中心城市和发达的大型城市群，同时借助金融中心、科技中心、通信中心、信息中心、云计算中心等平台不断纳入高校、研究院所及处于发展期的科创公司的科技资源；各类国有股份制银行、创投企业、公募私募的证券基金等金融资源；不同类别如创新复合型人才、企业家等人才资源。形成以高端科技金融型要素聚集的新格局,助推黄河流域建成现代产业体系中高质量要素体系的积累。

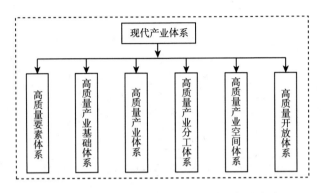

图6-6 黄河流域现代产业体系核心构建内容

(2)构建高质量产业基础体系。

黄河流域现代产业体系中高质量产业基础体系建设主要包括以下三个方面:第一,高质量基础设施。黄河流域中上游地区发展落后,在大力加强铁路、公路等基础设施的建设之外,也要一定程度地建设数字信息基础设施以及智能应用基础设施,同时构筑黄河流域产业高质量发展平台。第二,高质量产业主体基础。产业由大量企业组成,企业不但承载着产业,而且是产业发展的助推器。黄河流域现代产业体系中高质量产业主体应该由不同性质、不同规模企业组成,同时各类企业之间应平等竞争、相互合作、相互促进、共同发展。第三,高质量市场基础。现代产业的发展最终要经得起市场检验,因此要不断提升流域的收入水平,形成具有一定市场规模和市场效应的高质量市场,进而形成和强化黄河流域产业聚集效应。

(3)构建高质量产业体系。

第一,改造传统产业。对于传统产业,如农业、制造业和商业等,重点是改变现有发展模式,通过现代科技手段实现新业态新管理,提高传统产业的效益。第二,培育新兴产业。黄河流域在改造传统产业的同时,要加大对生物医药、航空航天、高端装备制造、新材料、新能源等新兴产业的培植,这是黄河流域高质量产业体系的重要组成部分。第三,发展特色产业。充分发挥黄河流域不同区域独有的自然资源、社会资源,如上游地区昼夜温差大可大力发展果品产业,少数民族地区可发展民族食品产业和红色旅游等优势产业。第四,鼓励发展绿色产业。以生态保护为目标，大力发展绿色农业、覆盖工厂污水处理设施，同时利用政策红利推动生态旅游、绿色金融等绿色产业发展，奠定黄河流域产业发展绿色转型基础。

（4）构建高质量产业分工体系。

黄河流域高质量产业分工体系主要包括分工协作的方向和形式。在分工合作方向上，要从区域内外两个方向构建多视角全方位的合作方向。区域内，要提升黄河流域城市群之间的产业分工效益和效率；区域外，加强与京津冀城市群、长三角城市群、成渝城市群等其他区域的合作。在分工协作形式上，主要是打造黄河流域各区域一体化的产业链，进而构建价值链和创新链，通过多链条形成现代产业体系的分工协作方式，推动黄河流域实现跨领域、跨类别的分工合作。

（5）构建高质量产业空间体系。

通过以中心城市为核心的经济圈，发挥中心城市的带头作用，形成以都市圈和中心城市为主，城镇乡村为辅的空间格局；以现有的关中城市群、中原城市群为发展基础，继续加大挖掘发展现代城市群，为制造业开拓更多的发展空间；聚焦城镇乡村基础设施建设，努力实现乡村振兴战略目标，将现代产业的地理空间延伸到城镇乡村。

（6）构建高质量开放体系。

在经济落后地区，要参与国际市场，通过一般贸易增强国际竞争力；在产业集群和加工制造领域，通过招商引资、再加工、外租等方式，突出相关产业竞争优势，争取实现与全球生产体系的对接；在中心城市较发达领域，充分发挥丝绸之路中游重要经济带、节点作用、经济历史文化等综合优势，整合利用沿线国家优质稀缺资源，开放合作，增强产业链和价值链的全球竞争力。

6.2 黄河流域环境保护与产业协同发展情景分析

基于黄河流域环境保护与产业协同发展的短、中、长期目标，构建基准情景、环境优先情景和产业优先情景三种情景，运用 ARIMA 模型进行不同情境下的指标预测。

6.2.1 情景分析法

1. 情景分析的内涵

情景是对未来情况或基于初始状态发展到未来的一组事实的描述，而情景分析法是在构建情景的基础上实现对某问题的预测分析。在 20 世纪 40 年代末，情景分析法就被美国兰德公司的国防分析家用来描述敌对国家可能使用核武器的各种情况，这可以看作是情景分析研究和应用的开始（Kahn，1962）。20 世纪七八十年代，壳牌石油的瓦克（Wack，1985）借助情景分析法成功渡过石油危机，进而激起学者对该方法的广泛关注。21 世纪初期，切马克（Chermack，2005）对情景分析做了明确的定义，并就情景分析理论做了研究综述。总而言之，情景分析的意义不在于准确地预测研究对象的未来状态，而是对不同趋势条件下可能出现的状态进行考察、比较和研究（娄伟，2013）。情景分析是通过与其他数学模型相结合，例如，数学模型、矩阵法等，对未来可能发生的结果进行模拟预测的方法。

作为一种分析方法，情景分析更多地侧重于技术的发展与创新，在理论方面相对薄弱，到目前为止，没有形成相对系统的体系，各种观点也多有不同之处。情景分析与传统预测的最大区别在于，情景分析在描述当前情况的同时，可以根据未来可能发生的变化，给出两种或两种以上可能发生的事件及其结果，其逻辑框架如图 6 - 7 所示。

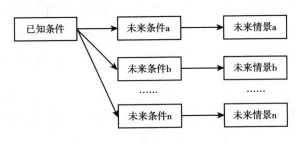

图 6 - 7　情景分析法的逻辑框架

2. 情景分析的类型

情景分析有多种分类方法，可以按时间长短、定性或定量、归纳或演绎等进行分类。按情景发展的路径分类，主要包括前推式、回溯式和双向式三种分析方法。

前推式情景分析根据过去和现在的情况推断相关情景，然后在"固定"情景的基础上探索和分析可替代的未来。该方法从当前状态和可能的未来路径开始，推断到最终状态，基本假设包括 A 和 B 两点，具体如图6-8所示。

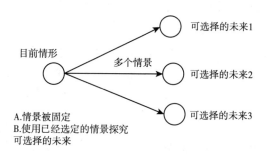

图6-8　前推式情景

回溯式情景分析基于选定的未来分析情景。在分析过程中，可选的未来是"固定的"，场景是自由的。回溯性情景分析回答了"如何到达我们想去的地方"的问题，并考虑了通往明确未来的具体路径。该方法从当前状态和结束状态开始，推断可能的未来路径，基本假设包括 A、B 和 C 三点，具体如图6-9所示。

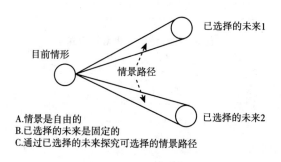

图6-9　回溯式情景

双向式情景分析，是前推式与回溯式情景分析的结合。在一些复杂的案例研究中，常使用双向式情景分析。

3. 情景分析的应用

情景分析更侧重实际应用，其理论性相对较弱。到目前为止未形成完整的理论体系，各种观点也不尽相同。然而，经过不断的发展，情景分析已经在借鉴多学科理论的基础上形成了一个基本的理论框架，主要包括基础理论、方法论理论和应用理论。近几年来，情景分析法在我国得到广泛的应用。在情景分析发展过程中，能源经济一直是个重要应用领域。但最近几年，情景分析又逐步成为研究低碳经济、新能源与可再生能源的一个主要方法。并且情景分析也被应用在产业规划、空间规划、区域经济、水资源管理和生态环境等方面。

在情景分析中，一个情景应该包括最终状态、策略、驱动力和逻辑四个元素，这些元素之间的相互关系导致了三种不同类型的竞争场景：基准情景、不受限制的"如果—那么"情景分析和受限制的"如果—那么"情景分析。具体展开情景分析时主要用到"八大步骤"和斯坦福六步法，我国学者在借鉴国外做法的基础上，对情景分析的过程中进行了一些创新，具体如图6-10所示。

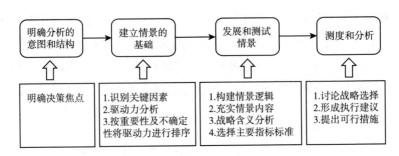

图6-10 情景分析常用步骤

6.2.2 情景构建

1. 驱动因素设置

测度黄河流域环境保护与产业协同水平，是将黄河流域环境保护与产业发展作为一个复合系统，环境和产业分别作为子系统进行研究。表明在设置黄河流域环境保护与产业发展协同驱动因素时应综合考虑环境基础、产业基础以及可能对二者协同产生影响的外部环境。基于此，将环境子系统关键因素分为环境状态、环境污染与环境治理，产业子系统关键因素分为产业结构、产业竞争与产业集聚。由于外部环境对环境保护与产业协同造成的影响不容忽视，因此将外部环境因素考虑在内，并将其分为政策、经济、社会和技术因素。制定的情景参数具体如图6－11所示。

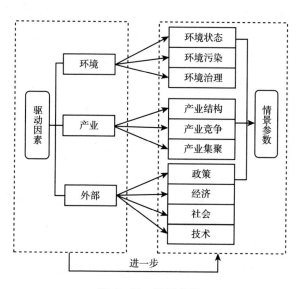

图6－11　情景参数

环境基础主要包括环境状态、环境污染和环境治理。第一，环境状态。任何一个区域的经济发展都要依赖当下的生态环境，一个区域的环境状态决定了该区域经济发展的高度。黄河流域上中下游在水资源总量和绿化覆盖率等方面均存在较大差异，必然会影响该流域产业协同发展状况。因此，在考虑黄河流域环境和产业协同发展状况时，必须将其环境状态考虑在内。第二，环境污染。由于近些年无节制地开采及旅游活动的人为破坏，造成湿地系统逐渐沙化、沼泽湿地面积萎缩、湖泊斑驳块数减少等现象；由于污水排放量的增加和污染超标准排放，导致水质恶化和水功能的减少或丧失；以及氧化铝、电解铝、钢铁、水泥和煤化工等行业、各种露天矿等周围的粉尘、有害气体造成的大气污染，均会对黄河流域环境与产业协同发展产生不利影响。第三，环境治理。环境治理是保护环境的重要举措，从工业污水及生活垃圾层面考虑黄河流域环境治理问题，以此来优化黄河流域环境状态，为该流域产业协同提供有力的环境支持必不可少。

产业基础主要包括产业结构、产业竞争和产业集聚。第一，产业结构。黄河流域以能源开采和原材料加工的重工业为主，虽然专业化部门与流域资源优势部门基本吻合，但是大规模开发矿产资源势必会加速生态环境恶化，对区域生态功能和安全造成威胁。且当前产业结构并没有给流域带来经济增长效益，流域的比较优势没有带来相对的比较效益，因此产业转型升级尤为必要。第二，产业竞争。黄河流域的省份多数位于中西部地区，产业水平低下，新兴产业缺乏竞争力，整个流域产业呈现重工业特征。区域要实现高质量发展的重要支撑是不断提升产业竞争力。因此，黄河流域要立足区位和资源禀赋优势，谋划产业发展时充分考虑区域特色和区域功能，以提升产业竞争力为核心，构筑黄河流域产业链。第三，产业集聚。产业集聚是产业空间分布的一种表现形式，其内涵是一种在空间上的资源配置。产业集聚可以起到调整产业结构的作用，并且能为产业发展增加新动力，以此来影响区的高质量发展。黄河流域应着重打造智慧绿色互融的制造业产业集聚发展新生态，推动黄河流域高质量发展。

外部条件主要包括政策、经济、社会和技术。黄河流域环境保护与产业协同发展水平不仅受到环境和产业子系统的影响，同样受到政府政策、经济发展水平、技术进步等外部环境的影响。例如，政府出台相关环境规制政策能够在一定程度上促进黄河流域环境保护状况的优化，为该流域产业发展提供可选择的可持续路径，促使黄河流域环境保护与产业早日实现协同发展。黄河流域环境保护与产业发展协同驱动因素具体指标选取及权重如表6-3所示。

表6-3　　　黄河流域环境保护与产业协同驱动因素具体指标及权重

子系统	准则层	次准则层	要素层	单位	属性	权重 基准情景	权重 环境优先	权重 产业优先
环境子系统	环境状态（X1）	生态环境禀赋	水资源总量（C_1）	亿立方米	+	0.048	0.047	0.048
			建成区绿化覆盖率（C_2）	%	+	0.048	0.047	0.048
			城市人均公园绿地面积（C_3）	平方米/人	+	0.045	0.043	0.045
			工业废水排放总量（C_4）	万吨	−	0.068	0.064	0.068
	环境污染（X2）	环境压力	工业SO_2排放量（C_5）	万吨	−	0.088	0.089	0.088
			工业烟粉尘（C_6）	万吨	−	0.078	0.08	0.078
			二氧化碳排放量（C_7）	万吨	−	0.049	0.051	0.049
			工业污染治理完成投资（C_8）	万元	+	0.04	0.046	0.04
	环境治理（X3）	环境抗逆	城市污水处理厂集中处理率（C_9）	%	+	0.047	0.045	0.047
			生活垃圾无害化处理率（C_{10}）	%	+	0.048	0.047	0.048

续表

子系统	准则层	次准则层	要素层	单位	属性	权重		
						基准情景	环境优先	产业优先
产业子系统	产业结构（Y1）	工业化率	工业增加值/GDP（C_{11}）	%	+	0.047	0.044	0.047
		产业结构高级化	第三产业产值/第二产业产值（C_{12}）	—	+	0.044	0.043	0.043
		产业结构合理化	泰尔指数（C_{13}）	—	–	0.076	0.077	0.075
	产业竞争（Y2）	产业投入	规模以上工业企业R&D经费投入（C_{14}）	万元	+	0.056	0.058	0.057
		产业产出	技术市场成交额（C_{15}）	万元	+	0.072	0.073	0.073
		产业技术创新	规模以上工业企业申请专利数（C_{16}）	件	+	0.056	0.059	0.056
		产业政策环境	R&D经费投入强度（C_{17}）	%	+	0.043	0.042	0.043
	产业集聚（Y3）	产业分工优势	工业区位商系数（C_{18}）	—	+	0.047	0.045	0.047

2. 基于目标分析的情景设计

基于各情景参数、现有政策实施的有效性以及黄河流域环境保护与产业协同发展的短、中、长期目标构建了三种情景：基准情景、环境优先情景、产业优先情景，具体如表6-4所示。

表6-4　　　　　　　基于目标分析的情景设计

情景类型	短期	中期	长期
基准情景	环境质量有所改善，产业结构以重化工业为主	资源消耗以低速率减少，产业竞争力有所增强	生态环境质量提高，产业发展多样化
环境优先情景	重点关注环境污染问题与环境治理	着重改善环境状态和降低资源消耗	形成生态产业化，协调联动发展格局
产业优先情景	通过创新为产业转型升级培育新动能	以提升产业竞争力和强化产业集聚效应为主	基本建成现代产业体系和产业生态化发展格局

（1）基准情景。

基准情景是指黄河流域环境系统与产业系统保持过去的发展特征，并假定当前黄河流域生态环境水平和产业发展水平保持不变，没有进一步采取任何促进二者协同发展的措施，外推黄河流域环境保护与产业发展的惯性趋势而得到的可能情景。换句话说，在基准情景的模拟中，预期黄河流域环境系统中环境状态继续保持过去增速低、环境污染较为严重、环境治理力度不强、能源消耗量大的特征；而产业系统中产业结构也将继续保持重化工业占比大，有待转型升级、产业竞争力不强以及产业集聚规模小的特征。

（2）环境优先情景。

黄河流域对未来的发展规划中，自始至终将生态保护放在第一位。黄河流域自 1997 年史上最为严重的一次断流至今，水资源严重短缺、水污染、土壤和空气污染严重，原先的区域经济发展模式不但没有带来正的外部性，反而使生态环境被反向汲取各种资源。如此一来，黄河流域未来发展要摒弃原有的发展路径，探究一条自然生态和区域经济协同发展的统筹路径。黄河流域以"生态先行"倒逼高质量发展，既能促进经济增长，又能抑制生态治理成本溢出，实现流域协同发展。

因此，设计以下环境优先情景：政府加强对生态环境保护的干预措施，促使环境污染从源头大幅度降低，环境治理水平进一步提升，在保持经济增长的同时降低能源消耗量。短期来说，在环境优先情景下，环境污染问题与环境治理是最主要的。到 2025 年，大力减少废水、工业二氧化硫（SO_2）、工业固体废物排放，通过加大工业污染和生活垃圾治理投资，提升环境治理水平，使环境系统在短时期内质量得到改善；中期来说，在环境优先情景下，着重改善环境状态和降低资源消耗。到 2030 年，严格管控用水总量，制定调水用水制度，调整水资源总量短缺的局面，同时提高建成区绿化覆盖率、增加城市人均公园绿地面积，改良城市绿化环境；长期来说，在环境优先情景下，应形成生态产业化、协调联动发展格局。到 2050 年，形成生态产品"价值化—市场化—产业化"的发展路径，努力将生态优势转换为产业振兴和经济发展的经济优势，将生态资源转化为高质量发展的优质资源，实现从生态保护向高质量发展的有序转变。

（3）产业优先情景。

黄河流域产业发展目前表现出两大明显特征：一是"靠重靠能"，流域所经省份大多数位于我国中西部，经济发展落后，传统产业比重大，多数为煤炭油气开采、金属冶炼等重化工企业。中上游企业资源消耗大、产业附加值低、环境危害严重、缺乏产业竞争力。二是空间发展严重失调，省份间经济总量、城乡建设等差距大，增长极带动力弱，开发建设缺少规划，导致产业空间和生态空间失衡。因此，急需改善黄河流域各省份产业发展现状，培植新型产业。

因此，设计以下产业优先情景：政府和市场双管齐下，加强对产业发展的干预措施，深入实施创新驱动发展战略，实现产业结构转型升级、战略性新兴产业逐步显现、产业竞争力提升、产业集聚效应增强的格局。短期来说，在产业优先情景下，创新是首要考虑的因素，为产业转型升级培育新动能。到2025年，黄河流域继续加大对高耗能、高污染落后产能的淘汰力度，推进重点用能企业的技术改造。同时黄河流域内部产业布局有所改善，将加工业向下游拓展，探索采掘业、粗加工业以及精细加工一体化的新型流域产业发展模式，打造高附加值的能源资源型产品。中期来说，在产业优先情景下，应以提升产业竞争力和强化产业集聚效应为主。到2030年，培育以大数据、信息、人工智能等为核心的信息服务产业，构建黄河流域信息服务产业体系和人工智能产业体系，建设新型经济产业园，创建具有强竞争力的企业集群。长期来说，在产业优先情景下，应基本建成现代产业体系、形成产业生态化发展格局。到2050年，农业、工业以及服务业均实现产业生态化发展。对于农业生态化，实现智慧农业推广、高标准农田建设以及"双碳"目标下的农业减排。对于工业生态化，实现流域产业链的完善与延伸、绿色产业示范基地建设、能源产业结构调整。

6.2.3　情景模拟

1. 数据来源

选取2010～2021年数据，对三种情景下黄河流域2025～2050年各指标值进行预测。数据主要来源于《中国环境统计年鉴》《中国统计年鉴》《中国能源统计年鉴》以及黄河流域各省份统计年鉴，缺失数据主要通过插值法和移动平均法进行补全。其中，环境子系统中的水资源总量、建成区绿化覆盖率、城市人均公园绿地面积、工业污染治理完成投资、生态建设保护投资，产业子系统数据中规模以上工业企业R&D经费投入、技术市场成交额、规模以上工业企业专利申请数、R&D经费投入强度，来源于《中国统计年鉴》及各地方统计年鉴；工业废水排放总量、工业SO_2排放量、一般工业固体废物产生量和二氧化碳排放量来源于《中国环境统计年鉴》；城市污水处理厂集中处理率和

生活垃圾无害化处理率来源于《中国城市建设统计年鉴》。部分指标通过计算
得到，如工业化率采用各地当年工业增加值和当年 GDP 比值衡量，产业结构
合理化和高级化分别借助泰尔指数、第三产业产值和第二产业产值之比来衡量
（干春晖等，2011），产业集聚水平采用区位熵测度。

2. 基于 ARIMA 模型的指标预测

自回归积分滑动平均模型（ARIMA）是一个时间序列分析方法，被广泛
应用于时间序列数据的预测和建模。该模型的基本思想是：将预测对象随时间
推移而形成的数据序列视为一个随机序列，用一定的数学模型来近似描述这个
序列。这个模型一旦被识别后就可以从时间序列的过去值及现在值来预测未来
值，对时间序列的历史数据进行分析和拟合，从而预测未来的趋势和变化。

通过对时间序列数据的自回归、移动平均和差分等变换，建立一个能够描
述数据特征的模型，并利用这个模型来预测未来的数据变化。该模型能够较好地
处理许多时间序列数据的特性，如季节性、趋势性、周期性等，并可以用较少的
参数来拟合数据。因此，ARIMA 模型在经济学、金融、气象学、工业生产等领
域中得到了广泛的应用。该模型的优点有：（1）不需要借助事物发展的因果关
系去分析这个事物过去和未来的联系；（2）具有很少的信息量，对趋势性、随
机性和相关性的数据都能有很好的预测结果。基于此，这里利用 ARIMA 模型预
测未来黄河流域环境保护与产业协同发展各表征指标的未来值。具体公式如下：

$$y_t = \mu + \sum_{i=1}^{p} \gamma_i y_{t-i} + \varepsilon_t + \sum_{i=1}^{q} \theta_i \varepsilon_{t-i} \qquad (6-1)$$

其中，参数 p、q 分别表示自回归函数与移动平均函数阶数，y_t 与 y_{t-i} 分别代表
预测值与历史值；μ 为白噪声项；γ_i 与 θ_i 分别代表自相关系数与误差项系数；
p 与 q 分别代表自回归阶数和移动平均阶数；ε_t 与 ε_{t-i} 代表模型的误差和时间
点 i 之间的偏差。

基于研究对象历史的状态运用 ARIMA 预测模型预测未来发展趋势。首先
预测基准情景下复合系统 18 个指标的未来值，然后计算出基准情景下各项指
标的年均变化率，最后以基准情景下年均变化率为基准，环境优先情景下上下
浮动环境子系统各项指标的变化率，产业优先情景下上下浮动产业子系统各项
指标的变化率，以此来模拟预测出这两种情景下的指标值。

由于工业废水排放量（C_4）、工业 SO_2 排放量（C_5）、工业烟粉尘（C_6）、

城市污水处理厂集中处理率（C_9）、生活垃圾无害化处理率（C_{10}）指标在基准情景下已达到最佳状态，因此在环境优先情景下将保持这些指标不再变动；泰尔指数（C_{13}）指标在基准情景下已达到最佳状态，因此在产业优先情景下将保持该指标不再变动。

基准情景、环境优先情景和产业优先情景下具体指标年均变化率分别如表6-5至表6-7所示。

表6-5　　　　基准情景下各指标较2021年潜在年均变化率　　　单位：%

地区	指标	2025年	2030年	2035年	2040年	2045年	2050年
上游	C_1	-3.19	-1.59	-1.03	-0.76	-0.60	-3.19
	C_2	1.45	1.45	1.45	1.45	1.45	1.45
	C_3	2.85	2.61	2.87	2.88	2.82	2.85
	C_7	1.83	1.84	1.84	1.84	1.84	1.83
	C_8	6.78	3.10	1.99	1.47	1.16	6.78
	C_{11}	-0.78	-0.44	-0.29	-0.22	-0.17	-0.78
	C_{12}	-1.80	-0.16	0.12	-1.13	0.01	-1.80
	C_{14}	6.88	6.89	7.07	6.95	6.93	6.88
	C_{15}	8.09	8.35	7.97	7.87	8.31	8.09
	C_{16}	2.03	3.61	5.22	5.98	6.42	2.03
	C_{17}	2.93	3.10	3.04	3.01	3.06	2.93
	C_{18}	0.23	0.23	0.23	0.23	0.23	0.23
中游	C_1	-0.05	-1.03	-0.04	-0.43	-0.04	-0.25
	C_2	0.20	0.36	0.45	0.50	0.53	0.55
	C_3	-1.73	-1.14	-0.84	-0.65	-0.53	-0.44
	C_7	-3.74	-2.89	-2.30	-1.88	-1.56	-1.33
	C_8	1.63	0.18	-0.24	-0.44	-0.55	-0.63
	C_{11}	-0.65	-0.93	-1.01	-1.05	-1.07	-1.09
	C_{12}	-1.23	-0.86	-0.63	-0.50	-0.40	-0.33
	C_{14}	4.79	3.80	3.51	3.37	3.29	3.24
	C_{15}	8.45	8.83	8.68	8.69	8.65	8.66
	C_{16}	7.10	6.68	6.55	6.49	6.45	6.43
	C_{17}	0.97	1.07	0.89	0.96	0.88	0.93
	C_{18}	2.44	2.04	1.92	1.87	1.84	1.82

续表

地区	指标	2025 年	2030 年	2035 年	2040 年	2045 年	2050 年
下游	C_1	-0.05	-1.29	-0.88	-0.64	-0.51	-0.42
	C_2	0.20	0.58	0.61	0.62	0.63	0.67
	C_3	-1.73	2.35	2.35	2.35	2.35	2.35
	C_7	-3.74	0.72	0.76	0.79	0.74	0.80
	C_8	1.63	-4.17	-4.64	-4.87	-5.00	-5.08
	C_{11}	-0.65	-2.90	-2.89	-2.90	-2.89	-2.89
	C_{12}	-1.23	4.29	4.30	4.30	4.30	4.30
	C_{14}	4.79	4.78	4.62	4.65	4.64	4.66
	C_{15}	8.45	8.75	8.74	8.68	8.78	8.49
	C_{16}	7.10	7.34	7.26	7.29	7.28	7.28
	C_{17}	0.97	3.08	3.21	3.27	3.20	3.24
	C_{18}	2.44	0.79	0.55	0.41	0.33	0.27

表 6 - 6　　　环境优先情景下各指标较 2021 年潜在年均变化率　　单位:%

地区	指标	2025 年	2030 年	2035 年	2040 年	2045 年	2050 年
上游	C_1	-2.75	-1.93	-0.69	-0.90	-0.88	-0.36
	C_2	1.14	1.99	1.79	1.90	1.50	1.35
	C_3	2.62	3.79	1.84	2.27	3.39	1.53
	C_7	2.25	1.85	1.09	1.61	1.61	2.40
	C_8	6.88	3.75	1.77	1.57	1.16	1.07
中游	C_1	-0.05	-1.20	-0.04	-0.37	-0.02	-0.14
	C_2	0.23	0.28	0.25	0.49	0.48	0.49
	C_3	-2.38	-0.79	-0.60	-0.67	-0.35	-0.50
	C_7	-4.21	-4.27	-2.59	-1.99	-1.93	-1.61
	C_8	1.90	0.21	-0.27	-0.35	-0.68	-0.41
下游	C_1	-3.79	-1.25	-0.55	-0.48	-0.29	-0.46
	C_2	0.49	0.37	0.58	0.77	0.57	0.36
	C_3	3.47	3.29	2.40	1.36	1.66	2.27
	C_7	1.06	0.91	1.14	0.70	0.57	0.97
	C_8	-1.66	-4.98	-2.96	-4.21	-7.04	-7.62

表6-7　　　　　产业优先情景下各指标较2021年潜在年均变化率　　　　单位:%

地区	指标	2025年	2030年	2035年	2040年	2045年	2050年
上游	C_{11}	-0.66	-0.53	-0.42	-0.15	-0.22	-0.15
	C_{12}	-1.31	-0.20	0.07	-1.13	0.01	-0.08
	C_{14}	5.95	7.10	8.33	5.89	8.89	9.99
	C_{15}	9.76	7.94	10.04	7.91	10.56	9.59
	C_{16}	1.46	4.59	5.67	3.46	3.62	7.91
	C_{17}	3.46	1.99	3.07	3.41	2.27	1.92
	C_{18}	0.27	0.13	0.31	0.21	0.17	0.22
中游	C_{11}	-0.86	-0.90	-1.48	-1.44	-1.57	-1.45
	C_{12}	-1.80	-1.08	-0.32	-0.46	-0.59	-0.28
	C_{14}	7.05	2.39	3.47	4.33	4.72	4.36
	C_{15}	10.54	13.10	11.15	4.38	5.74	7.71
	C_{16}	6.65	9.13	8.63	3.79	5.27	8.96
	C_{17}	1.13	0.91	0.74	1.39	1.14	1.27
	C_{18}	2.42	2.52	2.26	2.64	2.47	2.43
下游	C_{11}	-1.98	-1.89	-3.38	-3.93	-2.55	-4.06
	C_{12}	4.26	4.18	4.31	5.43	5.32	6.32
	C_{14}	4.88	6.96	3.07	3.94	5.21	4.68
	C_{15}	11.40	5.83	7.52	9.34	10.22	10.29
	C_{16}	7.82	9.77	9.70	6.53	6.92	9.74
	C_{17}	4.51	2.02	2.27	2.69	1.99	1.85
	C_{18}	0.68	0.65	0.34	0.24	0.45	0.21

3. 权重确定

由于CRITIC赋权法综合考虑指标间冲突性及指标变化对权重带来的影响,因而更具客观性。将标准化数据代入式(5-8)、式(5-9)中计算,可得到环境子系统与产业子系统中对序参量进行衡量的指标权重,结果如表6-3所示。

6.3　不同情景下协同水平模拟结果及分析

6.3.1　基准情景分析

1. 模拟结果

对基准情景下 2025 年、2030 年、2035 年、2040 年、2045 年和 2050 年 6 个时间段内黄河流域环境保护与产业发展协同度进行模拟测算，结果如表 6 - 8 所示。

表 6 - 8　　基准情景下黄河流域环境保护和产业发展协同度模拟测算结果

省份	2025 年	2030 年	2035 年	2040 年	2045 年	2050 年
青海	0.022	0.020	0.021	0.022	0.021	0.023
四川	− 0.060	− 0.062	− 0.068	− 0.066	− 0.091	− 0.096
甘肃	− 0.030	− 0.024	− 0.022	− 0.025	− 0.021	− 0.020
宁夏	− 0.017	− 0.017	− 0.014	− 0.020	− 0.012	− 0.026
内蒙古	0.023	0.020	0.022	0.019	0.018	0.017
陕西	0.035	0.017	0.018	0.034	0.022	0.026
山西	0.003	0.004	0.006	0.007	0.007	0.008
河南	− 0.057	− 0.051	− 0.050	− 0.052	− 0.049	− 0.047
山东	0.001	0.004	0.009	0.007	0.009	0.008

在基准情景中，即不实施任何新政策的条件下，黄河流域环境保护与产业协同度可能在 2025～2050 年均处于不协同的状态。可能是因为在基准情景下，黄河流域依旧保持过去高耗能、粗放式的产业生产模式，环境问题突出，在发展产业的同时并未兼顾资源节约和环境保护，二者协同发展还有很大的提升空间。

分区域看，中游省份环境与产业协同度在短、中、长期均处于第一梯队。上游地区四川、甘肃、宁夏均处于轻度不协同状态，青海、内蒙古情况较前三者较高，但并未发生明显优化；中游地区陕西省的协同度均大于山西省，期间 2050 年陕西省协同度为 0.026，而山西省协同度为 0.008。究其原因，主要是山西作为煤炭能源大省，煤炭、焦炭、铁等重工业发展缺乏有效的生态环境管理，而在基准情景中在不采取任何政策下山西省依旧保持过去发展方式，势必造成环境与产业的不协同；下游地区山东省的协同度略大于河南省。这可能是因为在基准情景下，河南省和山东省在环境保护与产业发展二者水平上相差不大，但河南省在生态环境保护、治理方面比山东省水平高一点，环境综合发展水平较高，因此整体河南省的协同度略高于山东省。

2. 时间趋势分析

在基准情景下，2025～2050 年黄河流域上中下游环境与产业协同度基本呈缓慢、波动下降态势，具体如图 6 - 12 所示。这表明在该情景下黄河流域产业发展水平提升的同时，生态环境水平并未得到改善，复合系统仍处于失调状态。

2025～2050 年黄河流域上中下游环境保护与产业发展协同水平整体呈"中游 > 下游 > 上游"的态势。首先，上游地区环境保护与产业协同水平持续处于轻度不协同状态。由于特殊的地理位置及恶劣的自然条件，上游地区产业结构多为重化工，生态环境遭到产业发展的胁迫，加上人为的破坏，环境水平大幅度下降，导致环境保护与产业协同度相对中下游地区较低，且呈明显下降趋势。其次，中游地区环境保护与产业协同水平将保持流域内最高水平。黄河流域中游地区资源较为丰富，且通过淘汰落后产能和产业优化升级，近年产业结构有所改善。导致中游地区环境与产业协同水平基本为该流域最高，但并没有达到良好协同发展的层级。最后，在不进一步采取环境保护和产业优化政策干预下，下游地区环境与产业将持续处于轻度不协同状态，且协同速度较慢。下游地区地理位置较为优越，资本、技术、人才等保有量较高，产业结构较为合理，环境保护治理水平较高。但经济基础和发展规模比较大，产业发展过程中对生态环境造成的污染破坏较大。若在进一步推行有利于环境与产业协同发展政策，现有的有利条件将成为下游地区环境与产业二者协同发展的最大桎梏。

3. 空间格局特征分析

为了更全面地剖析基准情景下黄河流域环境保护与产业发展协同度空间分异情况，选取 2025 年、2030 年和 2050 年黄河流域各省份环境保护与产业发展协同度为评价对象，并使用 ArcGIS 10.8 软件绘制各省份复合系统协同度空间

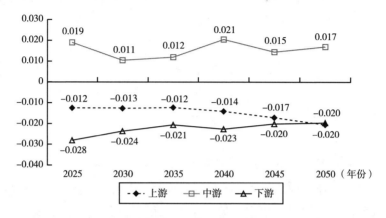

**图 6 - 12　基准情景下 2025 ~ 2050 年黄河流域上中下游
环境与产业协同度平均值变化趋势**

格局分布情况（图略）。

　　基准情景下，2025 ~ 2050 年黄河流域环境与产业协同水平并未明显优化。首先，从整体来看，黄河流域各省份在研究期内环境与产业协同状态并未发生任何改变，说明基准情景下，未来黄河流域将延续现有的产业发展方式和环境治理手段，导致环境与产业协同程度较差的省份持续较差，处于轻度协同的省份也未能达到更高一级的协同，若要实现黄河流域全面高质量发展必须兼顾环境保护与产业发展。其次，从不同流域来看，黄河流域上中下游环境与产业轻度协同省份数量差距较大。研究期内，上游地区仅青海和内蒙古处于轻度协同状态，四川、甘肃、宁夏三个省份均为轻度不协同地区。中游地区陕西、山西两个省份均处于轻度协同状态。下游地区河南省处于轻度不协同状态而山东省处于轻度协同状态。原因在于上游产业结构多为重工业化，且经济发展水平较低，治理环境能力相对较弱。中游地区资源相对上游较丰富，产业结构多样，且一直采取积极措施对环境进行治理。下游地理位置较为优越，资本、技术、人才等保有量较高，产业结构较上游合理，但仍需改进。最后，从局部省份看，青海、内蒙古、陕西、山西、山东协同度一直处于轻度协同状态。原因在于 5 个省份或者第三产业较为发达或者近年来治理环境政策力度较大，促进了环境与产业协同度的上升。

6.3.2　环境优先情景分析

1. 模拟结果

对环境优先情景下 2025 年、2030 年、2035 年、2040 年、2045 年和 2050 年 6 个时间段内黄河流域环境保护与产业发展协同度进行模拟测算，结果如表 6-9 所示。

表6-9　　环境优先情景下黄河流域环境保护与产业发展协同测算结果

省份	2025 年	2030 年	2035 年	2040 年	2045 年	2050 年
青海	0.002	0.004	0.006	0.008	0.009	0.012
四川	0.019	0.020	0.021	0.020	0.019	0.022
甘肃	0.004	0.006	0.007	0.006	0.008	0.009
宁夏	0.002	0.003	0.005	0.006	0.007	0.011
内蒙古	0.004	0.003	0.005	0.006	0.007	0.008
陕西	0.017	0.016	0.017	0.018	0.019	0.021
山西	0.004	0.006	0.007	0.009	0.014	0.013
河南	0.002	0.003	0.004	0.004	0.005	0.007
山东	0.003	0.004	0.007	0.008	0.010	0.015

在环境优先情景中，优先考虑生态环境发展、加大环境规制等相关政策，黄河流域环境保护与产业协同发展水平较基准情景明显优化，均处于轻度协同状态。因为在该情景下，黄河流域各省份以"生态产业化"为目标，控制环境污染程度、加大环境治理力度、提升生态环境资源保有量、充分将现有生态优势产业化、降低单位能源消耗量以及提高能源使用效率，使环境子系统向均衡、可持续健康方向发展。

分区域看，环境优先情景下，中游地区 2025~2050 年环境与产业协同水平仍处在第一梯队。上游地区，青海、甘肃、宁夏、内蒙古协同度接近，四川在该情景下协同水平高于上游其他 4 个省份，其原因可能是 2021 年四川实施的重点行业企业低碳化建设工程、非二氧化碳温室气体控排工程及实施低碳（零碳或近零碳）试点示范工程等举措对全省生态环境质量持续改善奠定了重要政策基石，使得其协同水平略优于其他 4 个省份；中游地区，陕西依旧领先于山西，山西与上游的内蒙古基本持平。这可能是因为山西自身生态环境遗留问题大，即使优先重视生态环境水平，恢复与治理速度也不高；下游地区，山东优于河南。可能是因为在环境优先情景下，山东的产业优势使产业综合水平一直优于河南，因此整体协同度比河南高。

2. 时间趋势分析

在环境优先情景下，2025～2050 年黄河流域上中下游地区环境保护与产业协同水平整体呈明显提高态势，具体如图 6－13 所示。这表明在优先考虑生态环境发展、加大环境规制等相关政策下，黄河流域环境保护与产业协同发展水平优化速度明显提升。

分区域看，环境优先情景下，黄河流域环境保护与产业发展协同水平同样呈现出"中游＞上游＞下游"的格局。上游地区，在充分利用其生态环境资源的基础上，协同水平较基准情景明显改善，且在长期可能与中下游省份差异逐渐缩小，说明实施相关政是有利于推动环境保护与产业协同发展。中游地区，陕西省协同水平明显高于山西省，原因是该地区倚靠秦岭山脉，生态环境禀赋优越，在环境优先情景下，更有可能发挥其优势。而山西省产业结构失衡，加之前几十年因发展经济对生态环境造成的破坏修复速度慢，导致环境与产业协同发展水平略低。下游地区，山东和河南同样较基准情景有所优化，下游地区技术较发达，不管是在产业发展过程中间接提高环境水平，还是直接促进生态环境发展都有优势。

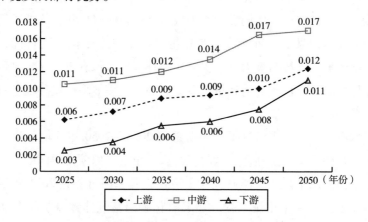

图 6－13　环境优先情景下 2025～2050 年黄河流域上中下游
环境与产业协同度平均值变化趋势

3. 空间格局特征分析

环境优先情景下，黄河流域环境保护与产业发展复合系统协同水平较基准情景优化速度明显提升，且效果显著。首先，总体而言，黄河流域所有省份均处于轻度协同阶段，整体协同水平较基准情景明显提高。说明以保护环境为优先发展策略的相关政策文件将在一定程度上促进该流域环境保护与产业发展的进一步协同，从而实现黄河流域更高质量的经济发展。其次，从不同流域看，黄河流域上中下游所有省份均处于轻度协同阶段，但协同度较低。和基准情景不同，在环境优先情景下黄河流域上中下游所有省份均处于环境与产业轻度协同状态，但流域协同水平仍整体较低。说明未来彻底实现黄河流域环境保护与产业协同发展具有一定的挑战性，黄河流域各地区应将实现各自环境与产业协同发展放在重要策略位置，主动揽责，充分发挥各政策的引导作用。最后，从局部省份看，基准情景下四川、甘肃、宁夏、河南4个未实现轻度协同的省份达到了轻度协同状态。以四川为例，依据四川省人民政府印发的《四川省"十四五"生态环境保护规划》，该省化学需氧量、氮氧化物、挥发性有机污染物等主要污染物排放强度高于全国平均水平且全省产业结构不优，高耗能行业占比偏高，导致该省环境与产业协同水平持续处于轻度不协同阶段。但环境优先情景下以保护环境为主导的政策指引和产业发展规划可能优化四川省能源结构、大力提高风光水等清洁能源的供给能力和输送利用规模，从而促进该省环境保护与产业发展协同水平。

6.3.3 产业优先情景分析

1. 模拟结果

对产业优先情景下2025年、2030年、2035年、2040年、2045年和2050年6个时间段内黄河流域环境保护与产业发展协同度进行模拟测算，结果如表6-10所示。

表6-10 产业优先情景下黄河流域环境保护与产业发展协同测算结果

省份	2025年	2030年	2035年	2040年	2045年	2050年
青海	-0.004	-0.005	-0.007	0.002	0.003	0.009
四川	0.069	0.066	0.078	0.089	0.070	0.093

省份	2025 年	2030 年	2035 年	2040 年	2045 年	2050 年
甘肃	− 0.013	− 0.01	− 0.012	− 0.008	− 0.007	− 0.005
宁夏	− 0.06	− 0.062	− 0.054	− 0.054	− 0.052	− 0.047
内蒙古	− 0.018	− 0.019	− 0.021	− 0.023	− 0.019	− 0.024
陕西	0.036	0.037	0.04	0.035	0.031	0.042
山西	− 0.004	− 0.003	− 0.002	− 0.002	− 0.001	− 0.001
河南	− 0.022	− 0.027	− 0.024	− 0.029	− 0.034	− 0.03
山东	0.002	0.004	0.003	0.005	0.004	0.003

产业优先情景即优先考虑产业发展水平，推进产业结构优化升级、增强产业集聚规模和产业竞争力。此时，黄河流域环境保护与产业协同发展水平较环境优化情景有明显下降，原因是在该情景下，黄河流域各省份以"产业生态化"为目标，淘汰落后产能、建设绿色现代产业体系，通过跨区域合作、城乡融合等方式增强产业规模和产业竞争力，使产业子系统向均衡、高质量方向发展。

分区域看，产业优先情景下，中游地区环境与产业协同度在研究期内排名第一。上游地区，青海、甘肃、内蒙古、宁夏基本均处于轻度不协同阶段，2040 年后，青海环境与产业协同度由轻度不协同转换为轻度协同。原因可能是青海的经济以农牧业为主导，兼有矿产资源开发、旅游业和新能源产业等支柱产业。其产业结构本身对环境的威胁度并不严重，使产业优先政策对青海环境与产业协同发展影响并不明显。另外，四川协同度在研究期内均处于轻度协同状态，明显优于上游其余四个地区。究其原因，可能是在优先提高产业综合发展水平的情况下，四川省重视产业结构调整和新能源使用，在一定程度上有利于环境保护。

中游地区，陕西协同度明显优于山西，相比基准情景和环境优先情景，山西在此情景下的协同水平明显更差，说明山西环境保护与产业协同发展水平改善仍有很长的路，若着重发展产业，只会使山西环境与产业协同水平处于更低水平，最终影响山西长期可持续发展；下游地区，山东在短期、中期、长期都优于河南，原因可能是产业优先情景下，河南在产业发展方面有更高的提升空间，仍需进一步探究其环境保护与产业协同发展模式。

2. 时间趋势分析

在产业优先情景下，2025～2050 年黄河流域上中下游环境保护与产业协同水平整体呈明显下降态势。这表明整体而言，优先考虑产业水平、推动产业结构升级对黄河流域环境保护与产业协同发展水平具有一定阻碍作用，具体如图 6－14 所示。

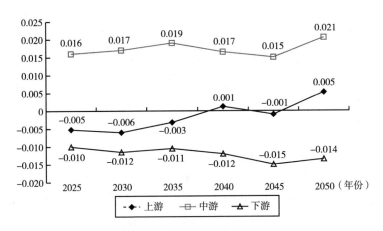

**图 6－14　产业优先情景下 2025～2050 年黄河流域上中下游
环境与产业协同度平均值变化趋势**

产业优先情景下，未来黄河流域上中下游环境保护与产业发展协同水平同样呈现出"中游 > 上游 > 下游"的格局。上游地区，青海、甘肃、内蒙古和宁夏的协同水平随着时间推移，与中下游地区的差距要比基准情景、环境优先情景更小；中游地区，陕西环境与政策协同水平明显优于山西，原因可能是在产业优先情景下，陕西通过创新驱动、项目牵引、政策扶持等推动传统优势产业率先转型，战略性新兴产业引领转型，因此该情景下陕西环境保护与产业发展协同度略高于山西；下游地区，山东在短期 2025 年已达到勉强协调的状态，到中期 2030 年及以后，下游地区的山东和河南均处于轻度不协同状态。可能是因为在产业优先情景下，下游本身经济基础雄厚，产业发展领先于其他地区，因此在产业优先的情况下该地区环境与产业的协同水平会由于对产业的发展和对环境的忽视而更加糟糕。

3. 空间格局特征分析

产业优先情景下，黄河流域环境保护与产业发展复合系统协同度为三个情景中最低。首先，黄河流域处于轻度不协同阶段的省份数量较基准情景和环境优先情景明显增加，整体协同水平为三个情景下最低。说明以产业发展为优先战略不利于黄河流域环境保护与产业发展的协同发展，长期来看并无明显益处，反而会降低黄河流域环境与产业协同水平。其次，从不同流域看，黄河流域上中下游各仅一省份处于轻度协同阶段，其余省份皆为轻度不协同状态。说明以发展产业为导向的政策会阻碍影响黄河流域高质量发展，黄河流域各地区若仅发展产业忽视环境保护将很难实现长期获利。同时，产业优先情景下，黄河流域上中下游环境与产业协同水平均受到影响。最后，从局部省份看，产业优先情景下仅四川、陕西、山东三个省份会实现环境与产业轻度协同状态。原因在于相对黄河流域其他省份来说，四川、陕西、山东产业发展相对较为成熟，由于产业优先政策的鞭策和激励，其余省份大力发展产业，反而会在一定程度上减轻四川、陕西、山东的产业发展压力，导致一些重污染企业的向外转移，从而促进了以上三个省份环境与产业协同水平的小幅提升，同时也造成其余省份环境与产业协同水平相对恶化。

6.4 国内外典型流域环境保护和产业协同发展的经验和对黄河流域的启示

分析国内外 5 个典型流域环境与产业协同发展问题，系统总结典型流域环境与产业协同发展中的主要经验。结合黄河流域自身特点和面临的困境，提出对黄河流域环境保护和产业协同发展的启示，促进黄河流域生态环境和产业协同可持续发展。

6.4.1 国外典型流域环境保护和产业协同发展经验

1. 密西西比河流域：农业最佳管理措施与生态恢复的协同发展模式

密西西比河是美国最大的河流，是北美洲流程最长、流域面积最广、水量最大的河流，也是世界第四长河，农业是该流域的重要经济支柱，其中种植业

以玉米、大豆、小麦和棉花等作物为主，畜牧业以牛、猪和家禽养殖为主
（张加华等，2020）。据美国国家公园管理局介绍，该流域生产的农产品占全
美农产品出口的 92%，生产的饲料谷物和大豆占全球出口的 78%，为美国
乃至全球粮食供应作出了重要贡献。①

农业是密西西比河的头号污染源。一是水资源问题。密西西比河过度的灌
溉和农业排水导致了该流域水资源的过度开采和水质污染，对河流生态系统造
成了负面影响。化肥和粪便中存在的氮、磷等植物性营养元素导致藻类大量繁
殖、氧气耗尽，并污染了许多地区的地下水供应。这些污染物导致了水生生物
死亡、水生态系统受损以及当地居民饮用水安全问题。二是土壤侵蚀和生态破
坏问题。密西西比河流域不合理的农业耕作和土地利用方式，导致了流域周围
土壤侵蚀和贫瘠化（Tan et al.，2020），影响了该地区农业的可持续性和生态
系统的健康，进而导致了当地物种灭绝和生态平衡破坏。

密西西比河流域作为一个重要的自然资源和经济发展区域，为了实现流域
环境保护和农业发展的协同进步，采取了以下措施：第一，农业最佳管理措施
（BMPs）（Nepal et al.，2022）。推广和实施农业最佳管理措施，采用工程措施
和非工程措施，从污染物源头控制和迁移转化途径入手，对进入水体农业面源
污染进行控制，限制化肥和农药的使用量（Littlejohn et al.，2014），并加强养
殖废物的处理和管理，控制土壤侵蚀，改善土壤质量。这些措施减少了化肥和
农药等污染物对密西西比河水体质量的影响，同时改善了流域内土壤侵蚀和营
养流失问题，提高了农作物的产量和品质。第二，水资源管理。加强对水资源
的管理和监测，确保农业灌溉的合理利用，通过建设水力发电设施和采用现代
灌溉技术，如滴灌和喷灌系统（Yasarer et al.，2020），以提高水资源利用效
率。在水位变化与河岸变迁方面，通过水深测量、高程数据采集等，进行河床
三维数字建模，用于密西西比河流域洪水监测预警（Johnson et al.，2008）。
这些措施使得流域水资源可持续利用，保证了农田灌溉的水量充足、减少了对
河流和地下水的过度开采并防范了密西西比河流域的洪涝灾害对农业和社会的
影响，维护了密西西比河流域水生态系统的平衡。第三，农业政策和经济激
励。制定和实施农业政策，例如，美国《2008 年农业法案》和《2014 年农业法

———————

① Mississippi River Facts［EB/OL］. National Park Service，2024 – 08 – 11.

案》，主要涉及生态保护、作物保险、特种作物、有机农业等多个方面。这些政策为农民提供技术支持和培训，同时实施经济激励措施（Tallis，2019），鼓励其采用环境友好型和可持续的农业实践。该措施不仅改善了流域生态环境、促进了农业可持续发展，同时还提高了农民的经济收益，使农民在生产中获得更好的经济回报和生计保障。

2. 莱茵河流域：严格环境法规和工业技术创新的协同发展模式

莱茵河是欧洲西部最大的河流，该流域也是欧洲最重要的工业区之一，拥有丰富的工业资源（Bréthaut et al.，2019），但工业和环境保护之间的矛盾和挑战不容小觑。一是污染物排放问题。工业活动会产生大量的废水、废气和固体废物，这些排放物中含有大量的有害物质，如重金属、化学物质和有机污染物，对莱茵河流域的水体、土壤和空气质量造成了严重污染（Biemond，1971）。尤其是第二次世界大战以后，莱茵河流域炼油和石化工业兴起，工业化再度加速，污染物危害越来越大。1986年瑞士巴塞尔桑多兹化工厂发生安全事故，近1300吨化学品泄入莱茵河，水生态遭严重破坏（Giger，2009）。二是资源利用和生态环境破坏问题。工业发展过程中需要大量的能源和原材料，如石油、天然气、矿石和水资源，这导致了莱茵河流域资源的过度开采和消耗，对环境造成了一定压力（顾朝林等，2022）。工业活动还需要大片土地用于建设工厂、仓库和基础设施，这也导致了流域周围土地利用的变化，破坏了当地的生态系统和生物多样性。三是经济发展与环境责任问题。莱茵河流域工业对当地经济发展起到重要作用，创造了就业机会并带动经济增长。然而，环境保护的要求增加了工业成本，并限制了其发展。严格的环境法规和标准要求企业采取昂贵的污染治理措施，这可能对企业的竞争力和经济效益产生负面影响，激发了经济发展与环境责任之间的矛盾。

在莱茵河流域环境保护与工业协同发展过程中主要采取了以下措施：第一，共同制定环境法规和标准。莱茵河流域国家和地区严格限制工业活动中的污染物排放和资源利用。1905年，在瑞士巴塞尔成立了保护莱茵河国际委员会（ICPR）（Worreschk，2015）。1963年，沿岸各国签署《伯恩协议》，赋予ICPR主持年会和起草国际条约的权力。随后ICPR签订了《莱茵河保护公约》，协同治理莱茵河流域环境问题。这些法规和标准包括废水排放标准、废气排放标准、土壤污染防治措施等（Plum et al.，2014），控制着工业、生活固体污染物排入莱茵河。严格的环境法规使流域内的工业企业减少了气体污染物的排放量，降低了空气污染对环境和人类健康的影响，工业废水经过有效处理后得到排放和循环利用，减少了对水资源的损耗。同时流域工业企业在环境规制下，不断进行产业升级，促进了工业的良性发展。第二，加强污染物监测和治理。莱茵河流域瑞士至荷兰设有 57 个监测点，通过最先进的方法和技术手段对莱茵河工业排放的污染物进行实时监测和评估，建立了全面的监测网络（Yan et al.，2015）。当发现超标排放时，相关部门会采取措施要求企业进行治理和改善，确保污染物排放符合法规要求（Benoist et al.，2018）。大量污染物被有效清除和降解，改善了水体和大气的质量，也促进了莱茵河流域工业的可持续发展。第三，鼓励环境技术创新和绿色发展。莱茵河流域国家重视水电等洁净能源的开发，通过支持研发和应用环境友好型技术（沈晓悦等，2020），如清洁生产技术、可再生能源技术和废物资源化利用技术等，减少废弃物和污染物的排放，并建立废弃物回收和再利用的体系，促进资源的有效利用（黄娟，2018）。该措施推动了产业的升级和转型，促使企业采用更环保的生产工艺和设备，提高了资源利用效率和能源利用效率，同时使工业企业减少了对传统能源的依赖，降低了温室气体的排放，实现了工业和环境的可持续发展。

3. 亚马逊河流域：可持续农林业管理与森林保护恢复的协同发展模式

亚马逊河流域位于南美洲，是世界上最大的热带雨林区域，拥有丰富的生物多样性和重要的生态系统功能（Narayanan，2022）。该流域最主要产业是农业和林业。农业主要集中在河流沿岸和河流支流的河滩地带，主要农作物包括咖啡、可可、橡胶和棉花等；林业包括木材的采伐、加工和出口。

亚马逊流域发达的农业和林业对该地区环境也带来了一系列影响。一是农业扩张问题。亚马逊地区农业发展面临着对土地的需求，导致大规模的森林砍伐和土地开垦（Lima et al.，2014）。这种农业扩张往往涉及种植大豆、肉牛养殖和棕榈油种植等活动，对森林生态系统造成了严重破坏。二是不可持续农业实践问题。大多数农民采用了不可持续的农业实践，如大量使用农药和化肥、大规模灌溉和过度放牧等，导致了土壤侵蚀（An et al.，2022）、水源污染和生物多样性丧失等环境问题。三是森林砍伐问题。为了发展农业和林业，人们不断砍伐森林，以获得更多耕地和木材。这种砍伐行为导致大量的森林破坏和乔木种类减少，对整个生态系统产生负面影响。亚马逊雨林是全球最重要的碳汇之一，对全球气候起着重要作用。森林砍伐导致了大量的碳排放（Zemp et al.，2017），加剧了全球变暖问题；干扰水循环，影响降水模式和气候稳定性；导致栖息地丧失和物种灭绝，使众多独特的动植物面临濒危或灭绝的风险。

为了实现环境保护与农林业协同发展，亚马逊河流域国家和地区采取了一系列的措施。第一，制定相关法律和政策。包括限制森林砍伐和非法砍伐、设立保护区和自然保护区、加强土地使用规划和管理等，并通过罚款和执法来维护森林的完整性，保护亚马逊森林和生态系统。例如，为了解决砍伐的问题，亚马逊流域国家都加强了执法力度（Gibbs et al.，2015）。巴西政府推出了一项名为"可持续亚马逊计划"的政策，旨在加强对亚马逊雨林的保护和可持续利用（Selecina，2009）。他们加强了执法力度，打击非法伐木和非法矿业活动，同时实施了森林恢复计划，鼓励植树造林，加强了森林资源管理和保护。该措施使亚马逊河流域取得了显著的森林资源保护和恢复成果，非法砍伐和森林盗伐现象得到了抑制，森林面积稳步增加，生态系统功能也得到恢复，也促进了该流域林业的可持续发展。第二，实施可持续农林业管理。林业方面采取措施确保木材的合法来源和可持续采伐技术的使用（DeArmond et al.，2023），包括合法木材认证和强制执行按可持续原则进行林业经营。农业方面鼓励和支持农民采用可持续农业实践（DeFries et al.，2010），例如，有机农业、农业生态系统管理和农田水利工程建设等措施。这些措施减少了化学农药和化肥的使用，降低了土地退化和水资源污染的风险，同时提高了农林产品的质量和市场竞争力，为当地居民提供了生计支撑。第三，推动森林保护和恢复。这是保护亚马逊森林的关键措施。通过建立更多的保护区、加强科学研究与监测（徐济德等，2013）、推动森林可持续管理和经济利益共享等方式，促进森林的保护和可持续利用，以确保林业与环境的协同发展。例如，巴西政府从1988年以来开始通过卫星监控雨林，每个月公布一次卫星图，以供监管机构研究（West et al.，2021）。目前这一"监控信息处理"技术在世界处于领先地位（姜晓亭，2017）。

6.4.2 国内典型流域环境保护与产业协同发展经验

中国七大流域中，长江、珠江和海河三条流域与黄河流域一样流经了数个地理环境和发展程度都不同的区域，但其中只有长江和珠江与黄河流域一样成为中国三大经济带。长江经济带和珠江—西江经济带增长趋势明显，但黄河经济带无论是总量的变化，还是增长趋势都不容乐观。因此，在流域生态环境保护与产业经济协同发展上，长江与珠江的发展经验对黄河流域更具参考性。

1. 长江流域：绿色能源政策推动能源产业可持续的协同发展模式

长江流域是中华民族的发源地之一，水资源占全国的 34%，水域面积占全国的 40%，是中国最重要的能源区域之一。[①] 国务院提出要将长江经济带打造成沿江绿色能源产业带，其能源产业主要包括煤炭（熊胜龙等，2022）、石油、天然气、水电（戴会超等，2023）、核电等多个领域。

长江流域能源产业的发展对当地环境也带来了一些不良影响。一是大气污染和气候变化问题。长江流域是中国重要的煤炭产区之一，煤炭的燃烧会释放出大量的二氧化碳、二氧化硫和氮氧化物等污染物，对大气质量产生了负面影响。尤其是煤炭和烟煤的不洁燃烧（汪聪聪等，2019），导致了该地区雾霾、酸雨等环境问题，也加剧了全球气候变化。长江流域地区还面临着由气候变化引发的干旱、洪水和海平面上升等风险，这对农业、水资源和生态系统都带来了挑战。二是水资源供需问题。长江流域建设了大量的水电站，然而，水电开发过程中涉及大坝建设（何伟等，2022），导致河流的截断、河流生态系统的改变，从而影响了鱼类迁徙和栖息地，对水生态环境产生了破坏性影响。随着长江流域人口增长和经济发展，对水资源的需求不断增加，能源产业对水资源的大量利用，例如，冷却和水力发电，加剧了水资源供需矛盾（汪克亮等，2015）。三是土壤及河流污染问题。长江流域能源产业开发涉及矿产资源的开采和能源基础设施的建设，煤炭开采会引发矿区土体坍塌、地表沉陷；陆地石油生产时，地面上油井、集输站等生产设施若发生原油泄漏，会造成土壤污染；另外油气勘探和开发也存在潜在的河流生态破坏风险，例如，河流生物受到声波干

---

① 水利部长江水利委员会. 长江流域 [EB/OL]. 长江水利网，2025 – 03 – 11.

扰以及河流油污等问题。

长江流域采取了一系列的措施，旨在实现流域环境保护和能源产业的协同发展。第一，制定促进绿色能源发展政策。鼓励清洁能源的开发和利用，提供相应的政策支持和经济激励措施，包括支持可再生能源发电项目，如水电、风电和太阳能发电。例如，在长江经济带发展过程中，政府建立了绿色金融政策和机制，引导资本流向环保和清洁能源领域，提供资金支持和优惠贷款（于法稳，2023）。在长江大保护实践中，全国 13 个省份倡议推进"电化长江"建设，通过推动动力电池等新能源技术在长江航运的应用，加快长江航运能源结构清洁低碳转型，以实现长江经济带高质量发展（吴文汐，2024）。第二，推动技术创新。为减少煤炭燃烧对环境的污染，通过推动可持续发展和技术创新，提高能源产业的效率和环境友好性。包括促进能源技术的研发和应用，推广煤炭减排技术和清洁燃烧技术（陈耀龙，2018）。例如，结合长江流域水质特色，采用多能互补思维，将水源热泵、地源热泵、污水源热泵等技术相结合，从河水、污水、空气等低品位能源中提取能量，并加以统筹利用，将河水中的低品热源提升为替代化石能源的清洁能源，降低对传统化石能源的依赖，实现零污染、零排放。第三，合理建设能源基础设施。在水电开发过程中采取了一系列措施，例如，合理规划水电站的数量和布局，减少对河流生态系统的影响（付浩龙等，2020）；建设鱼道或鱼梯，以促进鱼类迁徙和栖息地的保护。同时，进行生态环境评估。

2. 珠江流域：绿色制造和循环经济相结合的协同发展模式

珠江流域是我国第四大河流，为 46.6 万平方千米①。珠江流域是中国制造业的重要基地之一，已形成了以广东、广西、福建等省份为主的制造业集群，涵盖了电子信息、机械制造、纺织服装、化工等多个领域（安永景等，2022）。

珠江流域制造业在快速发展的同时也面临着与环境保护相关的矛盾，主要表现在以下几个方面。一是资源消耗和环境压力问题。制造业的快速发展对能源、水资源和原材料的需求大量增加（赵钟楠等，2018），导致了资源消耗的加剧和环境压力的增加。这引起了该地区能源短缺、水资源紧张和自然生态系统受损等问题，对环境产生了不可逆转的损害。二是污染物排放和生态破坏问

---

① 梁钊，陈甲优．珠江流域经济社会发展概论［M］．广州：广东人民出版社，1997.

题。制造业产生的废水、废气和固体废物等污染物的排放对水体、大气和土壤造成污染（范博等，2019）。随着工业区域的扩大和土地利用的变化，制造业对生态系统也造成了一定的破坏，影响生态环境的健康和稳定。三是环境管理和监管不足问题（周全等，2022）。在珠江流域制造业快速发展的过程中，不少企业缺乏环境治理意识和责任感，未能积极采取有效的环保措施。同时，监管部门的资源和能力限制也导致了企业不能严格地遵守环境法规标准。

珠江流域作为中国南方重要的经济发展区域，为了实现流域环境保护与制造业的协同发展，采取了一系列的措施。第一，加强环境政策法规制定和执行。珠江流域地方政府和环保部门强化对企业的环境监管，推动企业加强环境管理和控制污染物排放，采取严格的排污许可制度、环境污染防治措施等（张英民等，2010），例如，《广东省珠江三角洲大气污染防治办法》《重点流域水生态环境保护规划》等。第二，推动绿色技术创新（田立涛等，2022）。鼓励制造业企业加强科技研发和创新，提高环境管理和治理的技术水平。同时，加大科研经费投入，开展环保技术研究和示范项目，引导企业采用先进的环保技术和装备，提升环境保护能力和竞争力。例如，鼓励制造业企业推行绿色制造和清洁生产（刘小龙等，2018），包括优化工艺流程，提高资源和能源利用效率，减少废弃物和污染物的产生。政府通过财政扶持和税收优惠等政策措施，激励企业采用环保技术和设备，推动产业的绿色转型和升级（周春山等，2015）。第三，发展环保产业和循环经济。推动垃圾分类收集和处理、废弃物资源化利用等措施，实现资源的再利用和循环利用，减少环境污染和资源浪费，为制造业提供环保产品和服务，并且形成了绿色增长和可持续发展的经济模式。

6.4.3　国内外典型流域经验总结

国内外典型流域环境与产业协同发展的经验各有特点和侧重，但在一些方面也有着很大的相似性。尤其是多数流域都制定了环境保护与主要产业协同发展的相关政策制度以及明确的奖罚标准；推动了流域相关领域的技术创新，鼓励绿色技术的应用和环保产业的发展；建立了科学的环境监测网络，对流域的污染物以及流域环境现状进行实时监测和评估。

1. "奖罚分明"的政策制度和标准

明确的奖罚政策制度和标准可以有效地激励企业和个人遵守环保法规，以保护环境和促进产业的可持续发展。第一，奖励制度鼓励企业采取环保措施。流域管理注重环境管理认证体系的建立，通过 ISO 14001 等认证，企业被要求建立并实施环境管理体系，以确保企业在生产经营中符合环保要求，实现绿色生产。企业获得环保认证后将获得一定的财政奖励，包括直接的财政补贴、税收优惠和其他形式的激励措施，鼓励企业采取更环保的生产方式。另外，当企业无力支付治理污染的费用时，流域政府通过专项补贴、使用环境保护基金和低息贷款的形式给予企业环境补贴，以共同治理环境污染。第二，惩罚制度约束企业环境破坏行为。流域管理实践中采用环境税收政策，对环境污染和资源消耗严重的企业征收高额环境保护税，从经济角度给予惩戒。例如，采用排放交易体系的流域，其企业必须购买排放配额，如果排放超标将需要支付额外费用，以激励企业减少排放、提高环保水平。同时，对于环境违法行为，采取严厉的处罚措施，包括罚款、停产整治、撤销相关资质等，以震慑违规企业，保护环境资源。

2. 绿色科技创新下的资源再利用

通过引入先进的绿色技术和创新的理念，实现资源的高效再利用，从而减少资源消耗和环境污染，促进流域环境和产业可持续发展。第一，绿色科技创新推动了资源再利用技术的不断进步。绿色科技创新的不断突破，使一系列高效、清洁的资源再利用技术涌现，如智能化、自动化的废物分类技术，以及基于智能算法的废物回收设备等，提高了资源再利用效率。此外，绿色能源的研发也促使资源再利用技术的进步。先进的材料科学和工程技术为废弃物的再利用提供了新的途径，利用污染物制造高性能的清洁能源，降低资源消耗和环境污染；生物可降解材料、再生塑料等技术的应用，也有效降低了自然资源的消耗，实现了资源的重复利用。第二，绿色科技创新促进了循环经济模式的发展。循环经济强调将废弃物视为资源，并通过循环利用和再生产的方式实现资源的可持续利用，降低资源浪费和环境污染程度。绿色科技创新为实现循环经济提供了技术支持和创新思路。流域企业加强科技研发和创新，建立废弃物回收利用网络，推动废弃物资源化利用和再生产，延长资源利用周期，实现资源的闭环循环。同时，绿色科技创新也带动了流域循环经济产业链的发展，促进了各个环节的协同发展，推动了循环经济模式的深入实施。

3. 数字智能化的环境监测网络

通过先进的技术手段和信息化平台建立环境监测网络，对污染物以及流域环境现状进行实时监测、数据采集和评估，随时掌握流域环境状态并对破坏行为及时干预，以促进产业可持续发展和保护生态系统的稳定性。第一，流域建立多元化的监测网络。数字智能化的环境监测网络通过布设各类传感器和监测设备，实现对环境各种指标的全面监测和实时掌握。流域管理者根据具体需求，在流域内建立多元化的监测网络，包括空气质量监测、水质监测、土壤质量监测等多个方面。不同类型的监测设备和传感器覆盖流域内各个关键区域，包括水源地、河流、湖泊、森林、农田等，实现对环境要素的全面监测，并通过遥感技术等手段，确保监测数据的全面性和准确性。第二，流域监测网络实现实时数据采集和传输。数字智能化的监测网络利用物联网技术，将监测数据及时传输到数据中心或云平台，实现数据的集中管理和分析。监测设备可以自动读取环境数据并上传至监测中心，监测数据实时展示在监测平台上，管理者可以随时查看流域各个监测点的状况。实时数据的采集和传输使监测效率大幅提升，管理者能及时发现环境问题和异常情况，并快速采取相应的应对措施，有效避免环境问题的扩大和恶化。

6.4.4　对黄河流域的启示

黄河流域生态环境保护与产业布局具有明显不同的客观背景和基础条件，其主导产业不可持续的问题对本就脆弱的生态环境形成胁迫，进而进一步阻碍产业结构的优化升级与可持续发展。因此，根据黄河流域自身发展的特点以及黄河流域环境治理和产业发展中面临的水资源枯竭、生态破坏、工农业污染等困境，结合国内外典型流域的发展经验，对黄河流域环境保护和产业协同发展提出启示。

1. 健全黄河流域纵、横向生态补偿机制

黄河流域生态补偿制度是黄河流域生态保护和高质量发展重大国家战略的组成部分。应制定黄河流域经济和生态保护统一协调的"社会发展规划"，在目标层面对黄河流域生态补偿制度进行强化。要借助横向和纵向生态补偿资金处理好生态保护和产业发展的关系，用统一的规则、尺度和标准进行协调。

首先，建立黄河流域纵向统一管理机制。从宏观立法指导向地方具体落实的立法转变过程中，黄河流域一些地方政府建立了惩罚和奖励机制，对辖区内生态环境保护制度进行规范，但这种尝试大多表现为政府行政命令形式，缺乏持久性和系统性。基于此，应借助国家层面黄河保护立法的机遇，健全科学合理、系统性的黄河流域生态补偿的治理体系，打破流域内区域间不合理的行政壁垒，形成关键的管理协同基础；完善黄河流域财政收支制度，合法、合理地分配中央与地方生态补偿的财政支出，避免补偿责任主体不明、补偿数额不确定等现象的发生；同时，建立针对黄河流域特性治理的统一管理规范和机制，解决黄河流域当前存在的防洪、水资源短缺、生态环境脆弱以及特殊管理体制四大难题，确保黄河流域生态补偿制度具有一致的发展框架和目标。

其次，推进黄河流域横向协同制度的建设。地方政府承担发展本地经济的任务，在横向流域协同制度的协商过程中倾向于保护本地经济利益，从而产生政府之间基于生态保护问题的博弈，这也导致黄河流域上下游协作机制建设缺乏可靠的法治保障、政策支持和技术支撑。因此，应协同横向流域主体参与，将区域之间的利益淡化，形成国家主导下的政策框架。黄河流域各省份可根据自身制度建设的实际需要，创设地方性法规，以规范本辖区内的生态补偿制度实施，做好市、县、乡之间的横向生态补偿的综合协调。将政策意志上升为区域间的协同立法，将黄河流域生态保护的价值观念用法律的形式体现，具有指引性、预测性和稳定性，能够不因省份政府间的发展博弈而受影响。

最后，优化黄河流域生态补偿机制资金来源。黄河流域生态补偿外部资金的进入比例非常低，局限于直接投资，对黄河流域生态补偿所需的技术性投资和风险投资较少。政府应该运用好财税金融调控工具，积极开展水权、排污权、碳交易权的交易，推进区域性碳排放期货交易，引导金融机构推出符合绿色项目融资特点的信贷服务，解决相关企业融资难的问题，鼓励有益于生态环境的产业和行业的发展。政府应鼓励有能力、有技术、有益于生态保护的企业发行非金融类的债券和绿色债券，也应鼓励保险机构开发出相关的绿色保险产品等。

2. 助力"双碳"目标实现，促进产业绿色高效发展

黄河流域治理应在"双碳"目标和"生态优先"理念的引领下，在加强生态环境治理的过程中实施降碳技术改造升级并打造新型绿色生态产业，实现环境保护和经济高质量共同发展。

首先，积极推进黄河流域碳达峰碳中和，实现重点行业降碳技术改造升级。加强绿色低碳工艺技术装备推广应用，提高重点行业技术装备绿色化、智能化水平；鼓励黄河流域各省份发展绿色低碳材料，推动产品全生命周期减碳。探索低成本二氧化碳捕集、资源化转化利用、封存等主动降碳路径；发挥黄河流域大型企业集团示范引领作用，在主要碳排放行业以及可再生能源应用、新型储能、碳捕集利用与封存等领域，实施一批降碳效果突出、带动性强的重大工程。

其次，充分考虑沿黄城市群发展差异，制定各区域不同的绿色生态产业发展路径。黄河流域上游要遵循自然规律、聚焦重点区域、加大投入力度，通过自然生态恢复和实施重大生态保护修复工程，加快遏制生态退化趋势，恢复重要生态系统，强化水源涵养功能，同时可依托丰富的生态资源，打造绿色产业，发展生态农业和观光旅游业，变资源为资产。黄河中游要突出抓好黄土高原水土保持，全面保护和逐步恢复天然林，持续巩固退耕还林还草、退牧还林还草的成果，加大水土流失综合治理力度，稳步提升城镇化水平，改善中游地区的生态面貌。黄河下游要建设绿色生态走廊，加大黄河三角洲湿地生态系统保护修复力度，促进黄河下游河道生态功能提升和入海口生态环境改善，开展滩区生态环境综合整治。在各区域生态修复的基础上，要有序发展资源节约、环境友好、生态保育、优质高效的生态产业，主要包括生态农业、生态制造、生态康养、生态旅游、生态养殖等绿色产业体系，促进生态保护与人口、经济、社会的协调发展。

3. 坚持"生态优先"，推动黄河流域绿色科技创新发展

《黄河流域生态保护和高质量发展规划纲要》明确要求"开展黄河生态环境保护和经济高质量发展科技创新"，落实这一重大战略要求，必须遵循自然规律和客观规律，坚持生态优先、绿色发展，找准科技创新支撑黄河流域生态保护和高质量发展的结合点、着力点。

首先，推进多元领域协同创新，提高黄河流域绿色科技创新水平。从国家层面，采用"政府主导实施，实验室自主管理"的创新形式，与国家级科研机构合作，形成支持黄河流域各省份联动、开放协同的新型科研机构，为全流域、多省份、多学科的科研创新提供平台。鼓励采用"研究院所＋政府＋企业"的合作新模式，全力打造产业绿色科技创新产学研合作和成果转化示范平台，深化黄河流域产学研合作与成果共享，为黄河流域发展规划、人才培养、社会治理和乡村振兴等领域提供发展动能。围绕关键科学问题进行协同攻关，在黄河上游地区，重点解决水源涵养能力提升、生态保护等技术难题；在黄河中游地区，重点解决水土保持、水沙调控等技术难题；在黄河下游地区，重点解决灌区水资源高效利用、三角洲湿地生态保护等技术难题。

其次，重视科技人才培养，形成黄河流域科技创新实力。重点培养水生态与水环境、水资源高效利用、流域发展战略、水沙科学、堤防工程安全防御等方面的高素质人才，重点支持沿黄高校围绕水资源高效利用、工程安全、生态保护、水沙调控等领域建设一批重点学科；倡导"绿色发展、可持续发展"的价值取向，加强绿色科技专业教育，特别是在创新环保、低碳生产等技术领域，及水环境、大气、土壤污染及废弃物资源化利用等学科专业，给予政策倾斜，形成良好的科技人才培育模式；重点支持新兴交叉领域和具有黄河特色的优势领域，为科技创新人才提供研发平台与创业基地，从"育人"到"用人"的各个环节营造良好的环境，在科研项目的审批、资金、人员配置上予以倾斜。同时，深化生态环境科技体制机制改革创新，加强生态环境科技人才队伍建设。

4. 以数字化转型推动黄河流域治理与高质量发展

聚焦生态保护和高质量发展的时代任务，以数字化、流域化、生态化为政策重点，以大数据资源为关键要素，创新提升黄河流域生态保护、水资源节约利用、数字化产业转型、政府治理能力提升、文化资源开发利用等核心能力，让数字重新焕发黄河文明的时代生机。

首先，完善流域监测体系，大力推进"数字黄河"建设。运用多种技术手段，如遥感技术、地理信息系统（GIS）、水文监测传感器、人工智能等，收集和分析黄河流域的地理、水文、气象等数据信息，并通过云计算和大数据分析技术进行综合分析和预测，实现对黄河流域生态环保的动态监测和预警。并借助物联网技术和传感器网络，实现对黄河流域的水资源调度、水质监测、水文预测等工作的自动化和智能化。此外，建立"数字黄河"平台，加强各省份之间重大生态环保信息的共享，构建生态环保问题清单和任务清单，形成全流域、全要素生态保护能力。

其次，激活创新要素，发展黄河流域数字经济。基于黄河流域自然生态环境脆弱、传统产业基础薄弱的问题，加强创新政策和资源倾斜，加快构建数据共享交换、数据流通交易、数据确权仲裁等数字经济关键基础设施平台，以信息流优化物流、人流、资金流，扶持引导传统产业数字化转型，加快核心产业数字化转型，着力打造黄河流域的数据之流，走出独具特色的数字经济创新发展之路。同时，加快战略性新兴产业和先进制造业的发展，以绿色发展为基础，满足市场需求，推动包括但不限于新材料、新能源、新型信息技术、高端装备制造、生物医药和智能制造等领域的发展，将数字经济与实体经济深度融合，为黄河流域的经济高质量发展提供坚实支撑。

6.5 基于情景分析的黄河流域环境保护与产业协同发展路径设计

明确黄河流域未来的发展方向后，加快推进黄河流域环境保护与产业协同发展，研究二者协同发展路径，迫在眉睫。重点是要聚焦生态环境保护，把生态环境置于第一位，在优先保护环境的基础上，大力发展产业，构筑生态产业相融合的经济体系，这是实现黄河流域环境保护和产业协同发展的先行举措。综合考虑最优情景即环境优先情景，全面分析黄河流域环境子系统、产业子系统以及复合系统在该情景下面临的阻碍，并依据上中下游发展差异设计具有针对性的协同发展路径，进一步建设美丽黄河、幸福黄河、辉煌黄河，将黄河流域五千多年的华夏文明发扬光大，实现中华民族伟大复兴。

6.5.1 设计思路与原则

1. 设计思路

运用障碍因子诊断模型，对环境优先情景下黄河流域各省份的环境、产业综合发展进行剖析，针对性地设计黄河流域环境保护与产业协同发展路径。首先，依据模拟预测的环境、产业子系统各项指标，构建"环境—产业"子系统障碍因子诊断模型，对黄河流域环境保护与产业协同发展水平从省份层面进行分类，并分析每种地区类型的协同发展状况，识别环境子系统和产业子系统中哪些因子阻碍了二者协同发展，明确提升协同水平的发展方向。其次，根据黄河流域各省份环境与产业综合发展现状，结合各省份的区位条件、经济发展基础，针对性地设计环境保护与产业协同发展路径，并给出具体的改进建议。此外，在路径设计过程中只是针对情景发展选择相对合适的路径，黄河流域各省份环境保护与产业协同发展需要根据自身实际情况灵活调整。黄河流域环境保护与产业协同发展路径设计思路如图 6 – 15 所示。

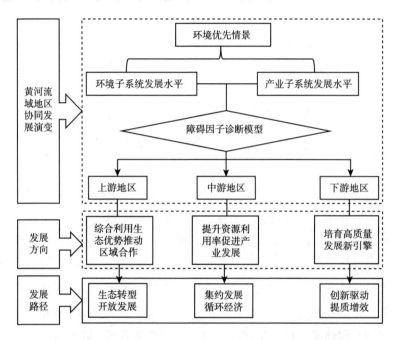

图 6 – 15　黄河流域环境保护与产业协同发展路径设计思路

2. 设计原则

（1）生态优先原则。

生态优先原则是指在设计黄河流域环境保护与产业协同发展路径时，各项政策措施的生态合理性要优于经济与技术的合理性，追求绿色经济效益的最大化，包括生态效益、经济效益和社会效益。这就要求在设计黄河流域环境保护与产业协同发展路径的过程中，始终坚持生态保护基本底色，尤其上游环境脆弱的区域，更要加大生态保护修复力度，从源头根本上促进生态功能的提升和生态环境的改善。

（2）因地制宜原则。

因地制宜原则是指在设计黄河流域环境保护与产业协同发展路径时，要综合考虑各区域的差异，分类施策。黄河流域广，横跨东中西九大省份，各地区地理位置、资源禀赋、生态环境水平、产业发展状况均有很大差异，在设计路径时要考虑各个地区的具体状况，从而使路径更有针对性、可操作性。

6.5.2　分地区协同发展障碍因子诊断分析

1. 障碍因子诊断模型简介

在研究黄河流域环境保护与产业协同发展路径时，不仅要模拟测算环境保护与产业发展协同度，还要进一步分析阻碍环境保护与产业协同发展的障碍因子，全方位地为黄河流域环境保护与产业协同发展设计可操作且具有针对性的路径。障碍因子诊断模型以综合评价模型为基础进一步演化，是挖掘影响事物发展障碍因子的数学模型。该模型可以通过诊断障碍程度来确定特定的障碍因素以及不同障碍因素对事物发展的阻碍程度，并提出削弱障碍因素阻碍程度的策略，从而促进事物的发展。在此，通过因子贡献度、指标偏离度和障碍度三个指标来诊断黄河流域环境保护与产业协同发展过程中存在的障碍因子，具体计算方法同 3.5.1 节。

2. 准则层障碍因子分析

对环境优先情景下黄河流域各省份环境保护与产业发展协同度进行模拟测算，发现协同度刚刚达到轻度协同的状态，还有较大的上升空间。为了更好地促进黄河流域环境保护与产业协同发展，运用障碍因子诊断模型充分寻找阻碍其协同发展的因子。选取了 2025 年、2030 年和 2050 年 3 年的数据来体现黄河流域省份环境保护与产业协同发展障碍因素的发展变化，并对 3 年的测算结果进行对比分析。计算得到 2025 年、2030 年和 2050 年 3 个年份各省份准则层的障碍度以及排名，其中环境子系统中 X1 表示环境状态、X2 表示环境污染、X3 表示环境治理；产业子系统中 Y1 表示产业结构、Y2 表示产业竞争、Y3 表示产业集聚。具体计算结果如表 6–11 所示。

表 6–11　　黄河流域环境保护与产业协同发展准则层障碍因子诊断　　　　单位:%

省份	年份	环境子系统				产业子系统			
		X1	X2	X3	排名	Y1	Y2	Y3	排名
青海	2025	13.55	31.51	10.61	X2/X1/X3	13.42	26.03	4.87	Y2/Y1/Y3
	2030	13.58	31.51	10.61	X2/X1/X3	13.40	26.03	4.86	Y2/Y1/Y3
	2050	11.20	34.95	5.60	X2/X1/X3	19.36	23.79	5.09	Y2/Y1/Y3

续表

省份	年份	环境子系统				产业子系统			
		X1	X2	X3	排名	Y1	Y2	Y3	排名
四川	2025	7.01	37.20	7.47	X2/X1/X3	18.43	21.62	8.25	Y2/Y1/Y3
	2030	6.88	37.41	7.50	X2/X3/X1	18.50	21.42	8.29	Y2/Y1/Y3
	2050	15.43	33.13	12.37	X2/X1/X3	30.15	0.00	8.92	Y2/Y1/Y3
甘肃	2025	15.37	35.75	5.71	X2/X1/X3	8.06	28.87	6.25	Y2/Y1/Y3
	2030	15.38	35.77	5.71	X2/X1/X3	8.06	28.84	6.25	Y2/Y1/Y3
	2050	14.70	27.93	6.77	X2/X1/X3	13.53	37.07	0.00	Y2/Y1/Y3
宁夏	2025	7.94	37.57	5.73	X2/X1/X3	15.01	30.53	3.22	Y2/Y1/Y3
	2030	7.82	37.69	5.74	X2/X1/X3	14.99	30.57	3.20	Y2/Y1/Y3
	2050	15.51	41.12	7.20	X2/X1/X3	14.62	18.23	3.31	Y2/Y1/Y3
内蒙古	2025	9.86	18.66	2.55	X2/X1/X3	13.11	51.52	4.31	Y2/Y1/Y3
	2030	9.67	18.76	2.51	X2/X1/X3	13.09	51.70	4.27	Y2/Y1/Y3
	2050	15.47	35.75	5.68	X2/X1/X3	8.05	28.82	6.24	Y2/Y1/Y3
陕西	2025	15.57	41.26	7.23	X2/X1/X3	14.12	18.52	3.29	Y2/Y1/Y3
	2030	15.71	41.06	7.17	X2/X1/X3	14.59	18.18	3.29	Y2/Y1/Y3
	2050	9.88	18.89	2.17	X2/X1/X3	13.35	51.49	4.22	Y2/Y1/Y3
山西	2025	14.80	28.05	6.81	X2/X1/X3	13.07	37.27	0.00	Y2/Y1/Y3
	2030	14.86	27.90	6.75	X2/X1/X3	13.46	37.03	0.00	Y2/Y1/Y3
	2050	7.94	37.60	5.69	X2/X1/X3	15.11	30.49	3.17	Y2/Y1/Y3
河南	2025	11.01	35.05	5.62	X2/X1/X3	19.34	23.89	5.09	Y2/Y1/Y3
	2030	11.29	34.84	5.59	X2/X1/X3	19.48	23.76	5.03	Y2/Y1/Y3
	2050	13.65	31.46	10.60	X2/X1/X3	13.44	25.99	4.86	Y2/Y1/Y3
山东	2025	15.12	33.18	12.48	X2/X1/X3	30.25	0.00	8.97	Y1/Y3/Y2
	2030	15.60	32.81	12.34	X2/X1/X3	30.45	0.00	8.80	Y1/Y3/Y2
	2050	7.20	37.27	7.41	X2/X1/X3	18.46	21.41	8.25	Y2/Y1/Y3

　　阻碍黄河流域环境保护与产业协同发展的因素主要集中在环境污染及产业竞争准则层上，但各省份具体情况存在差异。从黄河流域上游看：第一，青海省环境子系统中环境污染障碍度从 2025 年的 31.51% 到 2050 年的 34.95%，始终处于第一影响因素。而产业子系统中，产业竞争的障碍度从 2025 年的

26.03% 到 2050 年的 23.79%，虽有所下降，但始终位于第一影响因子。第二，四川省环境子系统中环境污染始终是第一障碍因素，占比为 37% 左右；产业子系统中产业竞争占比最大，其次为产业结构。第三，甘肃省环境子系统第一障碍因子环境污染障碍度呈波动上升的趋势，由 2025 年的 35.75% 下降到 2050 年的 27.93%，第二障碍因子是环境状态，第三障碍因子是环境治理。产业子系统中第一障碍因子是产业竞争，障碍度由 2025 年的 28.87% 上升到 2050 年的 37.07%，产业结构是第二障碍因子，由 2025 年的 8.06% 上升到 2050 年的 13.53%，说明产业竞争对甘肃省产业综合发展水平的影响同样不容忽视。第四，宁夏环境污染障碍度排名始终位列第一，分别为 2025 年的 37.57% 和 2050 年的 41.12%，说明随着时间推移，宁夏的环境污染状况将持续成为阻碍环境综合发展的主要因子，要想实现该地区环境保护与产业发展协同必须重视该地区的环境污染问题。而产业竞争障碍度始终在产业子系统中占比较大，说明宁夏产业竞争对该地区未来环境保护与产业协同发展的影响力度较大。第五，内蒙古环境子系统环境污染是第一障碍因子，且障碍度呈波动上升趋势，由 2025 年的 18.66% 上升到 2050 年的 35.75%，环境状态是第二障碍因子，障碍度呈现上升趋势，由 2025 年的 9.86% 上升到 2050 年的 15.47%；产业子系统中产业竞争是第一障碍因子，但呈下降趋势，障碍度由 2025 年的 51.52% 下降到 2050 年的 28.82%，反而产业集聚障碍因子呈上升态势。

从黄河流域中游看：第一，陕西省环境子系统中环境污染障碍度位列第一，从 2025 年的 41.26% 下降到 2050 年的 18.89%，虽呈下降趋势，但占比仍最大。这说明未来环境污染将成为影响陕西省环境保护与产业协同发展的主要因素，为实现陕西省环保与产业并行从而促进黄河流域经济高质量发展，环境污染这一问题应被进一步重视。产业子系统在研究期内第一障碍因子始终是产业竞争，且障碍度呈明显上升态势。第二，山西省环境污染始终是第一障碍因子，障碍度呈小幅上升趋势。产业子系统中产业竞争是第一障碍因子，产业结构和产业集聚分别是第二障碍因子和第三障碍因子。

从黄河流域下游看：第一，河南省环境污染障碍度较环境状态和环境治理障碍度明显占比较大；产业竞争障碍度研究期内呈现平稳波动态势。而产业结构和产业集聚障碍度同样较为平稳。可以看出河南省产业竞争对该地区环境保护与产业协同发展影响较大。第二，山东省环境污染障碍度由 2025 年的

33.18%增长为2050年37.27%，说明山东省的环境污染、资源消耗等问题始终是阻碍该地环境、产业综合发展的重要因子。山东省产业结构障碍度中第一障碍因子从2025～2050年存在一个由产业结构向产业竞争的转变，说明山西省未来产业竞争可能会取代产业结构成为影响环境保护与产业协同发展的最大产业子系统因素。

3. 指标层障碍因子分析

计算分析黄河流域环境保护与产业协同发展各省份准则层的障碍度，虽然可以让我们看到大概是哪些因素阻碍黄河流域环境保护与产业协同发展，对后续设计路径方向有了一个大致轮廓，但仅分析准则层的障碍度对于设计具体的协同发展路径是非常片面的，应该对具体的指标做进一步的研究分析。鉴于此，将深入对黄河流域各省份环境保护与产业协同发展的具体指标层进行诊断分析。为了确保准则层研究结果具有说服力且便于对照，仍需研究分析2025年、2030年和2050年3年的数据。通过计算得到各个指标的障碍度，并对其从大到小进行排序。各个具体指标对环境保护与产业协同发展的阻碍程度不同，优先解决阻碍程度大的因素，以促进黄河流域环境保护与产业协同发展。选取各省份子系统中各排名前三的障碍因子，具体黄河流域上中下游各省份环境子系统和产业子系统各排名前三的障碍因子类型及其障碍度分别如表6-12、表6-13和表6-14所示。

表6-12　　黄河流域上游地区环境保护与产业协同发展指标层障碍因子诊断　单位:%

地区	年份	环境子系统			产业子系统		
		第一位障碍因子及障碍度	第二位障碍因子及障碍度	第三位障碍因子及障碍度	第一位障碍因子及障碍度	第二位障碍因子及障碍度	第三位障碍因子及障碍度
青海	2025	$C_5$9.99	$C_6$8.98	$C_4$6.82	C_{15}8.19	C_{16}6.62	C_{14}6.51
	2030	$C_5$9.99	$C_6$8.98	$C_4$6.82	C_{15}8.19	C_{16}6.62	C_{14}6.51
	2050	$C_5$11.47	$C_6$11.45	$C_4$6.51	C_{13}11.30	C_{14}8.51	C_{15}8.13
四川	2025	$C_6$12.70	$C_7$8.20	$C_4$8.81	C_{13}8.65	C_{18}8.25	C_{11}8.05
	2030	$C_6$12.77	$C_4$8.86	$C_7$8.25	C_{13}8.68	C_{18}8.29	C_{11}8.08
	2050	$C_6$19.66	$C_9$12.37	$C_1$10.57	C_{13}8.23	C_{11}9.06	C_{18}8.92

续表

地区	年份	环境子系统			产业子系统		
		第一位障碍因子及障碍度	第二位障碍因子及障碍度	第三位障碍因子及障碍度	第一位障碍因子及障碍度	第二位障碍因子及障碍度	第三位障碍因子及障碍度
甘肃	2025	$C_6$10.81	$C_5$9.50	$C_4$8.88	C_{15}9.05	C_{16}7.93	C_{14}7.79
	2030	$C_6$10.81	$C_5$9.51	$C_4$8.89	C_{15}9.05	C_{16}7.93	C_{14}7.79
	2050	$C_6$10.68	$C_4$10.10	$C_5$7.15	C_{15}12.33	C_{16}9.53	C_{14}9.16
宁夏	2025	$C_6$11.31	$C_5$10.79	$C_4$8.97	C_{15}10.65	C_{16}8.43	C_{14}8.29
	2030	$C_6$11.34	$C_5$10.82	$C_4$9.00	C_{15}10.68	C_{16}8.44	C_{14}8.31
	2050	$C_5$13.75	$C_6$11.49	$C_4$9.05	C_{15}10.68	C_{16}8.97	C_{14}8.36
内蒙古	2025	$C_4$13.34	$C_1$7.52	$C_7$5.32	C_{15}16.99	C_{16}13.03	C_{14}12.41
	2030	$C_4$13.40	$C_1$7.55	$C_7$5.36	C_{15}17.06	C_{16}13.06	C_{14}12.46
	2050	$C_6$10.80	$C_5$9.50	$C_4$8.88	C_{15}9.04	C_{16}7.92	C_{14}7.78

从黄河流域流域上游来看：第一，青海省环境子系统前三位障碍因子主要集中在工业二氧化硫排放量、工业烟粉尘和工业废水排放总量三个方面。研究期内，工业二氧化硫排放始终是第一障碍因子，随着时间的推移，工业烟粉尘障碍度明显上升而工业废水排放总量呈轻度下降趋势。产业子系统前三位障碍因子基本为技术市场成交额、规模以上工业企业申请专利数和规模以上工业企业 R&D 经费投入。第二，四川省环境子系统前三位障碍因子基本集中在工业烟粉尘、二氧化碳排放量和工业废水排放总量三个方面，2050 年城市污水处理厂集中处理率和水资源总量逐步取代二氧化碳排放量和工业废水排放总量成为主要障碍因子。产业子系统前三位障碍因子分别为泰尔指数、工业区位商系数和工业化率三个方面。第三，甘肃省环境子系统前三位障碍因子主要集中在工业烟粉尘、工业二氧化硫排放量和工业废水排放总量三个方面，且工业烟粉尘一直是第一障碍因子，障碍度呈波动下降趋势。产业子系统前三位障碍因子均集中在技术市场成交额、规模以上工业企业申请专利数和规模以上工业企业 R&D 经费投入三个方面，且三个障碍因子均呈现逐年增加趋势。第四，宁夏环境子系统前三位障碍因子同甘肃省一致，主要集中在工业烟粉尘、工业二氧化硫排放量和工业废水排放总量三个方面。不同的是，宁夏环境子系统前三位障碍因子障碍度均呈平稳上升态势。产业子系统前三位障碍因子分别为技术市

场成交额、规模以上工业企业申请专利数和规模以上工业企业 R&D 经费投入。第五，内蒙古环境子系统前三位障碍因子主要集中在工业废水排放总量、水资源总量和二氧化碳排放量三个方面，但 2050 年工业二氧化硫排放量、工业烟粉尘代替水资源总量和二氧化碳排放量成为主要障碍因子。产业子系统的前三位障碍因子集中在技术市场成交额、规模以上工业企业申请专利数和规模以上工业企业 R&D 经费投入三个方面。

由此可见，黄河流域上游各省份环境子系统和产业子系统的障碍因子基本形成固定模式。上游地区未来环境发展基本会受工业烟粉尘、工业二氧化硫排放量和工业废水排放总量三类障碍因子的影响，而产业发展基本会受到技术市场成交额、规模以上工业企业申请专利数和规模以上工业企业 R&D 经费投入三类障碍因子的影响。

表 6-13　　黄河流域中游地区环境保护与产业协同发展指标层障碍因子诊断　单位:%

地区	年份	环境子系统			产业子系统		
		第一位障碍因子及障碍度	第二位障碍因子及障碍度	第三位障碍因子及障碍度	第一位障碍因子及障碍度	第二位障碍因子及障碍度	第三位障碍因子及障碍度
陕西	2025	$C_5$13.79	$C_6$11.52	$C_4$9.08	C_{15}10.19	C_{16}9.00	C_{14}8.39
	2030	$C_5$13.72	$C_6$11.47	$C_4$9.03	C_{15}10.16	C_{16}8.95	C_{14}8.35
	2050	$C_5$13.34	$C_2$7.52	$C_1$5.97	C_{15}16.99	C_{16}13.02	C_{14}12.41
山西	2025	$C_6$10.73	$C_4$10.14	$C_5$7.18	C_{15}12.39	C_{16}9.58	C_{14}9.20
	2030	$C_6$10.67	$C_4$10.09	$C_5$7.14	C_{15}12.38	C_{16}9.52	C_{14}9.15
	2050	$C_7$11.31	$C_6$10.79	$C_8$8.97	C_{15}10.64	C_{16}8.42	C_{14}8.29

从黄河流域中游来看：第一，陕西省环境子系统前三位障碍因子主要集中在工业二氧化硫排放量、工业烟粉尘和工业废水排放总量三个方面，2050 年建成区绿化覆盖率和水资源总量代替工业烟粉尘和工业废水排放总量成为主要障碍因子；产业子系统前三位障碍度因子主要集中在技术市场成交额、规模以上工业企业申请专利数和规模以上工业企业 R&D 经费投入三个方面，且障碍度均呈上升趋势。第二，山西省环境子系统前三位障碍因子主要集中在工业烟粉尘、工业废水排放总量和二氧化硫排放量三个方面。但 2050 年二氧化碳排放量代替工业废水排放总量成为主要障碍因子。产业子系统前三位障碍因子主

要集中在技术市场成交额、规模以上工业企业申请专利数和规模以上工业企业
R&D 经费投入三个方面，且研究期内保持不变。

由此可见，黄河流域中游各省份环境子系统和产业子系统的障碍因子同
样基本形成固定模式，工业废水排放总量、工业二氧化硫排放量以及工业烟
粉尘分别是黄河流域中游地区环境的重要障碍因子，但随着时间的推移，建
成区绿化覆盖率和水资源总量对环境的影响同样不容忽视。对于产业子系统
来说，技术市场成交额、规模以上工业企业申请专利数和规模以上工业企业
R&D 经费投入三个指标始终是影响黄河流域中游地区产业发展的重要障碍
因子。

表6－14　　黄河流域下游地区环境保护与产业协同发展指标层障碍因子诊断　单位：%

地区	年份	环境子系统			产业子系统		
		第一位障碍因子及障碍度	第二位障碍因子及障碍度	第三位障碍因子及障碍度	第一位障碍因子及障碍度	第二位障碍因子及障碍度	第三位障碍因子及障碍度
河南	2025	$C_5$11.52	$C_6$11.50	$C_4$6.54	C_{13}11.35	C_{14}8.55	C_{15}8.17
	2030	$C_5$11.46	$C_6$11.43	$C_4$6.50	C_{13}11.28	C_{14}8.50	C_{15}8.12
	2050	$C_6$9.97	$C_7$8.96	$C_4$6.81	C_{15}8.18	C_{16}6.61	C_{14}6.50
山东	2025	$C_5$19.83	$C_6$12.48	$C_4$6.70	C_{13}18.35	C_{14}8.96	C_{15}8.66
	2030	$C_5$19.61	$C_6$10.59	$C_4$6.62	C_{13}18.17	C_{14}9.10	C_{15}8.80
	2050	$C_7$12.71	$C_5$8.81	$C_8$8.26	C_{13}8.63	C_{18}8.25	C_{11}8.05

从黄河流域下游来看：第一，河南省环境子系统前三位障碍因子分别为工
业二氧化硫排放量、工业烟粉尘和工业废水排放总量，2050 年工业二氧化碳
排放量可能代替工业二氧化硫排放量成为环境子系统主要障碍因子。说明环境
优先情景下河南省还是会受到工业污染物排放量不合规的限制，从而影响环境
的综合发展，因此在优先发展环境的同时必须兼顾产业的结构优化升级。产业
子系统前三位障碍因子分别为泰尔指数、规模以上工业企业 R&D 经费投入和
技术市场成交额，2050 年规模以上工业企业申请专利数将成为影响河南省产
业子系统的重要障碍因子。第二，山东省环境子系统前三位障碍因子分别为工
业二氧化硫排放量、工业烟粉尘和工业废水排放总量，2050 年二氧化碳排放
量和工业污染治理完成投资将代替工业二氧化硫和工业废水排放总量成为主要

障碍因子；产业子系统前三位障碍因子分别为泰尔指数、规模以上工业企业 R&D 经费投入和技术市场成交额，2050 年工业区位熵系数和工业化率逐步成为产业子系统中重要障碍因子。由此可见，黄河流域下游各省份环境子系统和产业子系统的障碍因子同样形成固定模式，工业二氧化硫、工业烟粉尘和工业废水排放量以及泰尔指数、规模以上工业企业 R&D 经费投入和技术市场成交额均是影响黄河流域下游地区的主要障碍因子，2050 年河南省和山东省环境子系统和产业子系统均将出现不同程度的障碍因子变化情况。

由此可见，黄河流域下游各省份环境子系统和产业子系统的障碍因子同样比较固定，工业二氧化硫排放量、工业烟粉尘和工业废水排放总量是黄河流域下游地区环境的重要障碍因子，但随着时间的推移，建成工业二氧化碳排放和水工业污染治理完成投资对下游地区环境影响逐步加大。对于产业子系统来说，泰尔指数、规模以上工业企业 R&D 经费投入和技术市场成交额三个指标是影响黄河流域下游地区产业发展的重要障碍因子。但随着时间的推移，工业区位熵系数和工业化率同样将加大影响力度。

6.5.3 各地区协同发展路径

根据环境优先情景下黄河流域环境保护与产业协同发展障碍因子诊断结果，结合理论分析模型，针对上、中、下游差异化，提出不同的发展路径。

1. 上游：生态转型的开放发展路径

生态转型的开放发展路径是指在保持生态系统平衡稳定的前提下，促进生态产品价值的实现，将生态系统服务的"盈余"和"增量"转化为经济财富和社会福利，并形成流域开放发展新格局，具体如图 6-16 所示。

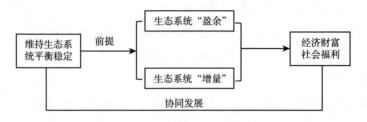

图 6-16 生态转型的开放发展路径

通过环境优先情景下协同水平高低、诊断障碍因子可看出上游地区环境保护与产业协同发展水平处于中低状态，产业竞争力低但生态环境水平有较强的优势，因此，上游地区可以将生态优势转化为产业振兴和经济发展的优势，走生态转型的开放发展路径，具体可以从推进生态产品价值实现、扩大对外开放和招商引资两个方面发展。

（1）推进生态产品价值实现。

第一，要厘清"价值化—市场化—产业化"的发展方向。建立黄河流域生态产品纵横一体化、赔偿有制可遵循、政府引导与市场配置相互融合的价值实现机制，将生态资源经过再加工转化为高质量发展的优质资源，实现生态保护向高质量发展的目标演变，具体如图 6-17 所示。其中，政府主导的生态产品价值实现包括四个方面：转移支付、政府购买、生态税收和生态补偿；而以市场主导的生态产品价值实现方式有生态产业经营、权属交易、绿色金融和其他方式。在政府主导和市场主导的基础上，生态产品价值实现具体包括价值的发现、价值的锁定、价值的交易和最终价值的分配。探索生态产品价值实现方面，上游地区宁夏打造的葡萄酒产业集群就是一个非常值得学习的案例。一来政府加大了发放种植补贴的力度，二来企业不断进行宣传，并且积极研发酿酒技术与品种。在政府与企业互相配合下，极大地促进了产业融合，推动宁夏地区优势生态产品价值的实现。

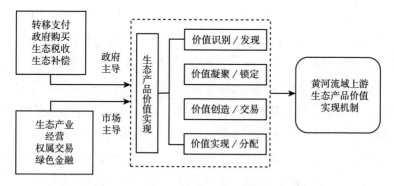

图 6-17　黄河上游生态产品价值实现机制

第二，在黄河流域重点生态功能区实施生态补偿改革试点项目。采用大数据、"互联网+"等先进技术和工具，先鼓励支持一批有潜力的企业或科研机构积极探索发展流域生态产品价值计量核算的方式、规则制度，使生态补偿更加规范、有效，并使其进入市场应用到各类项目中，真正做到大规模的应用化、市场化。为了进一步降低沟通成本，建立流域排污权初始分配和跨区域交易制度刻不容缓，构筑一对一、面对面、公开透明的生态补偿流程，并且形成相关的生态补偿政策体系。最重要的是加强企业对生态环境评估的认识，定期对生态产品价值进行核算，以及公布生态环境评估结果排名，对实施效果佳的进行奖励，而对严重损害环境的加大惩罚力度。特别是要加强与中下游的跨区域合作，一来通过国内市场推进生态产品、生态旅游、生态文化的实现，打开知名度，形成独有的品牌，二来借助中下游的"丝绸之路"国际市场，广开合作，实现生态产品的价值。

（2）扩大对外开放和招商引资。

在"以国内大循环为主体，推动国内国际双循环"的格局下，黄河流域上游应借助政策的"东风"扩大对外开放，加大招商引资的力度。黄河流域上游经济实力虽弱，但是也要排除万难，向中下游甚至发达地区学习，复制学习自由贸易试验区、新型工业化产业示范基地建设的运营模式，并且争取能够获得一个国家自主创新示范区的批准，这将是黄河上游未来的发展方向。值得提出的是，要构建内外平衡、多方位发展的开放新格局，必须加强上游地区管理机制建设，且开发新型生态治理模式、产业发展有质的提升，这对黄河流域上游地区来说任重道远。

首先，明确黄河上游重要生态功能区的地位，同时也是构建双向循环发展格局的重要环节。其次，发挥政府的引导作用。在上游具有潜力的发展地区，如可发展生态旅游的青海、内蒙古，工业较发达的甘肃等，实施优惠政策大量引进企业，吸收投资，为其区域经济发展提速。再次，发挥市场的资源配置作用。招商引资的目的是促进科技成果以及产品的落地，走向市场。上游更要结合政府与市场，提高资源利用率，形成有为的市场体系。最后，将生态优势融入双循环发展新格局中。上游地区必须紧抓生态修复与建设，如此才可突出生态优势，增强自身竞争力，进而提高黄河流域整体的对外开放水平和高质量发展水平。

2. 中游：集约发展的循环经济路径

集约发展的循环经济路径是指以环境友好为手段，以提高生态效率为核心，利用地球上有限的环境和经济资源，采用无限循环、避免废物产生、实现零排放的新经济发展模式，具体如图6-18所示。

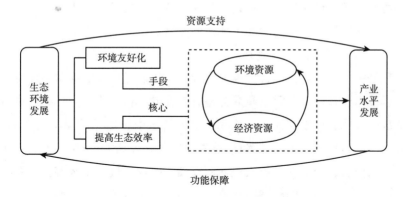

图6-18　集约发展的循环经济路径

从黄河流域中游地区的障碍因子诊断来看，环境子系统短、中期依然受制于生态资源禀赋，比如，城市人均公园绿地面积等要素，但到长期生态建设保护投资的障碍度逐渐增大，说明未来中游地区仍然要大力保护修复生态环境，集约节约化，提高资源利用率。陕西省和山西省产业子系统的障碍因子集中在产业竞争方面，可见在未来加强生态环境保护的同时，要优化产业结构、增强地区产业竞争力、突出产业发展优势。因此，中游地区必须走集约发展的循环经济路径，具体可以从促进绿色科技密集型产业发展、形成循环经济产业链条两个方面发展。

（1）促进绿色科技密集型产业发展。

绿色科技密集型产业的集聚，不仅会提升流域内产业竞争力，而且也会促进生态环境水平的提升。绿色科技密集型产业是在原先科技密集型产业的基础上加了"绿色"概念，科技密集型产业又称知识密集型产业，是介于劳动密集型和资本密集型之间的经济生产部门，属于高科技产业部门。在生产结构中，技术知识比重大，科研成本高，劳动者文化技术水平高，产品附加值高，增长速度快。包括新兴电子计算产业、机器人产业、航空航天产业、生物技术产业、新材料产业和电子工程。黄河流域中游省份目前绿色科技密集型产业缺乏，这也是导致产业竞争力低下、生态环境受到产业发展胁迫的重要原因。尤其在长期发展过程中，必须调动一切资源，大力引进先进技术、培养专业型人才，拉动外商投资。通过实施绿色技术升级、产业基地强化、新型产业基地建设、新旧动能转换、新型基础设施建设、黄金旅游带培育、城乡产业升级、产业软环境升级八大产业发展项目，加强绿色科技密集型产业集聚，发挥其辐射带动作用，促进环境保护与产业更加协同发展。

（2）形成循环经济产业链条。

循环经济产业链是指以价值增值为导向，以满足用户的物质和环境需求为目的，以技术逻辑联系和时空布局为基础，在同一行业或不同行业内通过资源循环形成的链式企业组织模式。首先，黄河流域中游地区可遵循"布局集中、产业集群、要素集聚、资源集约"的逻辑框架，要将自身传统优势产业做强做大，如河南省的农业往现代农业方向发展，陕西省近些年旅游业已有独特的魅力，同时也需培植新的经济增长点，双向拉动中游地区经济增长。以西安都市圈为核心，围绕关中城市群和中原城市群，紧扣地方产业基础和优势，着眼于工业园区建设，深入推动优势产业集聚发展，极力壮大新兴战略产业。其次，支持企业在黄河中游实施保护性开发，建立生态经济一体化、循环发展模式，鼓励地方政府向企业下放流域开发经营权。企业应在开展生态保护的同时，开发生态旅游等特色项目，更好地实现生态效益与经济效益的结合，建立生态经济一体化的长效发展机制。

3. 下游：创新驱动的提质增效路径

创新驱动的提质增效路径是指通过技术创新、文化赋能和制度创新等，从而加快创新驱动和文化传承，培育黄河流域高质量发展的新引擎，进而提升环境综合发展水平与产业综合发展水平，以达到提质增效的目的，具体如图 6 - 19 所示。

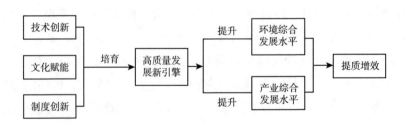

图 6 - 19　创新驱动的提质增效路径

从黄河下游地区障碍因子诊断结果来看，环境子系统未来发展可能会受限于生态环境资源禀赋，而产业子系统障碍因子在短、中期发展过程中变化也较大。整体来说，在环境优先情景下，黄河下游地区环境保护与产业协同发展水平处于中等偏上水平，并且障碍因子的障碍度相比上中游发展阻力更小，因此下游地区必须破圈，在现有基础上培育高质量发展的新引擎、新动能，走创新驱动的提质增效路径。具体可以从技术创新、文化赋能和制度创新三个方面发展。

（1）技术创新。

技术创新是现代产业的基本特征，同时是产业持续发展的生命力，更是推动生态环境和产业转型升级的第一动力。黄河下游产业发展基础好，资源要素保有量雄厚，因此更要增强科技创新能力，提升产业的国际竞争力。在强化科技基础设施方面，要充分借助国家重点实验室、产业创新中心、工程研究中心等科技创新平台建设，加强管理科学工程、科技、商业等专业人才的培养和引进。以技术创新为依托，实现新旧动能的转换，设立生态发展基金并做到有效利用。另外，推动传统产业转型发展和培育新兴产业同样重要，并且还要促进二者的融合联动发展，优化发展原有丰富的自然资源与第二产业体系，打造生态绿色环保产业链，将发展重点放在各行业的独角兽企业、国家重点绿色示范企业上，大力支持这些企业开展绿色生态技术创新活动，并给其他中小企业做一个好的榜样。深入推进能源体系结构革命，在开发新能源和清洁能源的基础上，减少对传统能源的依赖，提供太阳能、核能、潮汐能等清洁能源。

（2）文化赋能。

科技创新和文化协同是黄河流域生态环境保护和产业协同发展的"双引擎"。前者是硬实力，后者是软实力。黄河养育了西安、洛阳、兰州、开封、济南等文化名城，诞生了西域文化、河洛文化、齐鲁文化等黄河文化，这些深厚的文化底蕴正是发展文化产业、旅游产业与现代高效农业、康养行业的基础资源。继承和弘扬黄河文化，挖掘和总结黄河文化的深刻含义，使其释放出强大的生命力，为黄河流域下游地区环境保护和产业协同发展注入文化能量，使黄河成为真正一条造福人类的美丽河。

黄河流域下游地区通过文化赋能生态环境保护与产业协同发展的路径主要有：第一，要充分发挥文化的引领作用，促使下游地区走一条生态保护先行、绿色低碳发展的现代化道路。特别是，充分发挥黄河文化蕴含的多元、吸收、百折不挠、合作共赢的伟大精神，极力把下游地区打造成黄河流域高质量发展新格局的重要示范区。第二，要充分发挥文化的创新作用，给产业结构转型升级和绿色低碳发展赋予文化动力。在黄河下游新旧动能转换过程中，要充分发挥文化"软赋"和科技"硬赋"相结合的作用，形成特色新产业，推动经济高质量发展。第三，充分发挥文化的融合作用，赋能城乡融合和产业融合。聚焦发展旅游业就是发展文化这一观点，将红色文化、生态文化和历史文化相结合，深度融合到旅游业中。突出地方特色，促进黄河文化的交汇、破界、跨界。第四，要充分发挥文化的集聚作用，给予流域新型产业发展新引擎。文化具有多样性、高相关性、强黏度、长产业链，是联动相关产业一体化发展的关键要素，进而通过"文化"这条线形成独特的文化产业集群。利用数字技术，整合配置下游地区文化要素，利用文化集聚效应，将黄河文化与青年研究、黄河生态旅游、演艺展览等产业深度融合，促进文化产业经济效益和社会效益的融合。

（3）制度创新。

环境保护与产业协同发展的关键在于制度创新，通过建立科学合理的生态资源要素所有权制度，运用新制度新模式加速生态资源要素价值化、产业化和市场化。为了强化生态产品价值实现，进而促进黄河流域下游地区环境保护与产业协同发展，下游相关部门要成立专门的生态产品评估部门，对生态资源的所有权认定、交易权做进一步的确认，同时要完善生态产品价值实现机制、生态补偿机制。下游地区在创新生态保护机制时，第一要明确生态资源的所有权和产权，这会降低不必要的沟通成本，提高生态资源的使用效率。第二要规范生态资源和生态资产的使用权，其中收益权进行维护，转让权进行激活，监管权进行理顺，以及通过这些具体使用权的实施构建一套合理有效的生态资源要素和资产监管体系。与此同时，还需设立生态银行，大力开展各项与生态环保有关的信托、证券、保险、基金等业务，加强绿色信贷，为下游地区提供生态服务产品开发的金融服务体系和制度体系。

6.6 小结

本章在设定黄河流域环境保护与产业协同发展的短、中、长期目标基础上，构建基准、环境优先和产业优先三种不同情景，采用 ARIMA 预测模型预测相关变量走势，模拟 2025～2050 年黄河流域各省份环境保护与产业协同度及其变化趋势。梳理国内外典型流域发展经验，在环境优先情景中分析黄河流域地区环境保护与产业协同发展的障碍因子，依据上中下游发展差异提出具有针对性的协同发展路径。主要研究结论如下：

第一，黄河流域环境保护与产业协同发展目标分析。（1）短期内，黄河流域环境保护与产业协同发展目标以加速环境综合治理、推进重大项目实施和实现跨区域合作为主；（2）中期目标主要包括健全完善绿色生态产业体系和构建环境协同治理长效机制；（3）长期目标主要包括形成协调联动发展格局和基本建成现代产业体系。

第二，不同情景下黄河流域环境与产业协同水平模拟结果及分析。（1）基准情景下，黄河流域环境保护与产业协同发展水平整体低下，若按此趋势发展，复合系统发展前景不容乐观。（2）环境优先情景下，相关环境优先政策的实施，在一定程度上提高了黄河流域各省份环境保护与产业协同发展水平，尤其是环境子系统综合发展水平较基准情景有了很大的提高。（3）产业优先情景下，黄河流域各省份环境保护与产业协同发展水平仍较低，但是由于只专注优先发展产业子系统，环境子系统综合发展水平较低，这严重影响未来环境保护与产业协同发展的进度。（4）综合来看，环境优先情景下黄河流域各省（区）环境保护与产业协同发展水平较高，复合系统整体发展水平较好，因此可在该情景下设计具体的协同发展路径。

第三，国内外流域环境保护与产业协同发展的经验和对黄河流域的启示。（1）国外典型流域协同发展经验。密西西比河流域通过农业最佳管理措施和水资源可持续利用，减少了农业面源污染和水资源过度开采问题；莱茵河流域则通过严格的环境法规和工业技术创新，降低了工业排放对环境的影响；亚马逊河流域注重森林保护和恢复，通过科学监测和卫星监控实现了生态系统保护和可持续利用。（2）国内典型流域协同发展经验。长江流域采取了减少煤炭燃烧对环境污染的措施，推广了清洁燃烧技术；珠江流域鼓励制造业企业加强科技研发和创新，实现资源的再利用和循环利用，推动环保产业和循环经济的发展。（3）国内外典型流域经验总结。国内外典型流域在兼顾产业发展和环境保护时所采取的主要措施包括：制定"奖罚分明"的政策法规、绿色科技创新推动资源再利用以及建立科学环境监测网络等。（4）对黄河流域的启示。转变牺牲环境换取经济效益的观念，因地施策建立合理的奖惩机制；推进黄河流域碳达峰碳中和目标实现，促进各产业绿色转型升级；利用绿色发展关键核心技术，推动黄河流域绿色产业科教联动，打造黄河科创大走廊；根据黄河流域不同区域的差异化特征，打造黄河流域绿色生态产业；坚持生态优先，完善黄河流域生态产品价值实现机制。

第四，基于情景分析的黄河流域环境保护与产业协同发展障碍因子诊断。（1）上游地区未来环境发展基本会受工业烟粉尘、工业二氧化硫排放量和工业废水排放总量三类障碍因子的影响，而产业发展基本会受到技术市场成交额、规模以上工业企业申请专利数和规模以上工业企业 R&D 经费投入三类障碍因子的影响。（2）中游各省份环境子系统和产业子系统的障碍因子同样基本形成固定模式，工业废水排放总量、工业二氧化硫排放量以及工业烟粉尘是黄河流域中游地区环境的重要障碍因子，但随着时间的推移，建成区绿化覆盖率和水资源总量对环境的影响同样不容忽视。对于产业子系统来说，技术市场成交额、规模以上工业企业申请专利数和规模以上工业企业 R&D 经费投入三个指标始终是影响黄河流域中游地区产业发展的重要障碍因子。（3）下游各省份环境子系统和产业子系统的障碍因子同样比较固定，工业二氧化硫排放量、工业烟粉尘和工业废水排放总量是黄河流域下游地区环境的重要障碍因子，但二氧化碳排放量和工业污染完成治理额对下游地区环境影响逐步加大。对于产业子系统来说，泰尔指数、规模以上工业企业 R&D 经费投入和技术市场成交额三个指标是影响黄河流域下游地区产业发展的重要障碍因子，工业区位熵系数和工业化率后面可能将加大其影响力度。

第五，基于情景分析的黄河流域环境保护与产业协同发展路径设计。（1）上游走生态转型的开放发展路径，发挥上游的生态资源优势，将生态资源转换为高质量发展的优质资源，表现为推进生态产品价值实现、扩大对外开放和招商引资；（2）中游走集约发展的循环经济路径，优化升级产业结构，突出产业竞争力，促进绿色科技密集型产业发展、形成循环经济产业链条；（3）下游走创新驱动的提质增效路径，破解跨界寻找促进经济发展的新引擎，具体包括技术创新、文化赋能和制度创新三个方面。

参考文献

［1］安敏，李文佳，安慧．长江沿线城市经济增长与环境质量影响关系的实证研究［J］．长江流域资源与环境，2022，31（5）：1101-1115．

［2］安永景，王爱花，周泽奇．产业集聚、空间关联与协同定位——以珠江—西江经济带为例［J］．现代城市研究，2022（3）：124-132．

［3］白华，韩文秀．复合系统及其协调的一般理论［J］．运筹与管理，2000（3）：1-7．

［4］白雪洁，宋培，艾阳，等．中国构建自主可控现代产业体系的理论逻辑与实践路径［J］．经济学家，2022（6）：48-57．

［5］白雪，宋玉祥，浩飞龙．东北地区"五化"协调发展的格局演变及影响机制［J］．地理研究，2018，37（1）：67-80．

［6］毕克新，孙德花．基于复合系统协调度模型的制造业企业产品创新与工艺创新协同发展实证研究［J］．中国软科学，2010（9）：156-162，192．

［7］蔡文．物元模型及其应用［M］．北京：科学出版社，1944．

［8］曹娣，周霞．山东产业结构演化与水环境质量的关联分析——基于VAR模型［J］．资源开发与市场，2017，33（9）：1063-1067，1122．

［9］曹俊文，李湘德．长江经济带生态效率测度及分析［J］．生态经济，2018，34（8）：174-179．

［10］曹卫芳，薛天培，崔云昊．黄河流域资源型城市转型的时空格局演变及影响因素研究［J］．经济问题，2023（12）：108-114．

［11］常纪文．习近平生态文明思想的科学内涵与时代贡献［J］．中国党政干部论坛，2018（11）：8-13．

［12］陈傲．中国区域生态效率评价及影响因素实证分析——以2000~2006年省际数据为例［J］．中国管理科学，2008，16（S1）：566-570．

[13] 陈波.企业技术创新系统的概念、边界及有效性分析 [J].管理现代化, 2014, 34 (3): 46 - 48.

[14] 陈关聚.中国制造业全要素能源效率及影响因素研究——基于面板数据的随机前沿分析 [J].中国软科学, 2014 (1): 180 - 192.

[15] 陈国伟.非独立经济体现代产业体系的基本框架——兼论山西现代产业体系的构建 [J].经济问题, 2020 (7): 116 - 122.

[16] 陈继祥, 等.战略管理 [M].上海: 上海人民出版社, 2004.

[17] 陈建军, 胡晨光.产业集聚的集聚效应——以长江三角洲次区域为例的理论和实证分析 [J].管理世界, 2008 (6): 68 - 83.

[18] 陈丽萍.浙江经济发展与环境保护的博弈分析 [J].技术经济与管理研究, 2005 (3): 42 - 43.

[19] 陈明华, 岳海珺, 郝云飞, 等.黄河流域生态效率的空间差异、动态演进及驱动因素 [J].数量经济技术经济研究, 2021, 38 (9): 25 - 44.

[20] 陈伟, 王秀锋, 曲慧, 等.产学研协同创新共享行为影响因素研究 [J].管理评论, 2020, 32 (11): 92 - 101.

[21] 陈耀龙.借力河长制助推长江经济带生态补偿的思考 [J].中国水利, 2018 (10): 7 - 8, 3.

[22] 陈耀, 张可云, 陈晓东, 等.黄河流域生态保护和高质量发展 [J].区域经济评论, 2020 (1): 8 - 22.

[23] 陈英武, 孙文杰, 张睿."结构—特征—支撑": 一个分析现代化产业体系的新框架 [J].经济学家, 2023 (4): 44 - 55.

[24] 陈展图.中国省会城市现代产业体系评价 [J].学术论坛, 2015, 38 (1): 83 - 87.

[25] 程钰, 徐成龙, 任建兰, 等.山东省工业结构演变的大气环境效应研究 [J].中国人口·资源与环境, 2014, 24 (1): 157 - 162.

[26] 褚峻, 杨绰, 王雷.现代服务产业分类方法研究 [J].统计与决策, 2021, 37 (1): 45 - 49.

[27] 戴会超, 毛劲乔, 蒋定国.大型水利水电工程水沙生态环境调控研究进展 [J].水利水电技术 (中英文), 2023, 54 (5): 118 - 125.

[28] 邓聚龙.社会经济灰色系统的理论与方法 [J].中国社会科学, 1984

（6）：47 - 60.

[29] 邓秀新. 现代农业与农业发展 [J]. 华中农业大学学报（社会科学版），2014（1）：1 - 4.

[30] 董豪，曾剑秋，沈孟如. 产业创新复合系统构建与协同度分析——以信息通信产业为例 [J]. 科学学研究，2016，34（8）：1152 - 1160.

[31] 杜传忠. 先进制造业与现代服务业深度融合发展的新趋势 [J]. 人民论坛，2023（19）：54 - 57.

[32] 杜德林，王姣娥，焦敬娟，等. 珠三角地区产业与创新协同发展研究 [J]. 经济地理，2020，40（10）：100 - 107.

[33] 樊宇，吴舜泽，逯元堂，等. "微笑曲线"视角下的我国环保产业竞争力研究 [J]. 生态经济，2015，31（11）：47 - 50.

[34] 樊增强. 论我国产业国际竞争力培育 [J]. 当代经济研究，2003（6）：20 - 25.

[35] 范博，王晓南，黄云，等. 我国七大流域水体多环芳烃的分布特征及风险评价 [J]. 环境科学，2019，40（5）：2101 - 2114.

[36] 方创琳. 京津冀城市群协同发展的理论基础与规律性分析 [J]. 地理科学进展，2017，36（1）：15 - 24.

[37] 丰毅，桂文林. 粤港澳区域知识溢出与经济增长 [J]. 数量经济技术经济研究，2022，39（3）：44 - 65.

[38] 符莲，熊康宁，高洋. 喀斯特地区旅游产业与生态环境耦合协调关系定量研究——以贵州省为例 [J]. 生态经济，2019，35（1）：125 - 130.

[39] 付浩龙，李亚龙. 关于加快长江流域农村水电绿色发展的思考 [J]. 人民长江，2020，51（S2）：37 - 40.

[40] 干春晖，郑若谷，余典范. 中国产业结构变迁对经济增长和波动的影响. 经济研究，2011，46（5）：4 - 16，31.

[41] 高红贵. 中国绿色经济发展中的诸方博弈研究 [J]. 中国人口·资源与环境，2012，22（4）：13 - 18.

[42] 高林安. 经济发展与生态环境耦合协调识别与优化路径研究——以东北地区为例 [J]. 统计与信息论坛，2020，35（1）：74 - 81.

[43] 耿世刚. 构建现代产业体系的环保思考 [J]. 中国环境管理干部学

院学报，2009，19（4）：1 - 4.

[44] 龚新蜀，靳亚珍. 基于灰色关联理论的产业结构与经济协同发展的实证分析 [J]. 统计与决策，2018，34（2）：123 - 126.

[45] 顾朝林，顾江，高喆，等. 莱茵河流域考察研究报告 [J]. 城市与区域规划研究，2022，14（2）：151 - 192.

[46] 管豪. 企业科技资金投向与我国高技术产业竞争力 [J]. 科学管理研究，2018，36（5）：62 - 65.

[47] 郭爱君，范巧，张永年. 西北经济走廊建设与发展：战略构想、现实条件与有效路径 [J]. 兰州大学学报（社会科学版），2020，48（1）：72 - 81.

[48] 郭宏毅. 环境规制对制造业产业集聚影响的实证分析 [J]. 统计与决策，2018，34（10）：139 - 142.

[49] 郭四代，仝梦，郭杰，等. 基于三阶段 DEA 模型的省际真实环境效率测度与影响因素分析 [J]. 中国人口·资源与环境，2018，28（3）：106 - 116.

[50] 郭伟锋，王汉斌，李春鹏. 制造业转型升级的协同机理研究——以泉州制造业转型升级为例 [J]. 科技管理研究，2012，32（23）：124 - 129.

[51] 郭显光. 改进的熵值法及其在经济效益评价中的应用 [J]. 系统工程理论与实践，1998（12）：99 - 103.

[52] 郭小群. 产业组织优化的误区及选择 [J]. 财经科学，2000（1）：84 - 88.

[53] 郭诣遂，于鸣燕. 江苏现代产业体系评价模式及构建路径研究 [J]. 中国经贸导刊（中），2020（12）：47 - 49.

[54] 郭治安，沈小峰，协同论 [M]. 太原：山西经济出版社，1991.

[55] 郭治安. 协同学入门 [M]. 成都：四川人民出版社，1988.

[56] 韩峰，谢锐. 生产性服务业集聚降低碳排放了吗？——对我国地级及以上城市面板数据的空间计量分析 [J]. 数量经济技术经济研究，2017，34（3）：40 - 58.

[57] 韩海彬，杨冬燕. 农业产业集聚对农业绿色全要素生产率增长的空间溢出效应研究 [J]. 干旱区资源与环境，2023，37（6）：29 - 37.

[58] 韩永辉，黄亮雄，王贤彬. 产业结构优化升级改进生态效率了吗？[J]. 数量经济技术经济研究，2016，33（4）：40 - 59.

[59] 何爱平, 安梦天. 黄河流域高质量发展中的重大环境灾害及减灾路径 [J]. 经济问题, 2020 (7): 1 - 8.

[60] 何立峰. 加快构建支撑高质量发展的现代产业体系 [J]. 商业文化, 2018 (24): 79 - 83.

[61] 何平, 陈丹丹, 贾喜越. 产业结构优化研究 [J]. 统计研究, 2014, 31 (7): 31 - 37.

[62] 何伟, 陈素雪, 仇泸毅. 长江三峡生态经济走廊地区水资源承载力的综合评价及时空演变研究 [J]. 长江流域资源与环境, 2022, 31 (6): 1208 - 1219.

[63] 何小钢, 张耀辉. 中国工业碳排放影响因素与CKC重组效应——基于STIRPAT模型的分行业动态面板数据实证研究 [J]. 中国工业经济, 2012 (1): 26 - 35.

[64] 何正霞, 曹长帅, 王建明. 环境规制、产业集聚与环境污染的空间溢出研究 [J]. 华东经济管理, 2022, 36 (3): 12 - 23.

[65] 贺晟晨, 王远, 高倩, 等. 城市经济环境协调发展系统动力学模拟 [J]. 长江流域资源与环境, 2009, 18 (8): 698 - 703.

[66] 贺玉德, 马祖军. 基于CRITIC - DEA的区域物流与区域经济协同发展模型及评价——以四川省为例 [J]. 软科学, 2015, 29 (3): 102 - 106.

[67] 洪名勇, 郑丽楠. 中国农业生态效率的区域差异及时空特征研究 [J]. 统计与决策, 2020, 36 (8): 56 - 61.

[68] 洪伟达, 马海群. 我国开放政府数据政策协同机理研究 [J]. 情报科学, 2020, 38 (5): 126 - 131.

[69] 胡求光, 周宇飞. 开发区产业集聚的环境效应: 加剧污染还是促进治理? [J]. 中国人口·资源与环境, 2020, 30 (10): 64 - 72.

[70] 胡筱敏, 王子彦编著. 环境导论[M]. 沈阳: 东北大学出版社, 2000.

[71] 胡玉洲. 基于模糊物元分析法的多指标面板数据综合评价 [J]. 统计与决策, 2016 (14): 32 - 35.

[72] 胡志高, 李光勤, 曹建华. 环境规制视角下的区域大气污染联合治理——分区方案设计、协同状态评价及影响因素分析 [J]. 中国工业经济, 2019 (5): 24 - 42.

[73] 黄浩森，杨会改. 区域现代产业体系国际竞争力评价 [J]. 商业经济研究，2018（14）：179 - 183.

[74] 黄河水利委员会黄河志总编辑室编. 黄河志卷 2 黄河流域综述 [M]. 郑州：河南人民出版社，2017.

[75] 黄娟，汪明进. 科技创新、产业集聚与环境污染 [J]. 山西财经大学学报，2016，38（4）：50 - 61.

[76] 黄娟. 协调发展理念下长江经济带绿色发展思考——借鉴莱茵河流域绿色协调发展经验 [J]. 企业经济，2018，37（2）：5 - 10.

[77] 黄庆华，时培豪，胡江峰. 产业集聚与经济高质量发展：长江经济带 107 个地级市例证 [J]. 改革，2020（1）：87 - 99.

[78] 黄子珈，林小坚. 现代产业体系国际竞争力评价研究——以佛山东莞数据对比为例 [J]. 现代商贸工业，2020，41（1）：1 - 3.

[79] 姬兆亮，戴永翔，胡伟. 政府协同治理：中国区域协调发展协同治理的实现路径 [J]. 西北大学学报（哲学社会科学版），2013，43（2）：122 - 126.

[80] 姜晓亭. 巴葡流域管理与环境治理经验不妨一学 [J]. 环境经济，2017（7）：60 - 63.

[81] 金碚. 中国工业的转型升级 [J]. 中国工业经济，2011（7）：5 - 14，25.

[82] 金凤君. 黄河流域生态保护与高质量发展的协调推进策略 [J]. 改革，2019（11）：33 - 39.

[83] 金凤君，马丽，许堞，黄河流域产业发展对生态环境的胁迫诊断与优化路径识别 [J]. 资源科学，2020，42（1）：127 - 136.

[84] 柯健，李超. 基于 DEA 聚类分析的中国各地区资源、环境与经济协调发展研究 [J]. 中国软科学，2005（2）：144 - 148.

[85] 孔庆恺，杨蕙馨，苏慧. 制造业与生产性服务业融合能否缓解资源错配 [J/OL]. 软科学，1 - 12 [2024 - 03 - 04].

[86] 黎群，张文松，吕海军. 战略管理 [M]. 北京：北京交通大学出版社，2006.

[87] 李贝歌，胡志强，苗长虹，等. 黄河流域工业生态效率空间分异特征与影响因素 [J]. 地理研究，2021，40（8）：2156 - 2169.

[88] 李成宇，张士强，张伟．中国省际工业生态效率空间分布及影响因素研究 [J]．地理科学，2018，38 (12)：1970－1978.

[89] 李丹，吕鑫萌．贸易成本、统一大市场和畅通国际国内双循环 [J]．中国特色社会主义研究，2023 (1)：81－93.

[90] 李国平，吕爽．京津冀科技创新与产业协同发展研究 [J]．首都经济贸易大学学报，2024，26 (3)：27－37.

[91] 李海东，王帅，刘阳．基于灰色关联理论和距离协同模型的区域协同发展评价方法及实证 [J]．系统工程理论与实践，2014，34 (7)：1749－1755.

[92] 李虹，张希源．区域生态创新协同度及其影响因素研究 [J]．中国人口·资源与环境，2016，26 (6)：43－51.

[93] 李慧明，左晓利，王磊．产业生态化及其实施路径选择——我国生态文明建设的重要内容 [J]．南开学报 (哲学社会科学版)，2009 (3)：34－42.

[94] 李健，李鹏飞，苑清敏．基于多层级耦合协调模型的京津冀工业产业协同发展分析 [J]．干旱区资源与环境，2018，32 (9)：1－7.

[95] 李健，王尧，王颖．京津冀区域经济发展与资源环境的脱钩状态及驱动因素 [J]．经济地理，2019，39 (4)：43－49.

[96] 李珒．政策信号的多层级传递与市级政府行为合规：基于环境信息公开案例的实证研究 [J]．中国软科学，2024 (5)：188－196.

[97] 李军辉．复杂系统理论视阈下我国区域经济协同发展机理研究 [J]．经济问题探索，2018，4 (7)：154－163.

[98] 李琳，刘莹．中国区域经济协同发展的驱动因素——基于哈肯模型的分阶段实证研究 [J]．地理研究，2014，33 (9)：1603－1616.

[99] 李琳，吴珊．基于 DEA 的我国区域经济协同发展水平动态评价与比较 [J]．华东经济管理，2014，28 (1)：65－68，91.

[100] 李胜兰，初善冰，申晨．地方政府竞争、环境规制与区域生态效率 [J]．世界经济，2014，37 (4)：88－110.

[101] 李晟婷，周晓唯，武增海．产业生态化协同集聚的绿色经济效应与空间溢出效应 [J]．科技进步与对策，2022，39 (5)：72－82.

[102] 李小帆，卢丽文．资源衰退型城市产业结构调整与环境污染的联动效应 [J]．华中师范大学学报 (自然科学版)，2021，55 (5)：900－907，918.

[103] 李星林, 罗胤晨, 文传浩. 产业生态化和生态产业化发展: 推进理路及实现路径 [J]. 改革与战略, 2020, 36 (2): 95 – 104.

[104] 李雪红, 张学斌, 姚礼堂, 等. 河西地区社会——生态系统恢复力时空演变特征及影响因素 [J]. 干旱区资源与环境, 2023, 37 (7): 38 – 47.

[105] 梁流涛. 经济增长与环境质量关系研究——以江苏省为例 [J]. 南京农业大学学报 (社会科学版), 2008 (1): 20 – 25.

[106] 梁钊, 陈甲优. 珠江流域经济社会发展概论 [M]. 广州: 广东人民出版社, 1997.

[107] 林昀. 产业集聚、资源错配与环境治理的协同效应分析 [J]. 生态经济, 2022, 38 (2): 204 – 210.

[108] 刘冰, 王安. 现代产业体系评价及构建路径研究: 以山东省为例 [J]. 经济问题探索, 2020 (5): 66 – 72.

[109] 刘波, 龙如银, 朱传耿, 等. 海洋经济与生态环境协同发展水平测度 [J]. 经济问题探索, 2020, 4 (12): 55 – 65.

[110] 刘承良, 颜琪, 罗静. 武汉城市圈经济资源环境耦合的系统动力学模拟 [J]. 地理研究, 2013, 32 (5): 857 – 869.

[111] 刘海霞, 任栋栋. 黄河流域生态保护与经济协调发展的现实之困及应对之策 [J]. 生态经济, 2021, 37 (7): 148 – 153.

[112] 刘金林, 冉茂盛. 环境规制、行业异质性与区域产业集聚——基于省际动态面板数据模型的 GMM 方法 [J]. 财经论丛, 2015 (1): 16 – 23.

[113] 刘军, 程中华, 李廉水. 产业聚集与环境污染 [J]. 科研管理, 2016, 37 (6): 134 – 140.

[114] 刘琳轲, 梁流涛, 高攀, 等. 黄河流域生态保护与高质量发展的耦合关系及交互响应 [J]. 自然资源学报, 2021, 36 (1): 176 – 195.

[115] 刘满凤, 陈梁, 廖进球. 环境规制工具对区域产业结构升级的影响研究——基于中国省级面板数据的实证检验 [J]. 生态经济, 2020, 36 (2): 152 – 159.

[116] 刘伟, 张辉. 中国经济增长中的产业结构变迁和技术进步 [J]. 经济研究, 2008, 43 (11): 4 – 15.

[117] 刘小龙, 许岩. 珠江西岸装备制造业先进性现状、问题与对策建

议 [J]. 科技进步与对策, 2018, 35 (9): 48-53.

[118] 刘小敏. 区域产业结构优化理论研究综述 [J]. 中国市场, 2013 (3): 75-80.

[119] 刘晓丹, 孙英兰. "生态环境" 内涵界定探讨 [J]. 生态学杂志, 2006 (6): 722-724.

[120] 刘英基. 高技术产业高端化与工艺及产品创新的协同关系研究 [J]. 中国科技论坛, 2014 (12): 28-33.

[121] 刘友金, 冯晓玲. 制造业成长与地域产业承载系统适配性及空间差异 [J]. 系统工程, 2013, 31 (10): 34-42.

[122] 刘志迎, 谭敏. 纵向视角下中国技术转移系统演变的协同度研究——基于复合系统协同度模型的测度 [J]. 科学学研究, 2012, 30 (4): 534-542, 533.

[123] 刘智华, 李铁铮, 肖瑞青. 京津冀地区城镇化发展协同度实证分析 [J]. 统计与决策, 2019, 35 (7): 112-116.

[124] 柳建文. 区域组织间关系与区域间协同治理: 我国区域协调发展的新路径 [J]. 政治学研究, 2017 (6): 45-56, 126-127.

[125] 娄伟. 情景分析理论研究 [J]. 未来与发展, 2013, 36 (8): 30-37.

[126] 卢福财, 吴昌南. 产业经济学 [M]. 上海: 复旦大学出版社, 2013: 108-110.

[127] 卢泓钢, 郑家喜, 陈池波, 等. 湖北省畜牧业高质量发展水平评价及其耦合协调性研究——基于产业链的视角 [J/OL]. 中国农业资源与区划: 1-13 [2021-08-27].

[128] 鲁春阳, 文枫, 杨庆媛, 等. 基于改进 TOPSIS 法的城市土地利用绩效评价及障碍因子诊断——以重庆市为例 [J]. 资源科学, 2011, 33 (3): 535-541.

[129] 陆小莉, 刘强, 孙慧慧. 中国数字化产业竞争力的区域差异与影响效应 [J]. 经济与管理研究, 2021, 42 (4): 58-72.

[130] 马海良, 顾莹莹, 黄德春, 等. 环境规制、数字赋能对产业结构升级的影响及机理 [J]. 中国人口·资源与环境, 2024 (3): 124-136.

[131] 马俊炯. 京津冀协同发展产业合作路径研究 [J]. 调研世界,

2015（2）：3－9.

[132] 迈克尔·波特．国家竞争优势［M］．李明轩和邱如美，译．北京：华夏出版社，2002.

[133] 毛艳华，易中俊．制造业集聚趋势的实证分析——以广东省为例［J］．产经评论，2012，3（1）：5－21.

[134] 孟昌．产业结构研究进展述评——兼论资源环境约束下的区域产业结构研究取向［J］．现代财经（天津财经大学学报），2012（1）：97－104.

[135] 孟浩，张美莎．环境污染、技术创新强度与产业结构转型升级［J］．当代经济科学，2021，43（4）：65－76.

[136] 孟庆松，韩文秀．复合系统协调度模型研究［J］．天津大学学报，2000（4）：444－446.

[137] 米尔斯切特．数学模型：第2版［M］．机械工业出版社，2005.

[138] 苗东升．非线性思维初探［J］．首都师范大学学报（社会科学版），2003（5）：94－102.

[139] 宁朝山，李绍东．黄河流域生态保护与经济发展协同度动态评价［J］．人民黄河，2020，42（12）：1－6.

[140] 彭耿，刘芳．武陵山片区区域经济协同度的评价研究［J］．经济地理，2014，34（10）：39－45.

[141] 彭继增，孙中美，黄昕．基于灰色关联理论的产业结构与经济协同发展的实证分析——以江西省为例［J］．经济地理，2015，35（8）：123－128.

[142] 彭静，李翀等著．广义水环境承载理论与评价方法［M］．北京：中国水利水电出版社，2006.

[143] 彭倩，刘志强，王俊帝，等．中国建成区绿地率与人均公园绿地面积的耦合协调时空格局研究［J］．现代城市研究，2020（10）：89－96.

[144] 彭昕杰，成金华，方传棣．基于"三线一单"的长江经济带经济—资源—环境协调发展研究［J］．中国人口·资源与环境，2021，31（5）：163－173.

[145] 乔旭宁，王林峰，牛海鹏，等．基于NPP数据的河南省淮河流域生态经济协调性分析［J］．经济地理，2016，36（7）：173－181，189.

[146] 秦利，金诚伟．黑龙江省装备制造业—区域经济—生态环境的动

态耦合关系 [J]. 东北林业大学学报, 2020, 48 (4): 81 - 86.

[147] 邱纪翔, 罗钰星, 王克, 等. 基于多情景假设的中国碳减排目标省域分解 [J]. 资源科学, 2022, 44 (10): 2038 - 2047.

[148] 邱爽, 林敏. 钢铁产业—生态环境—区域经济耦合协调发展研究——以攀枝花市为例 [J]. 生态经济, 2021, 37 (2): 54 - 60, 67.

[149] 屈小爽, 徐文成. 旅游业与生态环境协调及高质量发展——基于黄河流域研究 [J]. 技术经济与管理研究, 2021 (10): 123 - 128.

[150] 任保平, 杜宇翔. 黄河流域经济增长—产业发展—生态环境的耦合协同关系 [J]. 中国人口·资源与环境, 2021, 1 (2): 119 - 129.

[151] 任保平, 裴昂. 黄河流域生态保护和高质量发展的科技创新支撑 [J]. 人民黄河, 2022, 44 (9): 11 - 16.

[152] 任保平, 张倩. 西部地区高质量发展中现代化产业体系的评价及其构建路径 [J]. 中国经济报告, 2020 (2): 40 - 53.

[153] 任嘉敏, 郭付友, 赵宏波, 等. 黄河流域资源型城市工业绿色转型绩效评价及时空异质性特征 [J]. 中国人口·资源与环境, 2023, 33 (6): 151 - 160.

[154] 桑瑞聪, 王洪亮. 本地市场需求、产业集聚与地区工资差异 [J]. 产业经济研究, 2011 (6): 28 - 36, 62.

[155] 商黎. 先进制造业统计标准探析 [J]. 统计研究, 2014, 31 (11): 111 - 112.

[156] 邵汉华, 刘克冲, 齐荣. 中国现代产业体系四位协同的地区差异及动态演进 [J]. 地理科学, 2019, 39 (7): 1139 - 1146.

[157] 沈晓悦, 刘文佳, 和夏冰. 欧洲流域综合管理经验对长江大保护的借鉴和启示 [J]. 环境与可持续发展, 2020, 45 (1): 128 - 132.

[158] 史丹, 王俊杰. 基于生态足迹的中国生态压力与生态效率测度与评价 [J]. 中国工业经济, 2016 (5): 5 - 21.

[159] 宋晓玲, 李金叶. 产业协同集聚、制度环境与工业绿色创新效率 [J]. 科技进步与对策, 2023, 40 (4): 56 - 65.

[160] 宋玉川, 陈雷. 经济发展与环境保护选择的博弈分析 [J]. 全国商情 (理论研究), 2011 (1): 18 - 20.

[161] 苏喜军, 李松华, 桂黄宝, 等. 河南省水资源对产业结构调整影响的实证研究 [J]. 人民黄河, 2018, 40 (12): 72–75.

[162] 苏屹. 耗散结构理论视角下大中型企业技术创新研究 [J]. 管理工程学报, 2013, 27 (2): 107–114.

[163] 孙冰, 张敏. 基于序参量的企业自主创新动力系统协同机理研究 [J]. 中国科技论坛, 2010 (10): 19–24.

[164] 孙才志, 朱云路. 基于 Dagum 基尼系数的中国区域海洋创新空间非均衡格局及成因探讨 [J]. 经济地理, 2020, 40 (1): 103–113.

[165] 孙玉峰, 郭全营. 基于能值分析法的矿区循环经济系统生态效率分析 [J]. 生态学报, 2014, 34 (3): 710–717.

[166] 覃伟芳, 廖瑞斌. 环境规制、产业效率与产业集聚 [J]. 现代财经 (天津财经大学学报), 2015, 35 (3): 14–26.

[167] 田贵良, 赵秋雅, 吴正. 乡村振兴下水权改革的节水效应及对用水效率的影响 [J]. 中国人口·资源与环境, 2022, 32 (12): 193–204.

[168] 田立涛, 王少剑. 珠三角地区科技创新与生态环境的耦合协调发展研究 [J]. 生态学报, 2022, 42 (15): 6381–6394.

[169] 田鸣, 张阳, 唐震. 中国创新创业协同发展实证研究——基于复合系统协调度模型 [J]. 科技管理研究, 2016, 36 (19): 20–26.

[170] 田鹏, 汪浩瀚, 李加林, 等. 东海海岸带县域城市生态效率评价及影响因素 [J]. 地理研究, 2021, 40 (8): 2347–2366.

[171] 汪聪聪, 王益澄, 马仁锋, 等. 经济集聚对雾霾污染影响的空间计量研究——以长江三角洲地区为例 [J]. 长江流域资源与环境, 2019, 28 (1): 1–11.

[172] 汪芳, 夏湾. 技术创新提升高技术产业竞争力的路径——以湖北省为例 [J]. 科技管理研究, 2019.39 (3): 107–113.

[173] 汪克亮, 孟祥瑞, 杨宝臣, 等. 基于环境压力的长江经济带工业生态效率研究 [J]. 资源科学, 2015, 37 (7): 1491–1501.

[174] 王兵, 聂欣. 产业集聚与环境治理: 助力还是阻力——来自开发区设立准自然实验的证据 [J]. 中国工业经济, 2016 (12): 75–89.

[175] 王光菊, 阮弘毅, 杨建州. 森林生态——经济系统的协同机理分析

[J]. 林业经济问题, 2021, 41 (3): 263-270.

[176] 王宏起, 徐玉莲. 科技创新与科技金融协同度模型及其应用研究 [J]. 中国软科学, 2012 (6): 129-138.

[177] 王力年, 滕福星. 论区域经济系统协同发展的关键环节及推进原则 [J]. 工业技术经济, 2012, 31 (2): 13-18.

[178] 王林梅, 邓玲. 我国产业结构优化升级的实证研究——以长江经济带为例 [J]. 经济问题, 2015 (5): 39-43.

[179] 王敏, 黄滢. 中国的环境污染与经济增长 [J]. 经济学 (季刊), 2015, 14 (2): 557-578.

[180] 王萍. 基于 VAR 模型的环保投资对产业结构影响实证分析 [J]. 特区经济, 2018 (8): 99-101.

[181] 王勤. 当代国际竞争力理论与评价体系综述 [J]. 国外社会科学, 2006 (6): 32-38.

[182] 王韶华, 于维洋, 张伟. 技术进步、环保投资和出口结构对中国产业结构低碳化的影响分析 [J]. 资源科学, 2014, 36 (12): 2500-2507.

[183] 王少剑, 崔子恬, 林靖杰, 等. 珠三角地区城镇化与生态韧性的耦合协调研究 [J]. 地理学报, 2021, 76 (4): 973-991.

[184] 王婉莹, 刘琳, 李梦娇, 等. 生态—经济发展情景下内蒙古宏观生态系统模拟与分析 [J]. 生态学报, 2021, 41 (14): 5888-5898.

[185] 王维国, 协调发展的理论与方法研究 [M]. 北京: 中国财政经济出版社, 2000.

[186] 王伟新, 许蒋鸿, 王晓萱, 等. 长江经济带现代农业—区域经济—生态环境耦合关系的时空分异 [J]. 农业现代化研究, 2020, 41 (1): 64-74.

[187] 王祥兵, 张学立. 货币政策传导系统协同演化机制研究——基于哈肯模型的理论与实证分析 [J]. 管理评论, 2014, 26 (11): 57-66.

[188] 王鑫静, 程钰, 丁立, 等. "一带一路"沿线国家科技创新对碳排放效率的影响机制研究 [J]. 软科学, 2019, 33 (6): 72-78.

[189] 王兆峰, 陈青青. 长江经济带旅游产业与生态环境交互胁迫关系验证及协调效应研究 [J]. 长江流域资源与环境, 2021, 30 (11): 2581-2593.

[190] 王振宇, 马亚平, 李柯. 复合系统理论在联合作战中应用的研究

[J]. 系统仿真学报, 2003 (12): 1675 - 1677, 1690.

[191] 邬彩霞. 中国低碳经济发展的协同效应研究 [J]. 管理世界, 2021, 37 (8): 105 - 117.

[192] 吴雷. 装备制造业突破性创新机制的系统演化过程研究 [J]. 科学学与科学技术管理, 2014, 35 (4): 121 - 128.

[193] 吴彤. 论协同学理论方法——自组织动力学方法及其应用 [J]. 内蒙古社会科学 (汉文版), 2000 (6): 19 - 26.

[194] 吴文沙. 打造"电化长江"示范区构筑长江经济带中上游新增长极 [N]. 21 世纪经济报道, 2024 - 03 - 11 (3).

[195] 武萍, 隋保忠, 陈曦. 耗散结构视阈下城镇职工养老保险运行分析 [J]. 中国软科学, 2015 (5): 173 - 183.

[196] 奚雪松, 高俊刚, 郝媛媛, 等. 多维复合空间视角下的黄河生态带构建——以黄河流域内蒙古段为例 [J]. 自然资源学报, 2023, 38 (3): 721 - 741.

[197] 向敬伟, 万沙, 胡守庚. 城市生态经济耦合协调发展的因子贡献度分析——以武汉市为例 [J]. 中国地质大学学报 (社会科学版), 2015, 15 (6): 30 - 36, 167 - 168.

[198] 向丽. 长江经济带旅游产业——城镇化—生态环境协调关系的时空分异研究 [J]. 生态经济, 2017, 33 (4): 115 - 120.

[199] 向晓梅, 杨娟. 粤港澳大湾区产业协同发展的机制和模式 [J]. 华南师范大学学报 (社会科学版), 2018 (2): 17 - 20.

[200] 项国鹏, 高挺. 中国省域创业生态系统动态协同效应研究 [J]. 地理科学, 2021, 41 (7): 1178 - 1186.

[201] 肖建华, 冉晨欣. 规模效应还是"硅谷悖论": 我国科技衍生企业股权集中对创新的影响 [J]. 科技管理研究, 2023, 43 (10): 118 - 126.

[202] 谢高地, 曹淑艳. 发展转型的生态经济化和经济生态化过程 [J]. 资源科学, 2010, 32 (4): 782 - 789.

[203] 熊胜龙, 王策, 杨芊, 等. 基于煤基多联产及循环经济的江陵经济开发区产业技术提升途径 [J]. 煤炭加工与综合利用, 2022 (6): 59 - 62, 66.

[204] 熊伟, 余代俊, 蒋洪波, 等. 应用 ArcGIS 软件制作国标地形图符

号 [J]. 测绘与空间地理信息, 2005 (3): 71 -73.

[205] 徐国祥, 常宁. 现代服务业统计标准的设计 [J]. 统计研究, 2004 (12): 10 -12.

[206] 徐济德, 张成程, 敖春光, 等. 巴西森林资源监测对我国的启示 [J]. 林业资源管理, 2013 (3): 125 -128.

[207] 徐婕, 张丽珩, 吴季松. 我国各地区资源—环境—经济协调发展评价——基于交叉效率和二维综合评价的实证研究 [J]. 科学学研究, 2007 (S2): 282 -287.

[208] 徐力行, 毕淑青. 关于产业创新协同战略框架的构想 [J]. 山西财经大学学报, 2007 (4): 51 -55.

[209] 徐少癸, 左逸帆, 章牧. 基于模糊物元模型的中国旅游生态安全评价及障碍因子诊断研究 [J]. 地理科学, 2021, 41 (1): 33 -43.

[210] 徐胜, 杨学龙. 创新驱动与海洋产业集聚的协同发展研究——基于中国沿海省市的灰色关联分析 [J]. 华东经济管理, 2018, 32 (2): 109 -116.

[211] 徐小鹰, 田燚燚. 长三角城市群科技创新、经济增长与生态环境的时空耦合及趋势预测 [J]. 长江流域资源与环境, 2023, 32 (4): 706 -720.

[212] 许文博, 许恒周. 中央、地方政府与企业低碳协同发展的实现策略——以京津冀地区为例 [J]. 中国人口·资源与环境, 2021, 31 (12): 23 -34.

[213] 薛白. 基于产业结构优化经济增长方式转变—作用机理及其测度 [J]. 管理科学, 2009, 22 (5): 112 -120.

[214] 薛伟贤, 刘骏. 数字鸿沟主要影响因素的关系结构分析 [J]. 系统工程理论与实践, 2008 (5): 85 -91.

[215] 闫逢柱, 苏李, 乔娟. 产业集聚发展与环境污染关系的考察——来自中国制造业的证据 [J]. 科学学研究, 2011, 29 (1): 79 -83, 120.

[216] 闫军印, 赵国杰. 区域矿产资源开发生态经济系统及其模拟分析 [J]. 自然资源学报, 2009, 24 (8): 1334 -1342.

[217] 杨飞虎. 提升我国公共投资效率的思考 [J]. 宏观经济管理, 2014 (4): 57 -58, 61.

[218] 杨坤, 汪万. 长三角地区协同创新、产业结构与生态效率耦合协

调发展的时空演化 [J]. 科技管理研究, 2020, 40 (21): 80 - 87.

[219] 杨忍, 刘彦随, 龙花楼. 中国环渤海地区人口—土地—产业非农化转型协同演化特征 [J]. 地理研究, 2015, 34 (3): 475 - 486.

[220] 杨艳琳, 赵荣钧. 我国产业结构合理化综合测评体系研究 [J]. 工业技术经济, 2017, 36 (8): 74 - 82.

[221] 杨以文, 郑江淮, 黄永春, 等. 走向后工业化: 建立以服务业为主的现代产业体系——以长三角为例 [J]. 经济地理, 2012, 32 (10): 70 - 76.

[222] 叶柏青, 卢珍珍, 李丹. 基于 Haken Model 的我国经济发展与物流业协同关系分析 [J]. 商业研究, 2016 (2): 176 - 184.

[223] 油建盛, 董会忠, 蒋兵, 等. 长江经济带能源生态效率及驱动因子时空非平稳性 [J]. 资源科学, 2022, 44 (11): 2207 - 2221.

[224] 于斌斌. 产业结构调整与生产率提升的经济增长效应——基于中国城市动态空间面板模型的分析 [J]. 中国工业经济, 2015 (12): 83 - 98.

[225] 于波, 李平华. 先进制造业的内涵分析 [J]. 南京财经大学学报, 2010 (6): 23 - 27.

[226] 于法稳. 以 "协调共享" 推进长江经济带高质量发展——评《绿色长江经济带: 流域协调与共建共享》[J]. 生态经济, 2023, 39 (8): 228 - 229.

[227] 余泳泽, 张先轸. 要素禀赋、适宜性创新模式选择与全要素生产率提升 [J]. 管理世界, 2015 (9): 13 - 31, 187.

[228] 袁晓玲, 李浩, 邸勍. 环境规制强度、产业结构升级与生态环境优化的互动机制分析 [J]. 贵州财经大学学报, 2019 (1): 73 - 81.

[229] 原毅军, 贾媛媛. 技术进步、产业结构变动与污染减排——基于环境投入产出模型的研究 [J]. 工业技术经济, 2014, 33 (2): 41 - 49.

[230] 曾国屏. 自组织的自然观 [M]. 北京: 北京大学出版社, 1996.

[231] 曾丽君, 隋映辉, 申玉三. 科技产业与资源型城市可持续协同发展的系统动力学研究 [J]. 中国人口·资源与环境, 2014, 24 (10): 85 - 93.

[232] 曾祥静, 何彪, 马勇, 等. 长江中游城市群县域生态效率时空格局及多维动态演进 [J]. 地理科学, 2023, 43 (6): 1088 - 1100.

[233] 詹懿. 中国现代产业体系: 症结及其治理 [J]. 财经问题研究, 2012 (12): 31 - 36.

［234］张炳，黄和平，毕军．基于物质流分析和数据包络分析的区域生态效率评价——以江苏省为例［J］．生态学报，2009，29（5）：2473－2480．

［235］张春晖，吴盟盟，张益臻．碳中和目标下黄河流域产业结构对生态环境的影响及展望［J］．环境与可持续发展，2021，46（2）：50－55．

［236］张国俊，王珏晗，吴坤津，等．中国三大城市群经济与环境协调度时空特征及影响因素［J］．地理研究，2020，39（2）：272－288．

［237］张红凤，周峰，杨慧，等．环境保护与经济发展双赢的规制绩效实证分析［J］．经济研究，2009，44（3）：14－26，67．

［238］张加华，王鹏飞，樊立惠，等．美国农业生产的地域差异及其演化机制［J］．世界农业，2020（3）：18－27，134．

［239］张军，吴桂英，张吉鹏．中国省际物质资本存量估算：1952～2000［J］．经济研究，2004（10）：35－44．

［240］张明哲．现代产业体系的特征与发展趋势研究［J］．当代经济管理，2010，32（1）：42－46．

［241］张娜．浅谈黄河流域产业发展对生态环境的影响［J］．上海商业，2020（7）：35－37．

［242］张强．论系统边界［J］．哲学研究，2000（7）：74－75．

［243］张伟．现代产业体系绿色低碳化的实现途径及影响因素［J］．科研管理，2016，37（S1）：426－432．

［244］张文慧，吕晓，史洋洋，等．黄河流域土地利用转型图谱特征［J］．中国土地科学，2020，34（8）：80－88．

［245］张新林，仇方道，王长建，王佩顺．长三角城市群工业生态效率空间溢出效应及其影响因素［J］．长江流域资源与环境，2019，28（8）：1791－1800．

［246］张秀生，王鹏．经济发展新常态与产业结构优化［J］．经济问题，2015（4）：46－49，82．

［247］张雪梅．西部地区生态效率测度及动态分析——基于2000～2010年省际数据［J］．经济理论与经济管理，2013（2）：78－85．

［248］张琰飞，朱海英．"两型"技术创新系统协同机理研究［J］．科技进步与对策，2013，30（15）：14－18．

[249] 张耀辉. 传统产业体系蜕变与现代产业体系形成机制 [J]. 产经评论, 2010 (1): 12-20.

[250] 张英民, 李开明, 刘爱萍. 珠江三角洲流域环境污染联合防治机制研究 [J]. 中国工程科学, 2010, 12 (6): 71-74.

[251] 张颖, 汪飞燕. 安徽省服务外包产业竞争力及发展路径研究——基于长三角地区 10 个城市服务外包竞争力的比较分析 [J]. 华东经济管理, 2013, 27 (6): 32-38.

[252] 张优智, 乔宇鹤. 不同类型环境规制对产业结构升级的空间效应研究——基于空间面板杜宾模型的实证分析 [J]. 生态经济, 2021, 37 (6): 66-73.

[253] 张友国. 经济发展方式变化对中国碳排放强度的影响 [J]. 经济研究, 2010 (4): 120-133.

[254] 张玉韩, 郭文华, 肖飞. 1990~2021 年黄河流域耕地与其他农用地转化空间格局及对耕地适宜性的影响 [J]. 干旱区资源与环境, 2023, 37 (11): 37-47.

[255] 章琰. 大学技术转移中的界面及其移动分析 [J]. 科学学研究, 2003 (S1): 25-29.

[256] 赵儒煜, 肖茜文. 东北地区现代产业体系建设与全面振兴 [J]. 经济纵横, 2019 (9): 29-45, 2.

[257] 赵瑞, 申玉铭. 黄河流域服务业高质量发展探析 [J]. 经济地理, 2020, 40 (6): 21-29.

[258] 赵少钦, 张海军, 张潇潇. 环境规制影响产业集聚的效应分析 [J]. 广西民族大学学报 (哲学社会科学版), 2013, 35 (3): 115-119.

[259] 赵婉楠. 新型举国体制视角下促进企业技术创新的税收政策研究 [J]. 宏观经济研究, 2022 (12): 83-97.

[260] 赵玉林, 叶翠红. 中国产业系统经济与生态协同演化的实证分析 [J]. 山西财经大学学报, 2013, 35 (6): 49-59.

[261] 赵钟楠, 袁勇, 田英, 等. 基于流域尺度的综合型水流生态保护补偿框架探讨 [J]. 中国水利, 2018 (4): 18-21.

[262] 郑红星, 刘昌明, 朱芮芮. 中国水安全评价与水资源气候敏感性

分析 [M]. 北京：气息出版社，2011：126 - 148.

[263] 郑加梅. 环境规制产业结构调整效应与作用机制分析 [J]. 财贸研究，2018，29 (3)：21 - 29.

[264] 郑玉雯，薛伟贤. 丝绸之路经济带沿线国家协同发展的驱动因素——基于哈肯模型的分阶段研究 [J]. 中国软科学，2019 (2)：78 - 92.

[265] 郑志来. 东西部省份"一带一路"发展战略与协同路径研究 [J]. 当代经济管理，2015，37 (7)：44 - 48.

[266] 仲伟周，吴穹，张跃胜，等. 信息化、环境规制与制造业空间集聚 [J]. 华东经济管理，2017，31 (9)：98 - 103.

[267] 周春山，金万富，史晨怡. 新时期珠江三角洲城市群发展战略的思考 [J]. 地理科学进展，2015，34 (3)：302 - 312.

[268] 周全，董战峰，葛察忠，等. 中国流域海域生态环境监管机构改革进展评估 [J]. 环境保护，2022，50 (17)：63 - 67.

[269] 周锐波，石思文. 中国产业集聚与环境污染互动机制研究 [J]. 软科学，2018，32 (2)：30 - 33.

[270] 周伟，杨栋楠，章浩. 京津冀协同发展中河北现代产业体系评价研究 [J]. 经济研究参考，2017 (64)：65 - 73.

[271] 周应恒，耿献辉. "现代农业"再认识 [J]. 农业现代化研究，2007 (4)：399 - 403.

[272] 朱东波，李红. 中国产业集聚的环境效应及其作用机制 [J]. 中国人口·资源与环境，2021，31 (12)：62 - 70.

[273] 朱英明. 产业集聚研究述评 [J]. 经济评论，2003 (3)：117 - 121.

[274] 朱英明，杨连盛，吕慧君，等. 资源短缺、环境损害及其产业集聚效果研究——基于21世纪我国省级工业集聚的实证分析 [J]. 管理世界，2012 (11)：28 - 44.

[275] 邹伟进，李旭洋，王向东. 基于耦合理论的产业结构与生态环境协调性研究 [J]. 中国地质大学学报（社会科学版），2016，16 (2)：88 - 95.

[276] Acemoglu D, Aghion P, Bursztyn L, et al. The environment and directed technical change [J]. American Economic Review, 2012, 102 (1): 131 - 166.

[277] Agovino M, D'Uva M, Garofalo A, et al. Waste management perform-ance in Italian provinces: Efficiency and spatial effects of local governments and citi-zen action [J]. Ecological Indicators, 2018, 89: 680 – 695.

[278] Aiginger K, Davies S W. Industrial specialisation and geographic con-centration: two sides of the same coin? Not for the European Union [J]. Journal of Applied Economics, 2004, 07: 1 – 24.

[279] Aiginger K, Pfaffermayr M. The single market and geography concentra-tion in Europe [J]. Review of International Economics, 2004, 12 (1): 1 – 15.

[280] Andersen P, Petersen N C. A procedure for ranking efficient units in data envelopment analysis [J]. Management Science, 1993, 39 (10): 1261 – 1264.

[281] An Y, Zhao W, Li C, et al. Temporal changes on soil conservation services in large basins across the world [J]. Catena, 2022, 209: 105793.

[282] Banker R. D, Charnes A, Cooper W W. Some models for estimating technical and scale inefficiencies in data envelopment analysis [J]. Management Science, 1984, 30 (9): 1078 – 1092.

[283] Benoist A P, Broseliske G H. Water quality prognosis and cost analysis of pollution abatement measures in the Rhine basin (The River Rhine project: EV-ER) [J]. Water Science and Technology, 1994, 29 (3): 95 – 106.

[284] Bertalanffy L V, Sutherland J. W. General system theory: Foundations, development, applications [J]. IEEE Transactions on Systems, Man, and Cyber-netics, 1974, SMC – 4 (6): 592 – 592.

[285] Bianchi M, del Valle I, Tapia C. Measuring eco-efficiency in European regions: Evidence from a territorial perspective [J]. Journal of Cleaner Production, 2020, 276: 123246.

[286] Biemond C. Rhine river pollution studies [J]. Journal-American Water Works Association, 1971, 63 (1): 36 – 40.

[287] Braat L C, Van Lierop W F J. Economic-ecological modeling: An intro-duction to methods and applications [J]. Ecological Modelling, 1986, 31 (1 – 4): 33 – 44.

[288] Bréthaut C, Pflieger G. Governance of a transboundary river: The

Rhône [M]. Springer, 2019.

[289] Cao Y Y, Zou Y L. Analysis of industrial structure optimization based on energy saving [J]. Advanced Materials Research, 2014, 986 – 987: 219 – 222.

[290] Charnes A, Cooper W W, Li S. Using data envelopment analysis to evaluate relative efficiencies in the economic performance of Chinese cities [J]. Socio-Economic Planning Sciences, 1989, 23 (6): 325 – 344.

[291] Charnes A, Cooper W W, Rhodes E. Measuring the efficiency of decision making units [J]. European Journal of Operational Research, 1978, 2 (6): 429 – 444.

[292] Chen Y, Zhao L. Exploring the relation between the industrial structure and the eco-environment based on an integrated approach: A case study of Beijing, China [J]. Ecological Indicators, 2019, 103 (AUG.): 83 – 93.

[293] Chermack T J. Studying scenario planning: Theory, research suggestions, and hypotheses [J]. Technological Forecasting & Social Change, 2005, 72 (1): 59 – 73.

[294] Cherniwchan J. Economic growth, industrialization, and the environment [J]. Resource and Energy Economics, 2012, 34 (4): 442 – 467.

[295] Cole M A. Air pollution and 'dirty' industries: How and why does the composition of manufacturing output change with economic development? [J]. Environmental and Resource Economics, 2000, 17: 109 – 123.

[296] Coluccia B, Valente D, Fusco G, et al. Assessing agricultural eco-efficiency in Italian Regions [J]. Ecological Indicators, 2020, 116 : 106483.

[297] Creamer D. Shifts of Manufacturing Industries. in Florence P S, Fritz W G, Gilles R C (eds), Industrial location and national resources [M]. US National Resources Planning Board, Washington, D. C: Government Printing Office, 1943: 85 – 104.

[298] Dagum C. A new approach to the decomposition of the Gini income inequality ratio [J]. Empirical Economics, 1997, 22: 515 – 531.

[299] DeArmond D, Rovai A, Suwa R, et al. The challenges of sustainable forest operations in Amazonia [J]. Current Forestry Reports, 2024, 10 (1): 77 – 88.

[300] Defries R, Rosenzweig C. Toward a whole-landscape approach for sustainable land use in the tropics [J]. Proceedings of the National Academy of Sciences, 2010, 107 (46): 19627 – 19632.

[301] de Leeuw F A A M, Moussiopoulos N, Sahm P, et al. Urban air quality in larger conurbations in the European Union [J]. Environmental Modelling & Software, 2001, 16 (4): 399 – 414.

[302] Demiral E E, Saglam M. Eco-efficiency and Eco-productivity assessments of the states in the United States: A two-stage non-parametric analysis [J]. Applied Energy, 2021, 303: 117649.

[303] Efthymia K, Anastasios X. Environmental policy, first nature advantage and the emergence of economic clusters [J]. Regional Science and Urban Economics, 2012, 43 (1): 101 – 116.

[304] Ehrenfeld J. Putting a spotlight on metaphors and analogies in industrial ecology [J]. Journal of Industrial Ecology, 2003, 7 (1): 1 – 4.

[305] Fet M A. Eco-efficiency reporting exemplified by case studies [J]. Clean Technologies and Environmental Policy, 2003, 5 (3 – 4): 232 – 239.

[306] Francois J, Hoekman B. Services trade and policy [J]. Journal of Economic Literature, 2010, 48 (3): 642 – 692.

[307] Frosch R A, Gallopoulos N E. Strategies for manufacturing [J]. Scientific American, 1989, 261 (3): 144 – 152.

[308] Gancone A, Pubule J, Rosa M, et al. Evaluation of agriculture eco-efficiency in Latvia [J]. Energy Procedia, 2017, 128 (9): 309 – 315.

[309] Gelso B R, Peterson J M. The influence of ethical attitudes on the demand for environmental recreation: Incorporating lexicographic preferences [J]. Ecological Economics, 2005, 53 (1): 35 – 45.

[310] Getis A, Ord J K. The analysis of spatial association by use of distance statistics [J]. Geographical Analysis, 1992, 24 (3): 189 – 206.

[311] Gibbs H K, Rausch L, Munger J, et al. Brazil's soy moratorium [J]. Science, 2015, 347 (6220): 377 – 378.

[312] Giger W. The Rhine red, the fish dead—the 1986 Schweizerhalle disas-

ter, a retrospect and long-term impact assessment [J]. Environmental Science and Pollution Research, 2009, 16 (s1): S98 – 111.

[313] Gokmenoglu K, Azin V, Taspinar N. The relationship between industrial production, GDP, inflation and oil price: The case of turkey [J]. Procedia Economics and Finance, 2015, 25: 497 – 503.

[314] Greenstone M. The impacts of environmental regulations on industrial activity: Evidence from the 1970 and 1977 clean air act amendments and the census of manufactures [J]. Journal of Political Economy, 2002, 110 (6): 1175 – 1219.

[315] Grossman G M, Krueger A B. Environmental impacts of a north american free trade agreement [J]. CEPR Discussion Papers, 1992, 8 (2): 223 – 250.

[316] Haken H. Synergetics [J]. Physics Bulletin, 1977, 28 (9): 412.

[317] Heikkurinen P, Young C W, Morgan E. Business for sustainable change: Extending eco-efficiency and eco-sufficiency strategies to consumers [J]. Journal of Cleaner Production, 2019, 218: 656 – 664.

[318] Hettige H, Mani M, Wheeler D. Industrial pollution in economic development: The environmental Kuznets curve revisited [J]. Journal of Development Economics, 2000, 62 (2): 445 – 476.

[319] Hinterberger F, Bamberger K, Manstein C, et al. Eco-efficiency of regions: How to improve competitiveness and create jobs by reducing environmental pressure [J]. Vienna, Sustainnabl Europe Research Institute (sERI), 2000.

[320] Johnson B L, Hagerty K H. Status and trends of selected resources of the upper mississippi river system: A synthesis report of the long term resource monitoring program [M]. La Crosse, WI, USA: US Geological Survey, Upper Midwest Environmental Sciences Center, 2008.

[321] Kahn H. On thermonuclear war [M]. Princeton University Press, 1960.

[322] Karkalakos S. Capital heterogeneity, industrial clusters and environmental consciousness [J]. Journal of Economic Integration, 2010, 25 (2): 353 – 375.

[323] Kluczek A. Assessment of manufacturing processes eco-efficiency based on MFA-LCA-MFCA methods [J]. Environmental Engineering and Management Journal, 2019, 18 (2): 465 – 477.

［324］Knudsen D C. Shift-share analysis: Further examination of models for the description of economic change ［J］. Socio-Economic Planning Sciences, 2000, 34 (3): 177 – 198.

［325］Krugman P. Space: The final frontier ［J］. Nature Biotechnology, 1998, 12 (2): 161 – 174.

［326］Krysiak C F. Environmental regulation, technological diversity, and the dynamics of technological change ［J］. Journal of Economic Dynamics and Control, 2011, 35 (4): 528 – 544.

［327］Kyriakopoulou E, Xepapadeas A. Environmental policy, first nature advantage and the emergence of economic clusters ［J］. Regional Science and Urban Economics, 2013, 43 (1): 101 – 116.

［328］Lee C T, Lim J S, Van Fan, et al. Enabling low-carbon emissions for sustainable development in Asia and beyond ［J］. Journal of Cleaner Production, 2018, 176: 726 – 735.

［329］Li D, Zhu J, Hui E C M, et al. An emergy analysis-based methodology for eco-efficiency evaluation of building manufacturing ［J］. Ecological Indicators, 2011, 11 (5): 1419 – 1425.

［330］Lima L S, Coe M T, Soares Filho B S, et al. Feedbacks between deforestation, climate, and hydrology in the Southwestern Amazon: Implications for the provision of ecosystem services ［J］. Landscape Ecology, 2014, 29: 261 – 274.

［331］Littlejohn K, Poganski B, Kröger R, et al. Effectiveness of low-grade weirs for nutrient removal in an agricultural landscape in the lower Mississippi alluvial valley ［J］. Agricultural Water Management, 2014, 131: 79 – 86.

［332］Loizou S, Mattas K, Tzouvelekas V, et al. Regional economic development and environmental repercussions: An environmental input-output approach ［J］. International Advances in Economic Research, 2000, 6 (3): 373 – 386.

［333］Long X, Zhao X, Cheng F. The comparison analysis of total factor productivity and ecoefficiency in China's cement manufactures ［J］. Energy Policy, 2015, 81: 61 – 66.

［334］Maddison D. Environment kuznets curves: A spatial econometric approach [J]. Journal of Environmental Economics and Management, 2006, 51 (2): 218 – 230.

[335] Mattessich P W, Monsey B R. Collaboration: What makes it work. A review of research literature on factors influencing successful collaboration [M]. Amherst H. Wilder Foundation, 919 Lafond, St. Paul, MN 55104. 1992.

[336] Narayanan A. Sediment response to deforestation in the amazon river basin [M]. The University of Alabama, 2022.

[337] National Park Service. Mississippi river facts [EB/OL]. [2024 – 08 – 11]. https: //www. nps. gov/miss/riverfacts. htm.

[338] Nepal D, Parajuli P B. Assessment of best management practices on hydrology and sediment yield at watershed scale in Mississippi using SWAT [J]. Agriculture, 2022, 12 (4): 518.

[339] Nieminen E, Linke M, Tobler M, et al. EUCOST Action 628: Lifecycle assessment (LCA) of textile products, eco-efficiency and definition of best available technology (BAT) of textile processing [J]. Journal of Cleaner Production, 2007, 15 (13/14): 1259 – 1270.

[340] Pasche M. Technical progress, structural change, and the environmental Kuznets curve [J]. Ecological Economics, 2002, 42 (3): 381 – 389.

[341] Plum N, Schulte-Wülwer-Leidig A. From a sewer into a living river: The Rhine between Sandoz and Salmon [J]. Hydrobiologia, 2014, 729 (1): 95 – 106.

[342] Porter M E. Competitive advantage, agglomeration economies, and regional policy [J]. International regional science review, 1996, 19 (1 – 2): 85 – 90.

[343] Porter M E, Linde C. Toward a new conception of the environment-competitiveness relationship [J]. Journal of economic perspectives, 1995, 9 (4): 97 – 118.

[344] Raff H, Von der Ruhr M. Foreign direct investment in producer services: Theory and empirical evidence [S]. CESifo Working paper, 2001 (598): 256 – 263.

[345] Rebolledo-Leiva R, Vásquez-Ibarra L, Entrena-Barbero E, et al. Coupling material flow analysis and network DEA for the evaluation of eco-efficiency and circularity on dairy farms [J]. Sustainable Production and Consumption, 2022, 31:

805 – 817.

[346] Roberts B. Facilitating industry cluster development [J]. Regional Policy and Practice, 2000, 9 (1): 36 – 45.

[347] Rubashkina Y, Galeotti M, Verdolini E. Environmental regulation and competitiveness: Empirical evidence on the Porter hypothesis from European manufacturing sectors [J]. Energy Policy, 2015, 83 (35): 288 – 300.

[348] Rybaczewska-Błażejowska M, Masternak-Janus A. Eco-efficiency assessment of Polish regions: Joint application of life cycle assessment and data envelopment analysis [J]. Journal of Cleaner Production, 2018, 172: 1180 – 1192.

[349] Saggi P K. Is there a case for industrial policy? A critical survey [J]. World Bank Research Observer, 2006, 21 (2): 267 – 297.

[350] Simboli A, Taddeo R, Morgante A. The potential of industrial ecology in agri-food clusters (AFCs): A case study based on valorisation of auxiliary materials [J]. Ecological Economics, 2015, 111 (3): 65 – 75.

[351] Sokal R R, Oden N L. Spatial autocorrelation in biology: Methodology [J]. Biological Journal of Linnean Society, 1978, 10 (2): 199 – 228.

[352] Solarin S A. Convergence in CO_2 emissions, carbon footprint and ecological footprint: Evidence from OECD countries [J]. Environmental Science and Pollution Research, 2019, 26 (6): 6167 – 6181.

[353] Steinfeld S E. China's shallow integration: Networked production and the new challenges for late industrialization [J]. World Development, 2004, 32 (11): 1971 – 1987.

[354] Subagadis Y H, Grundmann J, Schuetze N, et al. An integrated approach to conceptualise hydrological and socio-economic interaction for supporting management decisions of coupled groundwater-agricultural systems [J]. Environmental earth sciences, 2014, 72 (12): 4917 – 4933.

[355] Tallis H, Polasky S, Hellmann J, et al. Five financial incentives to revive the Gulf of Mexico dead zone and Mississippi basin soils [J]. Journal of Environmental Management, 2019, 233: 30 – 38.

[356] Tan Z, Leung L R, Li H Y, et al. A substantial role of soil erosion in

the land carbon sink and its future changes [J]. Global change biology, 2020, 26 (4): 2642 –2655.

[357] Testa F, Daddi T, Giacomo M, et al. The effect of integrated pollution prevention and control regulation on facility performance [J]. Journal of Cleaner Production, 2014, 64 (1): 91 –97.

[358] Tone K. A slacks-based measure of efficiency in data envelopment analysis [J]. European Journal of Operational Research, 2001, 130 (3): 498 –509.

[359] Van den Bergh J C J M, Nijkamp P. Operationalizing sustainable development: Dynamic ecological economic models [J]. Ecological Economics, 1991, 4 (1): 11 –33.

[360] Virkanen J. Effect of urbanization on metal deposition in the Bay of Tlnlahti, Southern Finland [J]. Marine Pollution Bulletin, 1998, 36 (9): 729 –738.

[361] Volberda H W, Lewin A Y. Co-evolutionary dynamics within and between firms: From evolution to co-evolution [J]. Journal of Management Studies, 2003, 40 (8): 2111 –2136.

[362] Wack P. Scenarios: Uncharted waters ahead [J]. Harvard Business Review, 1985, 63 (1): 86 –92.

[363] Wagner M. The carbon Kuznets curve: A cloudy picture emitted by bad econometrics? [J]. Resource and Energy Economics, 2008, 30 (3): 388 –408.

[364] Wang Z, Han H. Analysis on tourism environmental pollution and tourism economy-ecological environmental coordination degree: A case study from China [J]. Nature Environment and Pollution Technology, 2021, 20 (3): 1353 –1361.

[365] West T A P, Fearnside P M. Brazil's conservation reform and the reduction of deforestation in Amazonia [J]. Land Use Policy, 2021, 100: 105072.

[366] Worreschk B. Flood risk management plans in the river basin district rhine of ICPR, ICPMS and rhineland-palatinate: Objectives and measures [J]. Wasserwirtschaft, 2015, 105 (9): 15 –18.

[367] Yang L, Yang Y. Evaluation of eco-efficiency in China from 1978 to 2016: Based on a modified ecological footprint model [J]. Science of the Total Environment, 2019, 662: 581 –590.

［368］Yan H, Zhang K, Feng J. Transboundary monitoring mechanism for international rivers and the revelation to China ［J］. Advances in Science and Technology of Water Resources, 2015, 35 (3): 19 – 24.

［369］Yasarer L M W, Taylor J M. Trends in land use, irrigation, and streamflow alteration in the mississippi river alluvial plain ［J］. Frontiers in Environmental Science, 2020, 8: 66.

［370］Zemp D C, Schleussner C F, Barbosa H M J, et al. Deforestation effects on Amazon forest resilience ［J］. Geophysical Research Letters, 2017, 44 (12): 6182 – 6190.

［371］Zhang J, Liu X, Zhang X, et al. Enhancing the green efficiency of fundamental sectors in China's industrial system: A spatial-temporal analysis ［J］. Journal of Management Science and Engineering, 2021, 6 (4): 393 – 412.

［372］Zhang J, Liu Y, Chang Y, et al. Industrial eco-efficiency in China: A provincial quantification using three-stage data envelopment analysis ［J］. Journal of Cleaner Production, 2017, 143 (2): 238 – 249.

［373］Zhao X, Deng C, Huang X, Kwan M. Driving forces and the spatial patterns of industrial sulfur dioxide discharge in China ［J］. Science of The Total Environment, 2017, 577: 279 – 288.

后　记

　　本书是我主持国家自然科学基金项目"黄河流域环境保护与产业协同发展机理、动态评价与实现路径研究"（项目编号：72273103）、陕西省自然科学基金重点项目"黄河流域环境保护与产业协同发展研究"（项目编号：2022JZ-41）和陕西省社会科学基金项目"面向环境保护的黄河流域现代产业体系评估及优化研究"（项目编号：2021D030）的阶段性成果，在此对给予这些项目资助和支持的有关部门表示衷心的感谢。

　　我的研究团队在研究过程中，从资料查询、数据处理、图表制作、会议研讨以及初稿写作等方面做了大量工作，特别是博士后石涵予、博士生秦东方、臧倩文、郭臻臻、赵敏，硕士生程爱联、李彤、柳芸茹、赵巧玲等做了大量工作。他们的辛勤劳动对本书的完成有很大帮助。

　　在本书出版之际，感谢西安理工大学经济与管理学院的支持，感谢出版社工作人员的付出。

　　限于作者学识有限，受时间和条件制约，书中难免还有不妥之处，诚挚地欢迎读者批评指正。

薛伟贤

2024 年 5 月 1 日于曲江校区